国家自然科学基金面上项目资助，项目编号：51778518
国家自然科学基金青年基金项目资助，项目编号：51508438
陕西省教育厅专项科研计划项目资助，项目编号：16JK1439
西安建筑科技大学基础研究基金项目资助，项目标号：JC1704

人居环境可持续发展论丛（西北地区）

黄土沟壑区县城公园绿地布局方法

Park Green Space Layout Methods of the County in Loess Gully Region

杨 辉　黄明华　著

U0296112

中国建筑工业出版社
CHINA ARCHITECTURE & BUILDING PRESS

图书在版编目（CIP）数据

黄土沟壑区县城公园绿地布局方法 / 杨辉，黄明华著．—北京：中国建筑工业出版社，2018.7

（人居环境可持续发展论丛．西北地区）

ISBN 978-7-112-22252-0

Ⅰ．①黄… Ⅱ．①杨… ②黄… Ⅲ．①西北地区－黄土区－沟壑－公园－绿化规划 Ⅳ．①TU985.12

中国版本图书馆CIP数据核字（2018）第106486号

以地域适应性和社会公平为核心理念，顺应城市公园绿地标准精细化、需求导向化、步行主导化等发展趋势，针对现有公园绿地类型、指标及空间布局方法的局限与不足，结合黄土沟壑区县城自然环境、经济社会发展、城市空间形态、公园使用需求等方面的特征，研究建立由外溢性公园绿地空间结构、适应性公园绿地类型、适宜性指标体系以及层进式空间布局等内容共同构成的公园绿地布局方法。以形成对公园绿地规划理论与方法的地域性延展和补充，解决所研究地区县城公园绿地规划与建设有章难循和盲目随意的突出问题，以期推动该地区城市人居环境的改善提升。

责任编辑：石枫华　李　杰

责任校对：李欣慰

人居环境可持续发展论丛（西北地区）

黄土沟壑区县城公园绿地布局方法

杨　辉　黄明华　著

*

中国建筑工业出版社出版、发行（北京海淀三里河路9号）

各地新华书店、建筑书店经销

北京锋尚制版有限公司制版

廊坊市海涛印刷有限公司印刷

*

开本：787×1092毫米　1/16　印张：13¼　字数：256千字

2018年8月第一版　2018年8月第一次印刷

定价：52.00元

ISBN 978－7－112－22252－0

（31903）

版权所有　翻印必究

如有印装质量问题，可寄本社退换

（邮政编码 100037）

前言

新型城镇化战略将“生态宜居”作为城镇化的基本特征，创造优良人居环境已成为城市工作的中心目标。公园绿地作为城市中重要的休闲游憩场所和人工化自然空间，是城市生活空间与生态空间的主要交织融合要素，承担着人工环境与自然环境的联系纽带作用，无疑是城市优良人居环境建设中的重要环节。然而，在各类城市公共服务设施中，公园绿地因其基本无直接的经济回报，其建设滞后问题较为严重，与人们日益增长的公园空间需求之间的矛盾越来越突出，因此，城市公园绿地的建设需求极为迫切。与此同时，城市公共服务领域的社会公平性已成为各级政府和社会各界关注的重点，城市公园绿地作为市民游憩、休闲、健身、社交等活动的日常场所，无疑是城市公共服务设施的重要组成部分，其空间布局自然应遵循这一理念。

从国外的研究动态来看，近年来关于公园绿地布局的研究，呈现出“标准精细化、规模袖珍化、需求导向化、步行主导化、开发混合化”等趋势，充分体现了城市化达到较高水平之后的公园绿地布局应对。国内关于公园绿地的研究主要集中于相关标准和评价体系的讨论，以及使用情况的调查分析等方面，对于能够直接指导城市公园绿地建设的布局方法的探讨较少，并且相关的理论、实践研究及规范、标准多以大城市为对象，小城市尤其是县城由于城市发展水平、居民对公园绿地实际使用需求的不同，其公园绿地布局难以套用大城市的方法，相关规范和标准面对县城公园绿地的规划已表现出明显的不适应，不同地区县城公园绿地规划与建设正面临“有章难循”的尴尬境地，县城公园绿地布局研究亟待补充。

本书以陕北黄土沟壑区县城为研究对象，该地区近年大力推进退耕还林和高原绿化工程，并实现了大多数城镇区周边自然环境由“黄”转“绿”的目标，青山绿水正在成为陕北地区的新形象。然而，在传统的城镇化过程中，地方政府多重视经济建设以及城市化率的提高，加之可建设用地极为紧张和绿化建设基本无直接经济效益，公园绿地的建设往往被放在次要位置而严重滞后，相较于大中城市，其公园绿地建设不足的问题更为突出。因此，本书以社会公平理念为指导，通过具有地域和人群针对性的公园绿地布局研究，为该地区县城公园绿地建设提供可操作的思路与方法，以更好地推动该地区城市人居环境的改善。

目录

第1章 绪论

1.1 背景与问题

1.1.1 创造优良人居环境目标下城市公园绿地建设需求迫切

随着经济的发展和人们生活水平的提高，以“宜居”为核心的城市发展概念开始深入人心。新型城镇化战略中将“生态宜居”作为城镇化的基本特征；2015年12月召开的中央城市工作会议中提出“城市发展要把握好生产空间、生活空间、生态空间的内在联系，城市工作要把创造优良人居环境作为中心目标，努力把城市建设成为人与人、人与自然和谐共处的美丽家园[1]。城市建设要以自然为美，把好山好水好风光融入城市”。公园绿地作为城市中重要的休闲游憩场所和人工化自然空间，是城市生活空间与生态空间的主要交织融合要素，承担着人工环境与自然环境的联系纽带作用，无疑是城市优良人居环境建设中的重要环节。

然而，在各类城市公共服务设施中，公园绿地因其基本无直接的经济回报，其建设滞后问题较为严重，与人们日益增长的休闲游憩、健康运动以及社交活动等方面需求之间的矛盾越来越突出，城市公园绿地的建设需求极为迫切。近年来中央政府和相关部门提出了多项针对性的政策、文件和措施，以大力推动城市公园绿地的建设。2013年5月住房和城乡建设部（以下简称住建部）印发了以“生态、便民、求实、发展”为规划原则，旨在“切实满足人民群众休闲、娱乐、健身等生活需要，改善人居生态环境”的《关于进一步加强公园建设管理的意见》；2014年10月住房和城乡建设部组织召开了“城市公园立法座谈会”，开展《城市公园条例》的编订工作；2016年2月《中共中央国务院关于进一步加强城市规划建设管理工作的若干意见》提出“加强社区服务场所建设，合理规划建设广场、公园、步行道等公共活动空间，方便居民文体活动，促进居民交流。”强化绿地服务居民日常活动的功能，使市民在居家附近能够见到绿地、亲近绿地”[2]，强调了最具便民性的社区公园建设的重要性。为充分落实城市公园服务于广大市民的公共属性，进一步提升公园的服务质量，2016年2月住房和城乡建设部发布了《城市公园配套服务项目经营管理暂行办法》。

综上，在创造优良人居环境的城市建设大背景下，面对当前公园绿地建设滞后与人们对公园绿地需求迅速增长的矛盾，公园绿地的建设显得极为重要和迫切。公园绿地建设已越来越为政府和公众所重视，从规划编制到建设管理，从政策指引到法规保障的公园绿地规划建设体制环境正在迅速健全和完善。面对良好的战略机遇和迫切的现实需求，业界须以及时的与具有针对性的科学研究作为回应，以进一步提升公园绿地规划与建设前瞻性、科学性以及可操作性。

1.1.2 社会公平正义的公共资源配置理念对公园绿地布局提出更高的要求

根据国家统计局发布的数据，中国2014年基尼系数已达到0.469[3]，超出国际公认的社会分配不平均的警戒线。社会公平已经引起各级政府和社会各界的高度关注，中央政府多次强调，社会公平正义是社会和谐与稳定的基本前提，应通过权利、机会、规则等公平保障体系的建立，使全体人民共享经济发展成果[4]。新型城镇化所提出的公共服务均等化，本质上体现了社会公平正义的思想，社会公平正义正在成为当前公共资源配置的核心理念。城市公园绿地作为市民游憩、休闲、健身、社交等活动的日常场所，无疑是城市公共服务设施的重要组成部分，其空间布局自然应遵循这一理念。

社会公平正义是公平理念发展中的高级阶段，经过了从地域均等到空间公平，从社会公平到社会正义的发展历程。前两者是在不同空间尺度下关注不同地区、地域之间公共服务均量是否相等，暂未考虑个人或人群之间的差异；社会公平正义则强调公共设施供给与人口分布之间的匹配关系，且考虑对社会弱势群体的适度倾斜，综合考虑空间因子、社会因子、时空活动限制、个人偏好以及利用模式等探讨公共服务分配的公平性问题，融入了社会性和包容性的资源数量分配与空间分布的公平理念。对于公园绿地的布局而言，则意味着不仅要解决公园绿地总量和人均面积的达标，还需要综合考虑公园绿地空间位置、面积规模与人口分布之间的匹配关系，使用人群构成特征、人群对公园的使用偏好以及对社会弱势群体的照顾等方面，这对公园绿地的布局思路与方法提出了更新和更高的要求。

1.1.3 现有城市公园绿地布局方法的局限性

典型空间模式加控制指标体系是当前城市公园绿地布局规划的主要方法。在空间模式上，应用最为广泛的为“点、线、面”相结合的模式，即点状的城市公园绿地，线性的带状公园、道路绿化、生态廊道，面状的生态绿地相结合的布局模式，该模式从城市绿地生态系统的整体出发，强调了公园绿地的环境生态价值，有利于促进城市整体生态环境建设，但缺乏对公园绿地休闲、游憩功能的空间布局需求的考虑。此外，较为典型的模式还有形态主义模式、景观主义模式、生态主义模式，这些模式则更为偏重包括公园绿地在内的城市绿地系统的生态与美学价值。因此，在公园绿地具体的用地布局方面，缺乏直接而有效的布局方式方法，规划实践中主要依赖于系统化的公园绿地分类、分级进行功能定位与规模的区别，客观上导致了空间分布的随意性。

在控制指标体系上，城市规划领域一直以来以人均公园绿地面积、绿地占城市建设用地的比例以及针对部分公园类型的服务半径作为核心指标来指导城市公园绿地的规划，上述方法便于从总体上把握城市绿地的供给水平，在以往的城市公园绿地建设中起到了良好的推动作用，但也存在明显的局限性。如人均公园绿地面积只能表示某个城市居民拥有的公园绿地面积，若某个城市集中建设几处规模较大的公园绿地，则可达到较高人均公园面积，但无法保证公园绿地空间分布的均好性和居民日常使用中的便捷性；即使公园绿地按照规范要求的服务半径进行布局，也仅是单纯地控制了公园绿地的空间覆盖率，解决的是在一定空间距离内有和无的问题，缺乏对公园绿地分布及规模和人口分布之间的匹配关系的考虑，不能完全反映公园的实际服务水平。

综上所述，现有公园绿地布局方法无法支撑空间公平的公共设施配置目标，更未考虑上文中所述社会公平正义理念下的新要求。因此，适应新时期新理念的城市公园绿地布局思路与方法亟待研究补充。

1.1.4 黄土沟壑区县城公园绿地建设与规划所面临的困境

研究以陕北黄土沟壑区为代表，包括整个延安市域范围和榆林市南部的部分地区，共计19个区县。从该地区县城的整体发展环境来看，矿产资源富集、生态环境脆弱、可建设用地紧张是该地区的典型特征。依靠矿产资源优势，区域经济发展较为迅速，2013年陕西省的人均生产总值为42 692元，延安、榆林两市的人均生产总值分别为61 493元和84 634元，分别高于省人均水平44.04%和98.24%。在区域经济的强势推动下，相应的城镇化率分别为54.03%、52.8%，领先于全省的51.31%。面对脆弱的生态环境，近年来延安、榆林两市大力推进退耕还林和高原绿化工程，并实现了大多数城镇区周边自然环境由“黄”转“绿”目标，青山绿水正在成为陕北地区的新形象。然而，在传统城镇化过程中，地方政府多重视经济建设以及城市化率的提高，加之可建设用地极为紧张和绿化建设无直接经济效益，公园绿地的建设往往被放在次要位置，城市公园绿地建设严重滞后，面对人们对公园绿地需求的不断增长，公园绿地建设不足的问题已极为突出。通过对多个县城公园绿地的调研发现，案例县城人均公园绿地面积不足1 m^2，大大低于

《城市用地分类与规划建设用地标准》（GB 50137—2011）中8 m^2/人的标准下限[5]，公园绿地建设严重滞后。

在公园绿地的规划方面，现行的国家相关标准对于社会经济水平不一的众多城市来说，往往重原则性欠针对性。目前国内公园绿地相关的理论及实践研究成果多集中于大城市，而陕北黄土沟壑区县城由于地域自然环境、城市发展水平、居民对公园绿地实际使用需求等方面的特殊性和特定性，其公园绿地布局难于套用大城市的方法[6]。这些县城公园绿地的规划与建设正面临“有章难循”的尴尬境地，主要体现为以下4个方面。

第一，大城市公园绿地“内向性”布局思维不适用。大城市因其规模较大，城市内部与外围自然环境相对较远，公园绿地往往在城市内部自成一体，形成内向型的布局模式，城市内部以公园绿地为主侧重游憩功能，城市外围以大型自然绿化为主侧重生态功能。但对于陕北黄土沟壑区县城而言，城市形态因自然而生、依自然而长（该地区县城中85%为带形城市），由于较小的城市宽度（城市平均宽度基本在500 m），周边自然绿化完全在适宜的步行范围内，城市公园绿地具备向外部延伸的可行性。通过调研发现，城市周边的山体公园已成为当地居民日常游憩活动的重要场所，成为城市公园的一部分。因此，陕北黄土沟壑区县城公园绿地的建设应该并且必须跳出传统的“岛式”布局思维，构建整体观下城市与自然融为一体的公园绿地。

第二，山体公园类型划定模糊。类型的划定是实现公园绿地系统性的必备条件，也是公园绿地布局的关键前提之一。然而对于陕北黄土沟壑区县城公园绿地而言，紧密的“山”和“城”的关系，狭长的建设用地形态，使得该地区县城的山体公园具备了多种公园类型的特征，其类型划定一直处于模糊状态。主要原因在于，从位置来看其接近于郊野公园；从实际使用情况来看，山体公园已成为当地人广泛接受的、日常性的活动场所，这一特征更接近社区公园；从其服务距离来看，基本上面向全城的居民，已超过社区公园0.5 ~ 1.0 km的服务半径，更接近全市性公园或区域性公园的界定。在规划实践中其类型的划定，往往取决于规划编制人员的主观判断，缺乏统一的判定标准，公园类型的随意性较大。

第三，公园绿地指标测算弹性过大。指标测算是公园绿地“量”的保障，是公园绿地布局又一关键前提。然而，山体公园类型划定的不确定性，进一步带来了指标测算的弹性空间过大，以至于山体公园成为公园绿地指标的“无限提款机”，许多城市将山体公园大量计入城市公园绿地，从人均面积来看甚至达到国家级园林城市的标准，但真实情况是，城市内部公园绿地很少，居民使用不便问题突出，城市公园最首要的游憩功能大打折扣。

第四，公园绿地布局对居民的公园使用习惯回应不足。相对平原地区大城市，该地区县城居民的公园使用习惯具有两方面特征：一方面，县城居民步行出行比例高，且由于闲暇时间多，步行距离相对较远，能够接受的公园绿地服务半径大于规范标准；另一方面，与山为邻、与水相依是这些城市的典型空间特征，这使得居民对山体公园和滨河公园接受度很高，但规划中往往依照规范的公园服务半径，采取建设用地围绕点状公园布局的方式，山体公园和滨河公园更多的是在承担景观与生态功能，游憩功能开发不足，未能充分发挥自然环境优势。

综上所述，建设公园绿地是新型城镇化背景下营建优良城市人居环境的迫切需求，宏观的政策指导、条例保障等规划体制环境正在迅速健全完善，面对“社会公平正义”的公共资源配置理念，现有的公园绿地布局模式与方法呈现出明显的局限性，而陕北黄土沟壑区县城，因其自然环境、经济发展、城市空间、居民生活习惯等方面的特殊性与特定性，不仅存在公园绿地建设水平过低的现象，规划中还面临“有章难循”的突出问题。因此，本研究以陕北黄土沟壑区县城为研究对象，探索能够充分体现“社会公平正义”理念并适宜该地区县城的公园绿地布局的新思路与新方法。

1.2 公园绿地相关研究进展

1.2.1 国外公园绿地相关研究

英国是最早（19世纪）在城市中系统建设公园绿地的国家，美国、日本等发达国家早期城市公园建设都在一定程度上借鉴了英国的公园绿地建设理念，随后的发展中逐步形成了自己的公园绿地规划与建设体系。

英国作为世界范围内工业革命的先行者，也是最早出现城市问题的国家。随着19世纪城市工业的迅速发展，一系列城市问题也接踵而至，社会改良运动随之兴起，公园运动便是其中之一。早在1835年，开放的摄政公园建设中就已经开始考虑城市环境改造与土地开发问题，兼顾了提高城市环境质量和经济效益，为城市公园的规划与建设开拓了新的方式，带动了城市公园的建设热潮[7-8]。随后由帕克斯顿（Joseph Paxton）主持的利物浦市伯肯海德区公园（1843年），成为英国早期城市公园建设的典范，是世界园林发展史上第一个完整意义上的公园。“人车分流”是该公园的重要设计思想。人车分流的思想对美国的风景园林师奥姆斯特德产生了深刻影响，并体现在了他后来主持的公园规划与建设中。

伦敦作为世界公认的“绿色城市”和“最适宜居住的城市”，其公园系统的规划一直是伦敦总体规划中的一项重要内容。在1944年的大伦敦规划中，针对开放空间分布不均和严重不足的现状，提出按1.62 hm^2/千人的标准建设公园，并提出构建“花园–城市公园–公园道–楔形绿地–绿带”的城市绿地网络[9]，形成均衡分布和连接一体的绿地空间。近年来伦敦城市公园绿地的发展，一方面体现为融入整体的、连贯的绿地网络；另一方面体现为公园系统自身的层级、规模、功能、可达性的提升发展，在公园绿地的布局上，将绿地率、人均公园绿地面积、绿地位置和功能对人的满足程度、绿地的可达性等作为重要因素进行规划，进行公园绿地的规划建设[10]。同时强调优先绿化开敞空间缺乏的地域，如将一些高速公路容量过剩的地方改为小的绿色空间，在空置地和废弃地上、部分建筑屋顶等进行集约规模绿化，通过产业结构调整、土地置换发展新绿地[10]。

美国关于城市公园的研究虽稍晚于英国，但发展迅速并形成了丰富的研究成果与经验，对中国的城市公园规划具有重要的借鉴意义。美国城市公园发展历程大致可划分为5个阶段（表1-1）。第一阶段（1830—1850年）为公园雏形阶段，该时期美国基本完成第一次工业革命，进入城市化起步阶段。该时期出现了建设于郊区的公园墓地，由于景色优美，成为周围市民休闲散步的好去处，也使人们认识到了公园的魅力，为下一阶段的“公园运动”做了铺垫。第二阶段（1850—1890年）为公园的系统化建设阶段，该时期美国已完成第二次工业革命，进入了快速城市化阶段，无视地形变化的格子状街区成为当时的主流，规划方式上的简单化带来了城市景观的单调乏味，以风景园林师弗里德里克·劳·奥姆斯特德（Frederick Law Olmsted）和卡尔维特·沃克斯（Calvert Vaux）主持规划的纽约中央公园为开端，掀起了欧美国家的“公园运动”。1870年，在奥姆斯特德和沃克斯的提议下，建设了第一条公园路（Eastern Parkway），将外围的公园景观引入市区内部，初步体现了城市公园的系统思维。1878年，奥姆斯特德提出了波士顿公园系统方案，将普通公园、河滨公园、公园路、滨河绿带、综合公园、植物园各种类型的公园绿地连成一体，被人们称为“翡翠项链（Emerald Necklace）”，至此形成了相对完整的公园系统化建设，突出了对自然地形的尊重、利用以及公园之间的连通性思想，对后来的绿道、绿色基础设施等思想以及城市公园系统的规划形成了深刻久远的影响。第三阶段（1900—1930年）是社区公园大量建设时期。美国在1920年城镇化水平达到50%，城市居民对以公园为代表的开敞空间的需求与日俱增，社区公园成为城市中公园的建设主体，通过建设各种小型社区公园的“小公园运动”，为市民提供更多的社交、活动场所。第四阶段（1930—1970年）是游憩设施提升时期。该阶段美国城市化水平超过70%，城市发展进入平稳期，公园活动的丰富性需求迫切，公园建设重在满足游憩活动需求而非进行绿化造景，以便为各个年龄层次的社区居民提供经济适用的室外运动和活动场所；第五阶段（1970年至今）城市公园进入精细化建设时期。主要体现为公园分类的细致化，公园分布的可达性，公园规模的袖珍化，公园场地的多样化[11-12]。

美国的城市公园的分类标准多样且类型构成细致。按照土地行政权属的差别，可分为国家公园、州立公园以及县、市、其他组织或个人所有但向公众开放的公园；依游憩活动的差异，可分为积极型公园（Active Park，以体育活动为主）和消极型公园（Passive Park，以野餐、散步等休闲活动为主）；依使用群体

美国的城市公园发展历程 **表 1-1**

时期（年）	发展阶段	城市建设背景	公园规划与建设特征
1830—1850	公园雏形	第一次工业革命基本完成，进入城市化起步阶段	出现建设于郊区的公园墓地，由于景色优美，成为市民散步的好去处
1850—1900	公园系统化	第二次工业革命完成，进入快速城市化时期，城市景观单调冷漠	进入公园建设高潮，通过公园路连接各处城市公园，初步形成了城市公园系统，同时建设大量的郊野公园
1900—1930	社区公园	城市主导发展期，城镇化水平超过50%，市民的公园活动需求高涨	社区公园成为城市中公园建设主体，通过建设各种小型社区公园的“小公园运动”，为市民提供更多的社交、活动场所
1930—1970	游憩设施	完成城市化进程，公园活动的丰富性需求迫切	公园建设重在满足游憩活动需求而非绿化造景，如强调体育场地、体育器械和有组织的活动
1970至今	公园精细化	进入后城市化时期，同时面临城市用地紧张、建设密度大、公园数量不足且分布不均的问题	以提高公园数量和可达性为目标，进行公园建设的“存量”挖掘，充分利用各种场地进行公园建设，并建设大量袖珍公园

资料来源：结合参考文献［11-12］整理而成

和服务内容，可分为公园（Park，提供较为综合的设施满足多种游憩使用）、游憩中心（Recreation Center，提供室内运动场馆，配备专人规范化管理，可满足社区居民的日常游憩活动并提供各种培训项目）、操场（Playground，仅提供室外运动场地供社区居民日常游憩使用）、袖珍公园（Pocket Park，提供儿童游戏/野餐桌等供社区居民日常游憩的小型公园）、遛狗公园（Dog Park）；因服务范围的差异，可分为区域公园、社区公园等[11]。

纽约最新一轮总体规划中提出城市公园可达性的目标为“确保所有纽约人居住在公园的10 min步行圈内”[13]。为达到这个目标，主要从3个方面入手：“第一，使现有场地可以被更多纽约人使用。首先在每个社区开放校园操场作为公共娱乐场地，将现存的未被充分利用的空间转化为社区共享资源；其次为竞技运动员提供专业的训练场地，满足特殊群体的锻炼需求；再次改造未发展完善的公园，更好地为公众服务。第二，延长现有场地的使用时间。首先拓展场地使用功能，把沥青场地转化为多功能草场地；其次增加场地夜晚照明设备，最大限度地延长场地的使用时间。第三，重新设计公共领域。首先为每个社区新建或升级一个公共广场，供居民休闲游憩使用，其次通过美化绿化公共领域来提高行人的步行体验。[14]”

目前美国专门设立了“Park Score”公园评估网站，该网站在美国境内选取了75个人口最多的城市作为调研和评估对象，评价内容主要包括“面积（Acreage）、投资、设施、可达性”4个方面。具体而言，面积包括中位公园面积、公园占城市用地面积的百分比两项；投资即在公园及相关设施建设中的资金投入；设施的含义为一定单位人口所拥有的篮球架、遛狗公园、操场、康乐与老人中心；可达性的衡量标准为居住在公园周边0.5英里（约800 m）范围内的居民占城市居民的比例。由表1-2可知，在评价体系中，公园的可达性所占比重最大，原始分值为40，而其他各小项的原始分值均为20以下。从表1-3可以知，根据2015年的统计，排在前5名的城市，公园用地占城市用地的比例和0.5英里半径内居民见园比两项得分均很高，几乎接近满分，即城市公园绿地的相对总量以及空间分布的可达性均很高。上述评价体系及其结果所传递的信息是，对于城市公园而言，无须执着于单个公园的规模，首要控制的是公园面积总量和空间可达性。

日本最早的城市公园规划始于《东京市区改正条例》（1889年），规划强调按照各区人口进行公园配置。在1919年出台的《都市计画法》中，理顺了公园规划与城市规划的关系，即公园规划应以城市规划为基础，随后制定的《东京公园计画书》，对公园的分类、面积、标准进行了系统的阐述。目前日本采用的公园分类包括营造物公园和地域制公园两大类，营造物公园以都市公园为代表，都市公园是一个根据其规模、目的与服务半径配置的公园系统，包括都市基干公园（综合公园、运动公园）和住区基干公园（街区公园、近邻公园、地区公园）[15]，基本对应于我国的综合公园和社区公园。在都市公园建设中，小公园往往占有较高的比例。此外，由于日本地质灾害较多，其在防灾公园规划方面积累了较多的

公园评分体系 **表 1-2**

<table>
<tr><th>面积
Acreage</th><th>投资
Spending</th><th colspan="2">设施
Facilities</th><th>可达性
Access</th><th>原始分
Raw Score</th><th>公园得分（标准分）
ParkScore</th></tr>
<tr><td>40</td><td rowspan="5">20</td><td colspan="2">20</td><td rowspan="5">40</td><td rowspan="5">120</td><td rowspan="5">100</td></tr>
<tr><td>中位公园面积
Median Park Size</td><td>篮球架/万人
Basketball Hoops per 10,000 Residents</td><td>遛狗公园/10万人
Dog Parks per 100,000 Residents</td></tr>
<tr><td>20</td><td>20</td><td>20</td></tr>
<tr><td>公园占城市用地面积百分比
Park Land as % of City Area</td><td>操场/万人
Playgrounds per 10,000 Residents</td><td>康乐与老人中心/2万人
Recreation/Senior Centers</td></tr>
<tr><td>20</td><td>20</td><td>20</td></tr>
</table>

资料来源：http://parkscore.tpl.org/

美国城市公园排名（2015 年） 表 1-3

排名 Rank	城市 City	人口 Popula-tion	中位公园规模（满分20）Median Park Size（MAX 20）	公园用地占调研城市用地的比例（满分20）Parkland as Percent of Adjusted City Area	0.5英里半径内居民见园比（满分40）Percent of residents within ½ Mile of Park（MAX 40）	人均投入（满分20）Spending Per Resident（MAX 20）	篮球架/万人（满分20）Basketball Hoops per 10,000 Residents（MAX 20）	遛狗公园/10万人（满分20）Dog Parks per 100,000 Residents（MAX 20）	操场/万人（满分20）Playgrounds per 10,000 Residents（MAX 20）	康乐与老人中心/2万人（满分20）Recreation and Senior Centers per20,000 Residents（MAX 20）	设施平均个数（满分20）Ammenities Average（MAX 20）	公园得分（满分100）ParkScore（MAX 100）
1	Minneapolis	392 115	13	16	38	20	5	20	11	20	14	84.0
1	St Paul	288 671	7	16	40	20	17	18	16	20	18	84.0
3	Washington	630 461	1	20	40	20	16	20	6	20	16	81.0
4	San Francisco	824 394	3	20	40	20	6	20	4	8	10	77.5
5	New York	8 363 755	2	20	40	20	14	20	6	1	10	76.5
5	Portland	599 805	9	19	34	17	15	20	7	8	13	76.5
7	Cincinnati	296 442	9	16	26	20	20	17	20	20	19	75.0
8	Boston	633 310	3	18	40	13	15	10	12	13	13	72.5
9	San Diego	1 330 858	13	20	30	12	11	14	6	13	11	71.5
9	Seattle	638 195	4	13	38	20	6	20	8	11	11	71.5
……	……	……	……	……	……	……	……	……	……	……	……	……
70	Oklahoma City	521 808	13	6	12	5	4	6	6	11	7	36.0
72	Louisville	746 288	15	6	6	5	9	10	5	5	7	32.5
73	Indianapolis	835 239	20	4	6	2	8	5	4	7	6	32.0
74	Charlotte	806 490	20	4	2	5	3	7	6	6	6	31.0
74	Fresno	474 864	10	1	18	3	1	12	3	3	5	31.0

资料来源：http://parkscore.tpl.org/

经验与成果，在《防灾公园规划设计指南》《防灾公园技术便览》等著作中全面论述了防灾公园的规划、设计与建设中的相关问题。

大野秀敏在方案东京2050年概念规划中提出了“纤维化”绿廊设计途径[16]，突破了过去总体规划中对绿廊设计“抓大放小”的工作习惯，不仅设计那些在平面上看得见，宽度比较大的绿廊，而且也重视总体效果可观的小绿廊设计，最终得出了一种既针对旧城复杂情况的灵活性，又指向城市可持续发展的未来的绿廊方案[17]。在方案中他将未来东京的“纤维绿廊”依尺度和作用的不同而归纳为4种类型：指状绿带、绿网、城皱和绿垣，其中，指状绿带主要是指随着公共交通的发展壮大，将公交服务范围外的不再适合用作居住区的用地逐渐转化为绿地，该类绿地面积较大，且具有一定的游憩作用；绿网是在原先的机动车快速路位置上发展起来的绿色网络；城皱是针对具有独特潜力的历史地段的绿化措施，如针对废弃运河、台阶的绿化；绿垣是该战略中最优特色的部分，它是一种针对社区的高度分散化和高度连通性的“毛细”绿廊，不仅自身相互连通，也与学校、公园等大型绿地、绿网等区域尺度的绿带相连通[17]。我国人口基数大、土地资源紧张，紧凑型发展是城市建设的必然模式，尤其是对于可建设用地极度紧张的黄土沟壑区，大野秀敏提出的纤维化的灵活思路，值得我们思考和借鉴。

新加坡花园城市理论和实践是对西方工业化文明带来的对人类生存环境巨大破坏的反思，充分借鉴了欧美发达国家发展的经验和教训，在建国初期就提出了建设“花园城市”的战略[18]。从90年代着手建立的连接各大公园、自然保护区、居住区公园的廊道系统，则为居民不受机动车辆的干扰，通过步行、骑自行车游览各公园提供了方便[18]。他们计划建立数条将全国的公园都连接起来的“绿色走廊”，该走廊至少6 m宽，其中包括4 m的路面；城市绿化与步行系统结合，在绿化走廊中设计步行道，以此形成网络联系全国的各个公园和组屋区的中心绿化带[18]。

总体而言，国外对城市公园绿地的研究起步较早，形成了系统和丰富的研究成果，近年来关于公园绿地布局的研究，呈现出“标准精细化、规模袖珍化、需求导向化、步行主导化、开发混合化”的趋势，无论是美国的“袖珍公园”、日本的“纤维绿廊”还是新加坡的“绿色走廊”都充分体现了城市化达到较高水平之后的公园绿地布局应对。在中国城市进入存量发展的今天，对受到地形条件限制且城市规模较小的黄土沟壑区县城而言，具有重要和直接的参考意义。

1.2.2 国内公园绿地相关研究

国内关于城市中公园绿地的研究起步较晚，多包含在城市绿地系统的研究之中，于20世纪80年代兴起，90年代以来发展迅速，但目前仍处于基础性理论与方法的研究阶段[19]。在基础性理论研究方面，包括如城市绿地系统分类探讨、国内外城市绿地发展概况介绍、学科间的交叉发展关系及动态、城市绿地的生态效益等；在研究方法上，包括如遥感分析与计算机技术应用、城市绿地现状与诸多相关因子的分析、评价方法以及景观生态安全格局与方法的应用等[19]。就目前的关丁绿地的整体研究动态而言，越来越为集中在大块的、具有生物多样性和较少受到人类活动影响的自然生态系统，或在生物种群和生物多样性日益减少的区域，或探讨自然环境生态服务功能，包括空气和水体的净化，风和噪声的过滤，小气候的稳定等[20]。而对与人们生活和工作密切相关的城市公园绿地的研究相对较少，已有研究主要围绕绿地的类型、数量、指标、绿地内部服务设施等方面展开，与公园绿地布局直接相关的研究，归纳起来主要集中在以下6个方面。

1. 公园绿地的分类

《园林基本术语标准》的条文说明中提出“狭义公园”和“广义公园”的概念，前者是指“面积较大、绿化面积较高、设施较为完善、服务半径合理、通常有围墙换套、设有公园一级管理机构的绿地”[21]。后者是指“除了上述公园外，还包括设施较为简单、具有公园性质的敞开式绿地”。通常所说的城市公园绿地为狭义公园，因不同地区、不同自然环境和不同城市规模下城市绿化条件差异较大，多个大城市均结合自身特征与需求在行业通用标准的框架基础上，提出了地方的公园分类标准。如《北京公园分类及标准研究》(2011年)一书中，对国内外公园分类及标准进行了系统的比较研究，并提出了北京的“狭义公园”构成，主要包括历史名园、遗址保护公园、现代城市公园、文化主题公园、区域公园、社区公园、城镇公园、道路及滨河公园、小游园和风景名胜区。该分类方式体现了“人文北京、科技北京、绿色北京和世界城市”的建设思想。此外，上海、苏州、武汉、重庆、成都、广州等20多个城市也针对公园绿地分类制定了地方性标准（表1-4）[22]。

公园绿地分类的标准比较 **表 1-4**

城市	法规名称	公园分类	实施年份	备注
上海	上海市公园管理条例	综合性公园、专类公园、历史文化名园	1994	将历史文化名园与综合性公园列为一级
苏州	苏州园林保护和管理条例	宅第园林、寺庙园林、衙署园林、会馆园林、书院园林	1997	强调历史名园的性质
武汉	武汉市城市公园管理条例	综合性公园、儿童公园、动物园、居住公园、居住小区游园和街旁游园	1998	将居住区类公园列为分类主体
重庆	重庆市公园管理条例	综合性公园、专类公园	2001	简化为两个大类
成都	成都市公园条例	综合类公园、专类公园、文物古迹公园、纪念性公园、风景名胜公园、带状公园	2006	将纪念性公园和风景名胜园从专类公园中分离出来；以文物古迹公园代替历史名园，并从专类公园中分离出来
广州	城市公园分类	综合性公园、社区公园、专类公园、带状公园	2007	取消了街旁绿地

资料来源：参考文献[22]

业内许多学者也结合地方实践从不同的角度对城市公园绿地的分类给出了各自的建议。朱黎霞、李瑞冬在分析现有行业标准《城市绿地分类标准CJ J /T 85—2002》在实践中存在的问题和矛盾的基础上，如绿地划分依据不统一、统计计算重复、校核和评价困难等，以安徽省六安市为例，将服务范围属性作为公园用地的小类划分依据，建立了六安市城市绿地属性表，分别从功能、服务范围或对象、类型特征、形态、规模5个方面对公园绿地进行了界定[23]。陈存友、胡希军建议将全市性公园、区域性公园、居住区公园统一归类为综合公园；取消小区游园，将其划归到居住绿地中；取消带状绿地，将其划归到街旁绿地[24]。余淑莲根据深圳市实际情况提出了将深圳市公园划分为自然公园和城市公园两大类的构想，其中城市公园由基干公园（综合公园、社区公园、儿童专类公园、体育专类公园科普专类公园）和非基干公园（历史纪念公园、主题公园、带状公园等）构成[25]。

2. 公园绿地的控制指标体系

从指标完善的角度，雷芸通过对国内外公园绿地人均指标和公园内部指标结构的对比分析，基于对公园绿地规模和类型的合理分配，提出了对各级人均公园绿地指标的调整和细化的具体建议，包括提高社区公园在公园系统中的规模比例，建议城市综合公园（包含全市性公园和区域性公园）的面积为5 m^2/人，居住区公园用地面积为2 m^2/人，专类公园等公园绿地人均指标为3 m^2/人，即公园绿地人均指标合计为9 m^2/人[26]。张青萍等基于城市绿地行业标准与《城市用地分类与规划建设用地标准》（GB 50137—2011）之间的协调和绿地指标的真实性，建议“小区游园”不计入“公园绿地”统计，“广场用地”和部分“其他绿地”可纳入“公园绿地”统计[27]。

3. 公园绿地的使用后评价

主要通过选取多项衡量指标对城市公园的整体等级结构和布局进行分析评价。如祝昊冉、冯健选取规模、形式、服务设施数量、交通便捷度、开放时间和门票价格等指标，对北京城区44个数据可考的公园进行调查研究，认为经济和人口因素对公园布局起到决定性的作用[28]；徐秀玉、陈忠暖通过引入规模、景观、公用休闲功能、建园时间、交通便捷度、综合配套服务等衡量指标对广州城区公园绿地的等级结构及空间布局特征和规律进行分析[29]；刘思含等采用POE方法对沈阳城区45个代表性公园绿地使用者的年龄、收入、户籍、到访目的、到访频率、交通方式、时间期望等方面进行调查，进而分析其使用特征[30]。

4. 公园绿地空间布局分析评价

鉴于传统指标在衡量公园绿地实际布局合理性方面的乏力，业内人士展开了关于绿地布局评价体系的探讨。俞孔坚等提出了以景观可达性作为评价城市绿地空间分布合理性和有效服务范围的指标，并运用到了中山市城市绿地系统的规划方案之中[31]。李博等综合考虑绿地规模、人口分布和交通成本因素，以单位时间可达范围内的地块面积、居住区面积和人口数作为可达性评价指标，并运用GIS建立了阻力模型进行可达性计算和实地验证分析[32]。肖华斌提出关于公园绿地空间分布的公平和效率的理解，即公平可以从均等获得公园的享有机会体现可达性，效率则可以从公园的服务面积与服务面积比率和服务人口体现[33]，并运用可达性分析的成本加权距离方法、服务面积分析的简单缓冲方法，以广州市越秀区为例进行了实践探讨。梁颢严等提出“建设用地见园比”和“社区见园比”，分别对城市公园绿地空间布局进行评价[34]。金远提出绿地分布均匀度指标的概念，并运用洛伦茨曲线分析方法，以基尼系数作为指标测算城市绿地分布的均匀程度[35]。张青萍等结合对《南京市绿地系统总体规划（2007—2020）》的评估，提出《城市园林绿化评价标准》（GB/T 50563—2010）宜调整“万人拥有综合公园指数”指标精度，增加“公园服务半径覆盖率指标”，明确公园绿地统计口径，增加完善有关公平性、均衡性指标内容[27]。唐子来等以上海市中心城区为例，进行公共绿地分布的社会绩效评价研究，首先采用基尼系数的方法，进行社会公平绩效的总体评价，进而采用洛伦兹曲线的方法，显示公共绿地资源分布和常住人口分布之间的空间匹配情况，为同一城市公共服务设施分布的历时性比较和不同城市的共时性比较提供了研究基础[4]。

5. 山地城市绿地和公园布局研究

吴小琼借助GIS空间分析和叠加技术，探索了“基于游憩服务半径的绿地布局方法、基于生态敏感性的绿地系统布局方法、基于视觉景观的绿地系统布局方法”[36]3种山地城市绿地系统布局的方法，并提出了“以自然空间为主导的布局形式、以景观生态为主导的‘绿核–绿廊–绿网’的绿色网络布局形式、以城市结构为主导的布局形式、以绿地功能为主导的‘点–线–面’布局形式”4种山地城市绿地布局形式[36]。明珠等根据对多个西南地区中、小型山地城市的绿地系统规划实例研究，分析并总结了西南地区山地中、小型山地城市的绿地系统规划的绿地结构特点和公园绿地的独特之处，如绿地系统规划中通常将周边近邻的城市建设用地的面山划入规划区，构成城市的绿色生态圈[37]。王真真对山地城市公园中地形要素进行了剖析，包括山地地形形态特征和空间属性、地形与行为活动的关系、地形与空间围合的关系、地形与交通的关系等方面[38]。王兰从可达性的角度对山地城市公园进行研究，强调了山地公园可达性受地形起伏和江河水体等影响较大的特殊性，步行是居民到达山地城市公园的主要交通方式[39]。屈雅琴分析总结了山地公园中游人游憩活动的类型、不同人群的游憩行为特点，提出在山地公园中，游人的分布有明显的垂直地带特征和坡向、山位特征[40]。

6. 特定人群或类型的公园规划

包括基于特定人群需求的研究，如“基于老年人需求特征的社区公园建设研究”[41]“生理性弱势群体对城市公园使用需求的研究”[42]“试论儿童公园分区规划及内容设置”[43]；关于特定类型公园绿地的研究，如著作《城市带状公园绿地规划设计》(2011年)、《城市街旁绿地规划设计》(2013年)，另外，还有部分学者针对防灾公园、遗址公园、主题公园等类型公园进行了研究探讨。

此外，笔者在中国知网（CNKI）进行文献检索，截止时间为2016年2月，得到如下统计结果：

以“城市”并含“绿地”为篇名检索论文结果为4 431篇，其中以“生态”为主题的论文为2 040篇；

以“公园绿地”为篇名检索论文结果为747篇；

以“山地”并含“公园绿地”为篇名或者关键词检索论文结果为5篇；

以“山地”并含“公园”为篇名或者关键词检索论文结果为160篇；

以“黄土高原”并含“公园绿地”为篇名检索论文结果为0篇；

以“黄土高原”并含“公园”为篇名检索论文结果为4篇；

以“陕北”并含“公园绿地”为篇名检索论文结果为0篇；

以“县城”并含“公园绿地”为篇名检索论文结果为0篇；

以“小城镇”并含“公园绿地”为篇名检索论文结果为0篇；

以“小城市”并含“公园绿地”为篇名检索论文结果为0篇；

根据检索结果，以“生态”为主题词的论文数量占“城市绿地”论文总数的比例高达46%，这表明绿地的生态化研究已成为国内绿地研究的主要内容，这是与国外的发展趋势相一致的。

“公园绿地”相关论文的主要研究方向统计对比　　表 1-5

篇名或关键词	可达性	游憩	老年人	生态	土壤水空气	植物	防灾减灾避险	指标	管理建设
论文数	61	14	21	44	30	145	44	10	94
所占比例（%）	8.2	1.9	2.8	5.9	4.0	19.4	5.9	1.3	12.6
对应功能	游憩			生态			防灾	其他	
论文数	96			219			44	104	
所占比例（%）	12.9			29.3			5.9	13.9	
论文总数	747								

“公园绿地”的相关论文数量为747篇，占城市绿地论文数量的16.9%。为进一步说明公园绿地相关论文的研究方向，笔者对出现频率较高的篇名或关键词进

行了统计，如表1-5所示，并结合公园绿地的主要功能进行归类，分别为“游憩、生态、防灾”几个方面，统计结果表明，作为城市公园绿地首要功能的“游憩”，其相关论文仅为“公园绿地”总论文量的12.9%，这与城市公园绿地的功能定位是不相称的；而与“生态”相关的论文占论文总数的29.3%，从具体的论文研究内容来看，更多的是针对大城市的规模较大的公园绿地或生态类绿地的生态价值的研究，对县城公园绿地布局缺乏借鉴意义；“防灾”相关论文占论文总数的5.9%，比例较低；除此之外其他方面主要是“管理建设”和“指标”相关论文占论文中暑的13.9%，甚至超过了“游憩”相关论文的数量。更进一步表明，针对游憩这一公园绿地主要功能的研究明显不足。

结合本书研究对象，对公园绿地加以限定进行论文搜索发现，“山地公园”的研究已有一定积累，论文数量为160篇，对本研究有着直接和重要的借鉴意义。但分别以“黄土高原公园”“陕北公园绿地”“县城公园绿地”“小城镇公园绿地”“小城市公园绿地”为篇名进行检索得到的文献数量基本为0，其中“黄土高原公园”的相关论文有4篇，但主要是关于植物配置和旅游开发的研究。总体而言，与公园绿地游憩服务功能相关的研究较少，本书所聚焦的陕北黄土沟壑区县城公园绿地的研究更是亟待补充。

综上所述，从国外的研究动态来看，近年来城市绿地及公园的规划研究主要是在两个方向上不断深入，一是具有生态意义的宏观尺度的绿地系统研究，另一个是面向城市居民游憩需求的中微观尺度的城市公园绿地研究，后者的研究中越来越为强调“标准精细化、规模袖珍化、需求导向化、步行主导化”等特征。国内关于公园绿地的研究内容主要集中于现有相关标准和评价体系上，在公园绿地使用情况调查分析和布局评价方面积累了一定的成果并在逐步更新发展。但对于能够直接指导城市公园绿地建设的布局方法的探讨较少，而面向黄土沟壑区这一特殊地域环境下小城市的公园绿地布局研究更是亟待补充。

1.3 研究目的与意义

1.3.1 研究目的

基于新型城镇化创造优良人居环境的战略目标，以地域适应性和社会公平正义为核心理念，顺应城市公园绿地标准精细化、需求导向化、步行主导化等发展趋势，针对现有公园绿地类型、指标及空间布局方法的局限与不足，结合陕北黄土沟壑区县城自然环境、经济社会发展、城市规模、城市空间形态、居民出行习惯、对公园的使用需求等方面的特征，探讨黄土沟壑区县城公园绿地布局的内在逻辑与适宜方法，包括对现有城市公园绿地类型进行补充界定，建立适宜性指标体系和空间布局方法，以形成对公园绿地规划理论与方法的地域性延展和补充，解决所研究地区县城公园绿地规划与建设有章难循和盲目随意的突出问题，以期推动该地区城市人居环境的改善提升。

1.3.2 研究意义

1. 理论意义

现行的以“点线面”为代表的空间布局模式加传统指标（人均公园绿地面积、绿地率、绿化覆盖率）控制的布局方法，缺乏对公园绿地真实的空间服务水平和社会服务水平的考虑和控制，无法支撑社会公平正义的公共设施配置理念，且现有的公园绿地类型和指标体系因适应性不足而难以直接应用于黄土沟壑区县城公园绿地的规划与建设，因此针对黄土沟壑区县城自然环境、城市空间、居民需求等特征，并融入社会公平正义理念的公园绿地布局研究，是对现有公园绿地布局方法的优化和地域拓展。

2. 现实意义

过低的公园绿地现状建设水平、人们对公园绿地与日俱增的需求、紧张的可建设用地条件，意味着黄土沟壑区县城公园绿地的建设极为迫切且富有挑战。然而，由于现有的相关规范标准和研究成果多侧重于平原地区大中城市，使得这些县城的公园绿地建设陷入有章难循的窘境，随之带来了公园建设的盲目性、随意性、欠均衡等问题。因此，本研究将通过具有地域和人群针对性的公园绿地布局研究，为该地区县城公园绿地建设提供可操作的思路与方法，有效落实建设宜居城市和基本公共服务均等化等战略思想，改善该地区县城的人居环境。

1.4 题目及相关概念释义

1.4.1 黄土沟壑区县城

县城即县级行政区划范围内的中心城市，是县级行政机关政府所在的城市（镇），是县域的政治、经济、文化中心。县城作为我国城市体系中基础层次，与乡村地区联系紧密，兼有城市与乡村的特点，是“城乡一体化发展”和“就近城镇化”的主要实施载体。黄土沟壑区包含黄土高原（塬）沟壑区和黄土丘陵沟壑区两类地形地貌，陕北是我国黄土地貌类型发育齐全的地区之一，由南向北地貌类型分别为延安以南的黄土高原（塬）沟壑区，延安以北、长城以南的黄土丘陵沟壑区，长城沿线及其以北风沙滩地区。本研究以陕北黄土沟壑区为代表，研究范围包括整个延安市域范围和榆林市南部的部分县，共计19个区县，除延安市的宝塔区，其余18个均为县，具体为延安市的子长、延长、延川、安塞、志丹、吴起、甘泉、洛川、富县、黄陵、黄龙、宜川，榆林市的清涧、绥德、子洲、米脂、吴堡、佳县，除了建于黄土塬上的洛川县城外，其余17个县城均建于河谷川道之中。这些县城在自然环境、城市空间、居民生活习惯等方面有着共同和鲜明的特征，首先，在沟壑纵横的地形条件下，城市与山体、水系等自然要素联系紧密，有着先天的自然绿化优势；其次，受到地形条件的限制，城市空间体现为典型的带状形态，用地均较为狭长，城市紧凑度低，通过紧凑集约的布局最大限度地提高城市公共设施的使用效率是这些县城规划中需要解决的重要问题之一；再次，城市与山水相依的格局，使得山体、水系等自然要素成为当地居民必不可少的生活休闲空间载体，加之相对缓慢的生活节奏，居民拥有较多的闲暇时间，日常步行活动半径也相对较长。对上述特征的深入了解、分析与结合，将是本研究具有客观性、适宜性和可操作性的关键前提。

1.4.2 公园绿地

根据《城市绿地分类标准》CJJ/T 85—2002，公园绿地是指“向公众开放，以游憩为主要功能，兼具生态、美化、防灾等作用的绿地”[44]。具体包括综合公园（G11）、社区公园（G12）、专类公园（G13）、带状公园（G14）、街旁绿地（G15）[44]。按照《城市用地分类与规划建设用地标准》GB 50137—2011，公园绿地属于城市建设用地8个大类之中的绿地与广场用地，在相关的规划编制中，人们惯于将公园绿地的空间分布限定在城区内部，而在城市边缘或外围则主要为具有生态意味的绿地。

然而，由于黄土沟壑区县城所处环境的特殊性，上述公园绿地的类型构成在实际操作中难以直接运用[6]，黄土沟壑区县城具备与山水相邻的环境优势，易于接近自然的带状城市空间，同时又面临可建设用地极度紧张的现实问题，上述特征使得在县城周边山体上适度建设城市公园具有充分的必要性和相当程度的可行性。从各个县城已有的相关规划和实际建设情况来看，部分山体公园已成为城市公园的组成部分，且为当地居民所接受和偏爱。但在《城市绿地分类标准》CJJ/T 85—2002中并未出现有关城市周边山体公园的界定，从平原地区的规划实践来看，山体公园多划归为其他绿地（G5），属于非城市建设用地。针对山体公园划属不清的问题，通过实地调研和相关概念比较研究，笔者将提出片区性（山体）公园的概念，是对综合公园下一层级中区域性公园的概念地域性延展。此外，结合当前社区公园实际建设构成已发生改变的现实情况，笔者对社区公园也将作进一步的补充界定。

综上，本研究中的公园绿地，是在现有的行业标准的框架下，结合公园绿地的发展趋势和黄土沟壑区县城公园建设的环境特征，对具体的公园绿地构成类型进行了适当的概念补充与拓展，并明确以“片区性（山体）公园、社区公园、街旁绿地、带状公园”作为该地区县城的主要公园绿地类型和本文的研究对象。

1.5 研究的主要内容

基于已有公园绿地布局方法的局限性和研究地区县城公园绿地规划与建设面临的困境，结合公园绿地布局的研究趋势，本研究所探索建立的公园绿地布局方法需兼顾以下两个主要方面。

一是地域适应性。对于黄土沟壑区县城而言，随着生活水平的不断提高，人们对公园绿地日益增长的需求与公园建设滞后的矛盾将越发突出，且已有的公园布局方法在该地区难以直接应用，突出体现在公园绿地类型和指标的不适应。因此必须深入了解并充分结合该地区县城的地形条件、空间规模特征、形态特征，以及当地人对公园的类型、位置、距离、规模等方面的需求特点，研究确定适用于黄土沟壑区县城的公园绿地类型及主要指标，作为关键变量要素贯穿支撑布局方法的研究。

二是学术前瞻性。公园绿地布局的研究不仅要顺应国内外的相关研究动态，更需要符合城市公共资源配置的发展趋势，从这一角度而言社会公平正义正在成为当前公共资源配置的核心理念，而现有公园绿地布局方法根本无法满足这一理念下的相应要求，因此必须从公园绿地布局内在价值理念的发展趋势出发，建立具有一定的普遍价值导向和学术前瞻性的布局方法。社会公平正义理念包含了空间公平、社会公平和社会正义。首先，“可达性评价”是衡量公园绿地空间公平最为直接和有效的方法，本文将在“可达性评价”的已有研究基础上，提出直接指导公园绿地规划的布局方法；其次，唐子来等关于上海市中心城区公共绿地分布的社会绩效评价研究，对社会公平正义理念在公园绿地布局方面如何体现进行了探索性研究，其运用的基尼系数法和洛伦兹曲线法，可作为本研究的方法基础之一[4]。本文将进一步探索并建立可运用于公园绿地规划的、充分体现社会公平正义理念的新的布局方法。

总体而言，地域适应性要求在面对黄土沟壑区县城这一特征鲜明的对象时，必须深入结合“自然环境、城市空间、人的需求”等方面特征，社会公平正义理念根本上是追求“人”“空间”“设施”之间的公平匹配关系。故上述两方面要求的达成均以充分结合地域特征为重要前提，并以具体的方法为载体和实现途径。

基于以上考虑，主要从以下几个方面展开研究。

（1）国内外相关理论与实践成果研究

对当前国内外与公园绿地布局相关的理论、方法和实践进行梳理和总结，以把握公园绿地布局研究趋势，借鉴国外相关研究积累，发现国内现有公园绿地布局方法存在的局限和不足，作为本文建立研究思路与方法的重要基础。

（2）陕北黄土沟壑区县城发展特征分析与公园绿地调查研究

公园绿地布局是在外部条件和内在需求共同作用下形成的，针对陕北黄土沟壑区的县城，前者主要包括区域自然环境、经济社会发展水平和城市空间发展特征，后者则是人对公园的使用需求。

首先，公园绿地作为城市中的一种人化自然要素，与城市周边的自然环境有着密不可分的关系，区域自然环境是公园绿地建设的本底，直接影响到公园绿地的位置、形态和规模，因此首先对区域自然环境总体特征进行分析；其次，经济社会发展水平与人们对公共服务的品质需求有着正相关的关系，同时经济社会发展水平越高，也意味着城市公共服务的供给能力越强，因此本研究分别从区域和县域2个层面进行经济社会发展分析，以更加清晰地判断该地区县城公园绿地建设的基础条件与发展动力；第三，城市是由多个子系统共同形成的复杂巨系统，公园绿地作为其功能和空间系统的一个有机组成部分，其布局必须纳入城市整体层面进行研究，故将城市整体空间结构与形态特征的分析作为本章又一研究内容，这不仅是提升公园绿地系统布局合理性的必备工作，更是通过梳理该地区县城空间发展特征与共性，使研究结果更具普遍应用价值的保障。第四，更为公平和便捷地满足人们日常休闲活动的空间需求是公园绿地布局研究的核心目标，人们对公园的现状使用特征及未来需求是公园绿地布局的根本立足点。因此本研究针对多个案例县城公园绿地的使用和需求，重点从定类、定序、定量、定比4个方面进行调查研究，并对调研结果进行了初步统计分析，以形成更为直观的整体认识。

（3）陕北黄土沟壑区县城公园绿地特征与类型研究

本章将着重对陕北黄土沟壑区县城规划与建设中公园绿地指标、空间分布、典型问题以及公园的适宜类型进行分析研究，作为后文公园绿地布局方法研究的前提基础。

首先，综合考虑陕北黄土沟壑区各县的经济发展与城镇化水平，以涵盖高、中、低三档发展位次为原则，选取6个案例县城，并针对县城公园绿地规划与建设特征，从总体规模、人均面积、类型构成、空间分布等空间要素方面进行分析总结，发现其普遍特征；其次，梳理该地区县城公园绿地建设与规划中存在的典型问题，如公园类型构成的规范性不足、公园绿地规模指标与结构不合理、公园绿地空间布局意识缺乏主动性、公园绿地布局结构模式有待突破；第三，在现行公园绿地分类标准的框架内，研究陕北黄土沟壑区县城适宜的主要公园类型，并进行概念与内涵的补充和延伸，提出综合（山体）公园的概念。

（4）陕北黄土沟壑区县城公园绿地的可达性

“可达性”已成为衡量城市各类公共设施布局的空间效率和空间公平的最为常用和有效的方法，多用于现状和规划方案的评价，但运用可达性方法直接指导城市公园规划布局方案生成的研究尚有待补充发展，本研究在已有研究基础上，建立可直接应用于陕北黄土沟壑区县城公园绿地规划建设的空间布局方法。

第一，鉴于县城规模一般较小，对公园布局的精准性有着相对较高的要求，故本研究借助GIS软件，将“交通网络分析法”作为本研究中可达性的主要分析方法，以精确地反映使用公园过程中的实际出行距离，以及不同路网条件和交通方式等对出行时间的影响；第二，使用群体、交通方式、服务半径3个关键变量的确定是可达性方法的技术关键之一，不同地区、城市和人群其相应的变量必然是有所差异的，上述变量尤其是服务半径的合理确定是本研究中地域适应性的重要体现之一。故本研究在参考借鉴国内外相关文献和规范标准中相关数据的基础上，对实地调研数据进行系统科学的分析，最终综合确定各类公园的服务半径，并体现为区间值，以便于在面对具体的规划实践时对城市之间的差异具有足够的包容性；第三，分别对陕北黄土沟壑区县城的主体公园类型——社区公园和片区性（山体）公园进行可达性研究。对于社区公园而言，核心环节为“社区公园适建用地整理、基于最小化设施点数的公园初步布点、基于服务人口规模经济性与出行距离舒适性的公园布点比选、基于出行总距离最短的公园布点终选”。对于片区性（山体）公园而言，核心环节为“公园的用地适宜性评价因子选取与赋值、公园候选用地选择、基于最小化设施点数的公园布点”。上述环节是运用可达性方法进行公园布局的又一技术关键；最后，以子长县城为例，将研究所得公园布点方案与《子长城市总体规划（2014—2030）》（初稿）中的公园布局方案进行可达性对比分析，以进一步印证本方法的优越性。

（5）陕北黄土沟壑区县城公园绿地的享有度

基于可达性的布局方法可达成公园绿地分布的空间公平性，同时通过其关键变量的分析选取融入对地域特征和人群特征的针对性，下一阶段则重点解决公园绿地供给水平和人口分布的匹配问题，本研究借鉴“区位熵”原理，提出了公园绿地“享有度”概念，用以衡量在一定的服务半径下居民对公园的实际享有水平，并以此为衡量标准对上一阶段确定的公园分布进行优化以形成最终的公园绿地布局。

第一，本研究所构建的基于“享有度”公园绿地空间布局优化方法，主要内容包括“确定公园用地规模、服务区覆盖分析、享有度分析计算、单类公园享有度模型分析、享有度叠加计算、享有度叠加模型分析、公园绿地布局优化”。第二，结合具体案例县城，借助GIS软件，运用上述方法分别对社区公园和片区性（山体）公园进行享有度分析，对可达性方法得到的公园绿地布点的合理性进行检验；第三，通过模型计算得到叠加后的享有度，发现享有度较低的区域，将其作为公园绿地布局的优化区域；第四，针对低享有度区域，结合用地条件，进行街旁绿地布局，优化整体享有度。在此基础上，以公园绿地的网络构建为目标，进行带状公园布局，以优化公园绿地的系统性，并形成最终的公园绿地布局方案；最后，将研究所得公园绿地布局方案与《子长城市总体规划（2014—2030）》（初稿）中的方案进行享有度对比分析，检验该方法的先进性。

鉴于公园绿地指标体系与可达性、享有度研究的紧密性，以及部分指标须通过可达性和享有度的研究而确定，故指标体系的探讨融入可达性和享有度的相应研究内容，不单独成章。

（6）黄土沟壑区县城公园绿地适宜性布局方法

在上述研究的基础上，提炼黄土沟壑区县城公园绿地布局的内在机理，并构建起以“外溢性公园绿地空间结构”“适应性公园绿地类型”“适宜性指标体系”“层进式公园绿地空间布局方法”为主要内容的陕北黄土沟壑区县城公园绿地适宜性布局方法。

1.6 研究方法与技术路线

1.6.1 研究方法

1. 文献分析法

第一，对研究性成果的收集分析，如国内外的相关专著书籍、学术论文、规划实践案例等，作为研究起点和理论依据；第二，对研究对象信息类资料的收集分析，包括地方年鉴、统计公报、政府工作报告、公园绿地相关规划成果、图形文件、图像照片等，作为研究真实性、针对性和可操作性的基本保障；第三，对公园绿地相关法律法规、规范标准、中央及地方政府重要通知和文件的收集整理，作为研究严肃性和规范性的重要依据。

2. 调查分析法

本研究具有明确的地域对象、城市对象和人群对象，属适宜性规划技术和方法类研究，研究内容中关键变量的确定，必须以大量实地调研为前提。研究中将选取多个代表性案例县城，重点对公园绿地的使用情况和需求趋势进行深入调研。具体方式包括问卷调查、座谈访问、实地观测等。在大量调研的基础上，通过数据整理、统计与分析，发展问题、总结特征，并结合国内外研究成果和相关规范标准，确定公园绿地布局的关键变量因素。

3. 定量分析法

定量分析指通过对公园绿地规模、服务人口、服务半径、人均指标等数据的分析研究，确定陕北黄土沟壑区县城公园绿地布局中主要量化指标，作为可达性和享有度研究的基础，进而完成从公园绿地的初步选址到布局优化，再到确定最终布局的研究过程。

4. 模型分析法

为简化工作过程、提高分析效率，首先运用SPSS软件中相关数学模型对基础资料和调研数据进行计算，确定公园绿地布局中部分关键变量（如服务半径）；其次运用ArcGIS软件建立案例县城城区尺度的网络分析模型，进行公园绿地可达性和享有度的分析、计算和表达，形成直观的分析结果，辅助完成最终的公园绿地布局。

5. 案例研究法

提出能够直接运用于陕北黄土沟壑区县城公园绿地布局的思路和方法，是本研究的主要目标之一。为实现这一目标，首先选取多个典型案例县城进行大量深入观测调查和分析，获取客观资料，了解公园绿地的规划、建设及使用情况，总结其规律性和共性特征与问题；其次选取一个典型案例县城进行公园绿地布局方法的实证应用，对研究成果进行检验，以保证成果的适宜性、可操作性和可推广性。

1.6.2 技术路线（图1–1）

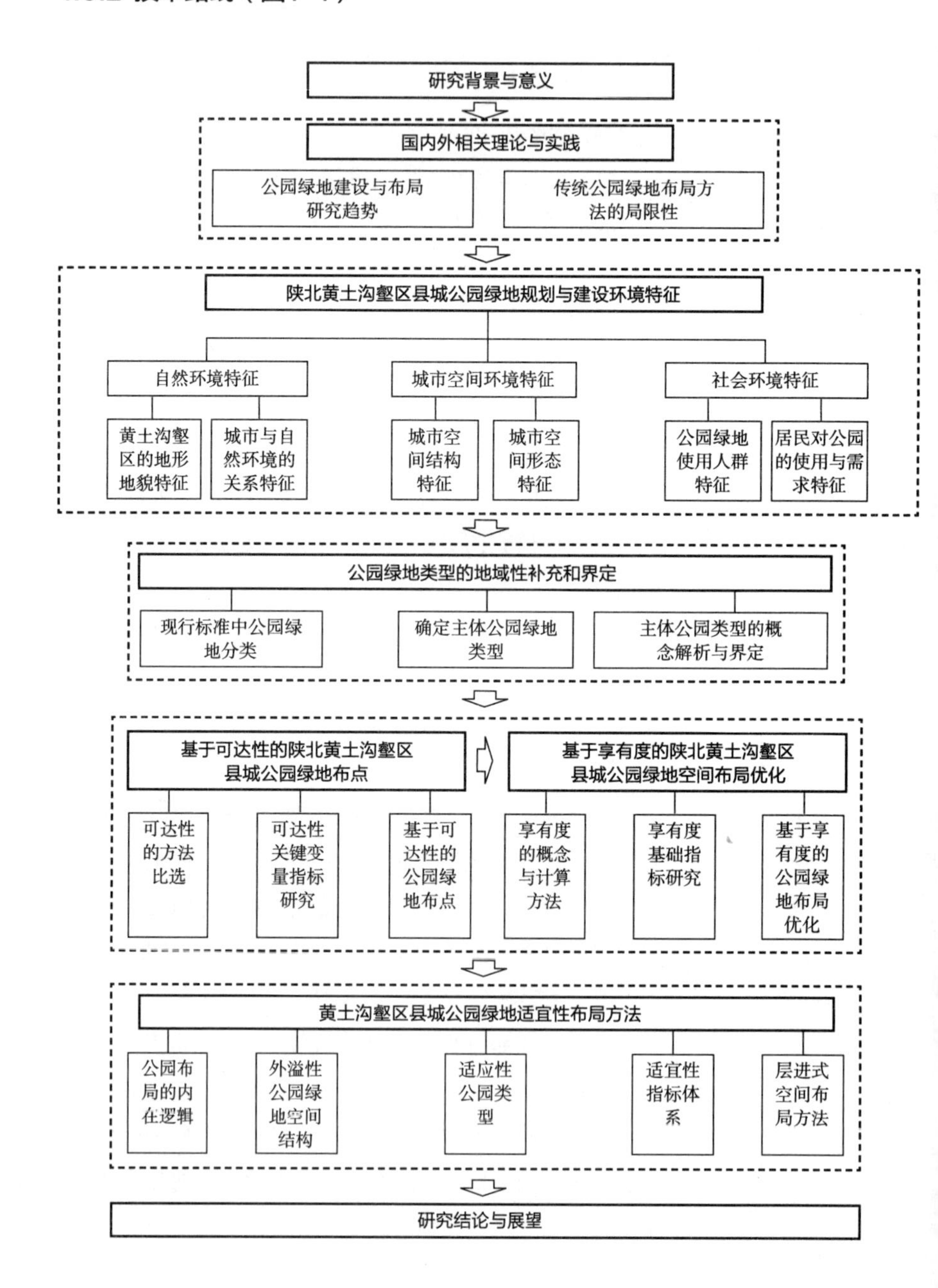

图 1–1　技术路线框图

第2章 相关理论与实践研究综述

公园绿地作为改善城市人居环境的重要载体、城市空间的必备组成部分以及城市居民日常活动的主要场所，涉及宏观的人居环境、中观的城市空间以及微观的城市住区等不同层面的相关理论，本章将主要对上述几方面理论，以及相关的实践与方法进行梳理和总结，为本研究提供理论和方法的借鉴。

2.1 人居环境理论

2.1.1 人居环境

自20世纪50年代希腊学者道克迪亚斯（C. A. Doxiadis）提出“人居环境科学”（Ekistics）的概念以来，由于人居环境涉及内容的多层次性和广泛性，已日益成为建筑、规划、地理等学科所关注的热点问题[45]。国外学者多从宜居的角度进行探讨，宜居是一个整体概念，被认为是生活质量与社会福祉的综合，认为宜居不是一个固有的环境评价，而是环境和人之间相互影响作用的城市概念[46]。

国内关于人居环境的研究以吴良镛先生提出的人居环境科学理论为代表，在《人居环境科学导论》一书中其对人居环境的概念进行了界定：“人居环境是人类聚居生活的地方，是与人类生存活动密切相关的地表空间，它是人类在大自然中赖以生存的基地，是人类利用自然、改造自然的主要场所[47]。”人居环境科学研究最基本的前提为：“人居环境的核心是人，人居环境研究以满足人类居住需要为目的；大自然是人居环境的基础，人的生产生活以及具体的人居环境建设活动都离不开更为广阔的自然背景；人居环境是人类与自然之间发生联系和作用的中介，人居环境建设本身就是人与自然相联系和作用的一种形式，理想的人居环境是人与自然的和谐统一；人创造人居环境，人居环境又对人的行为产生影响。[47]”人居环境建设应强调人的价值和社会公平，必须关心人和他们的活动，这是人居环境科学的出发点和最终归属[47]。

近年来，国内学者一方面对人居环境科学的理论基础展开了深入探讨，以建立适合我国国情的人居环境科学理论；另一方面也围绕具体区域和城镇进行实证研究，以提出改善人居环境的战略性措施[48]。研究领域主要集中在人居环境的内涵与外延、城市或乡村人居环境评价指标体系与模型、宏观尺度地理环境的宜居性与中观层面城市人居环境分异及其理想模式构建、微观社区单元综合居住环境评价及规划实践等[49]。就研究对象而言，我国人居环境的研究主要集中在大城市，对小城镇涉及较少。事实上，在我国城市化进程中具有重要战略地位的小城镇，随着社会经济的快速发展，居民居住观念的转变，其人居环境建设和需求已出现了诸多问题亟待研究解决[48]。本书所研究的陕北黄土沟壑区县城所呈现出的公园绿地水平低下、居民公共活动场所匮乏、居民对日常休闲空间需求日益增长、现有公园绿地布局方法适应性不足等问题和特征，正是特定地域环境下小城镇人居环境建设中所亟待解决的一类问题。人居环境科学为上述问题的研究和解决提供了理性思维上的指导，如“回归基本原理，走向建筑、园林、城市规划的融合，构建多层次的技术体系”等[50]。由于不同地区的建设条件千差万别，技术发展参差不齐，文化背景丰富多姿[50]，因此在面对不同地域的研究对象时，须始终以“服务于人、尊重自然”为基本前提，并选择和构建合适的技术路线和方法，形成优良人居环境营建的适宜性理论与方法，这也是开展本研究的初衷。

2.1.2 山地人居环境

随着我国国民经济与城乡建设事业的迅速发展，新的科学研究和学科领域不断开拓，其中关于山地的开发与保育、山地城市的规划与建设的研究正越来越引起学界的关注与重视[51]。山地人居环境科学研究是对吴良镛院士提出的“人居环境科学”理论体系在山地问题上的创新和发展，旨在探讨在山地自然环境状态下人类聚居发生和发展的特殊性和规律性，研究山地条件下人类宜居的理论与方法，针对我国城镇化发展中山地城乡建设的具体问题进行理论创新与实践方法的探索[52]。

从山地人居环境科学研究的理论内容来看，主要涉及2个方面：一是山地作为支撑城市和乡村建设的基本元素（山体、河流、复杂地形、气候、生态环境构成、植物方式等）与人居环境建设的作用关系；二是山地人居环境建设（城市、建筑、园林、技术支撑）的四位一体在山地复杂环境条件下产生的新的科学含义和解决问题的方法（理论建构、观点界定、技术方法路线等）。从山地类别构成来看[52]，按照地貌类型将山地城市分为“丘陵山地城市、河谷山地城市、沟壑山地城市”，其中丘陵山地城市分布最广，海拔从50 m以上至3 000 m以下的一阶、二阶、三阶地貌阶梯的广大地区都有丘陵山地城市的分布，河谷山地城市主要分布在长江、黄河中上游的河谷地带，沟壑山地城市多分布于黄土高原地区。本文所研究的黄土沟壑区便包含在河谷山地和沟壑山地这两类地区之中[51]。就山地城市规划的基本原则而言，包括“安全原则、自然保护原则、系统原则、经济原则、文化继承与多样性原则、发展原则”[51]。在山地城市规划和城市建设中，需要充分尊重自然环境，并对环境的利用和城市建设的经济性、安全性、生活宜居性、城市景观等方面进行综合考虑[53]。具体到本文所研究的陕北黄土沟壑区，已有学者立足陕北黄土高原地区人居环境的营建，从河谷的集聚效应、传输效应、闭合效应、交汇效应等方面解析了河谷地貌等自然因素对该地区人居环境的作用机制，并提出了与生态、生产、城镇化、邻里关系、社会习俗、经济条件、技术手段等相适应的小流域乡村基本聚居单位空间发展模式[54]，为本文对于地域自然环境与城市空间布局之间关系的研究提供了良好借鉴。

综上，人居环境理论和山地人居环境理论始终强调以人为核心，以自然为基础，并处理好人与自然之间的关系。城市公园绿地恰是人与自然之间交织融合的主要空间载体，在人居环境建设中起着联系自然环境与人工环境，并为人们提供日常游憩休闲活动场所的重要作用。人居环境的核心思想在本研究中则体现为以特定人群为本和以特殊地域环境为基础，并探讨公园绿地布局中二者之间的关系。

2.2 城市空间相关理论与实践

公园绿地作为城市这一复杂巨系统中的一个子系统，其空间布局自然应直接或间接地遵循城市空间的相关理论和原理，如霍华德的“田园城市”，通过城市与自然的有机融合来提升城市环境品质；柯布西耶的“现代城市”，通过将城市中心向高空发展以换取更多的公园和广场等活动空间的方式来改善城市环境；沙里宁的“有机疏散”，则采取将生活和工作等日常活动集中于市中心，将工业疏散至外围以为城市内部争取更多绿地的方式，追求兼具城乡优点的城市环境；玛塔的“带形城市”，则通过采用带状的城市空间发展模式，来控制城市的圈层式蔓延，并获得城市与自然的亲近。其中，“田园城市”和“带形城市”理论对本研究有着最为直接的指导意义。此外，兴起于20世纪末的“时空间行为”理论，对“人、时间和空间”的相互关系研究，也为本文关于“人的活动习惯和公园空间布局”关系的探讨提供了重要借鉴。

2.2.1 田园城市

“田园城市”（Garden City）是百年来最有影响力的词汇之一[55]。其对美好的城市人居环境的追求包含了多个层次：首先是城乡结合，乡村的优美环境与城市相结合，这是获得良好城市环境的基础；其次，城市中人口相对集中但规模应足够小，在日常生活中很容易进入乡村的优美环境中；第三，在人口集中的城市中，合理组织城市用地，在城市中心建设中央公园，在居住地区建设林荫大道等[56]。

从形态角度看，“田园城市”是以绿地为空间手段来解决工业革命后的城市社会“病态”的方案[55]。方案中社区平面被设计成环形，用6条林荫大道分割，从中心到外围依次布置为“中心公园—公共建筑—大公园—大型商业中心—环形林荫道—住宅、学校—工厂、仓库、市场—农田”等用地[55]，点状公园、环形公园、放射状林荫道相结合并与其他建设用地间隔布置的方式，对后来城市规划与建设产生了重要影响，环城绿带、绿道等思想在很大程度上是从绿地角度对田园城市思想的一种发展。从上述观点可以发现尽管田园城市理论是针对大城市无序蔓延、环境恶化等问题而提出的，但其所包含的城乡结合、亲近自然、城市规模足够小、建设圈层式公园等理念，同样适用于小城市的建设，且在某种程度上是对小城市天然优势的一种契合。

2.2.2 带形城市

带形城市（线形城市，Linear City）是由西班牙工程师索里亚·玛塔于1882年首先提出的。他在1882年3月6日马德里《进步报》的一篇文章中首次提出了“带形城”（Ciudad Lineal）建议。针对传统城市围绕一个核心以同心圆形式不断发展以致过于拥挤的问题，他在文章中提出了彻底改革的建议：“一条宽度有限的‘带子’，沿其轴有一条或多条铁路，其长度不限，最完美的一种城市也许就是沿一条独立道路而建成的城市，宽度为500 m，如果必要的话，它将从加的斯延伸到圣彼得斯堡，从北京到布鲁塞尔。[57]”

带形城市规划原则主要包括以下几点：①以交通干线作为城市布局的主脊骨骼。②城市的生活用地和生产用地，平行地沿着交通干线布置，大部分居民日常上下班都横向地来往于相应的居住区和工业区之间。③交通干线一般为汽车道路或铁路，也可以辅以河道。城市继续发展，可以沿着交通干线（纵向）不断延伸出去。④带形城市由于横向宽度有一定限度，因此居民同自然界非常接近，可将自然景观和绿化充分引入城市中。⑤纵向延绵式地发展，便于市政设施的建设。⑥带形城市也较易于防止由于城市规模扩大而过分集中，导致城市环境恶化[57]。1892年，为了实现自己的理想，索里亚·马塔在马德里郊区设计了一条有轨交通线路，把两个原有的镇连接起来，构成一个弧状的带形城市（图2-1）[57]。工厂、商店、市场、学校等公共设施按照具体需求自然分布在干线两侧，而不是形成传统的圈层式的城市中心[57-58]。然而，由于用地条件的影响，付诸实践的那部分城市开发（约圆圈1/4）失去了原有的规划特征（图2-2），今天索里亚的带形城市受到了马德里郊区扩大的影响，已经面目全非，与原有理念相去甚远[57]。

从带形城市的理论与实践可以发现，地形条件是带形城市得以形成并保持其

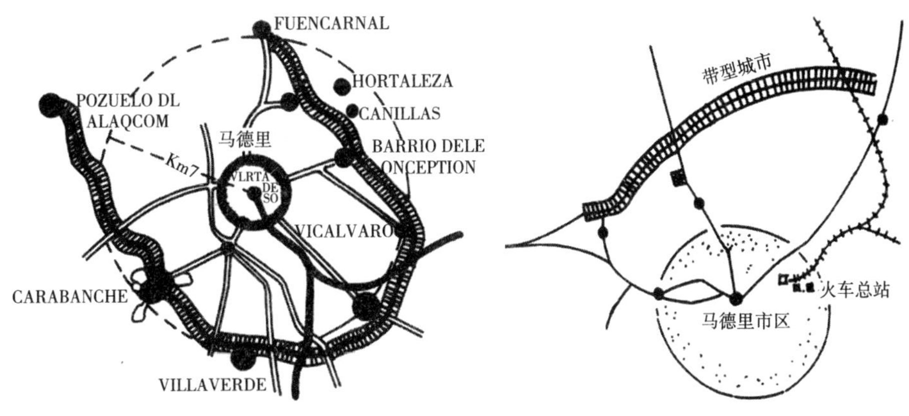

图 2-1　马塔规划的带形城市方案
资料来源：参考文献［58］

图 2-2　马塔设计的 4.8 km 的带形城市
资料来源：参考文献［58］

特定形态的重要决定因素。陕北黄土沟壑区沟壑纵横的地形条件，使得该地区形成了众多的带形城市，本书所研究的县城均为带形城市或枝状城市（带形城市的组合体），与周边山垣等自然环境联系紧密是其天然的绿化景观优势，为山体公园作为城市公园系统的组成部分提供了极大的可能性。

2.2.3 城市时空间行为

公园绿地布局受使用者空间行为特征影响，它涉及与使用者需求相关的参数之间的协调，如绿地规模，空间分布，可能用途、活动与可达性、可视性，对特殊需要的适合性［59］。尤其是公园绿地的布局更是强调其与人的行为之间的关系。在该方面源于地理学的时空间行为研究为我们提供了较为系统和丰富的理论与方法。从近年来的发展趋势来看，时空间行为研究方法已越来越为广泛地应用于城市规划、交通规划等领域，GIS的地理计算和三维可视化分析已成为该类研究中普遍采用的模型方法［60-61］。基于行为的城市空间研究以“空间–行为”互动论作为研究的核心。一方面，将人类行为置于复杂的城市空间之中，行为的认知、偏好及选择过程均受到空间的制约；另一方面，由于行为主体的主观能动性，人类行为对城市空间同样有着塑造与再塑造的作用［62］。空间行为与行为空间研究可以广泛应用于与中国城市社会发展密切相关的3个前沿问题：个人生活质量、社会公平和低碳社会［63］。这也是目前包括公园在内的城市公共设置布局的重要目标。

时空间行为研究重点关注个人行为与环境互动及其深层作用机制，人类活动分析法（Human Activity Approach）是其研究中所采用的重要方法之一。该方法通过移动出行将日常活动在时间和空间维度上连续统一起来，注重出行行为与城市功能结构的相互影响，随着其理论和方法的日益成熟与深化，已成为城市空间结构、城市规划和城市交通研究等领域的热点［64］。近年国内对微观行为、日常活动组织和居民生活空间的研究日益增加，其中对居民休闲活动的研究主要集中在时间利用、空间分布和行为特征等方面。包括公园活动在内的城市居民休闲行为总体呈现以下特征：在放松时空间制约的情况下居民休闲行为活跃程度明显提高、休闲活动以近家为主、不同收入居民休闲行为模式差异明显、老年群体参与率最高等[62]。

随着中国人口老龄化及空巢化现象的加快，老年人休闲环境和设施的供给越来越为学者所关注。根据时空间行为的相关研究，老年人休闲行为呈现出多时段、短时长的特征，且不同类型休闲行为高峰时段不同[65]。休闲范围以社区和步行可达区域为主，总体呈现距离衰减规律，安全性和便利性是老年人选择休闲场所关注的首要因素[66]；经济、环境因素使得邻近的公园成为老年人重要的休闲空间载体。此外，老年休闲兼具社会交往功能，老年人倾向基于爱好或友缘参与群体休闲活动[65]。

公园布局研究以公园和人的空间分布关系为重要研究内容，涉及居民休闲环境品质、公园资源享有的公平性以及公园的步行可达性等方面，城市时空间研究中关于微观行为活动的研究为上述内容的探讨提供了有力的支撑和借鉴。

2.3 城市住区相关理论与实践

住（宅）区是城市中在空间上相对独立的各种类型和各种规模的生活居住用地的统称[67]。居住用地是城市各类建设用地中所占比重最高的用地，城市各类用地和设施的布局均围绕与居住用地的关系而展开。公园绿地作为居民日常休闲活动的空间，与居住用地的关系直接而密切，居住用地的组织结构、空间分布、开发强度均直接影响着公园绿地的布局，住区的发展演变也必将带来公园绿地布局思路与方法的优化与调整。

2.3.1 邻里单位

1929年美国人科拉伦斯·佩里（Clarence Perry）提出了“邻里单位”（Neighbourhood Unit）的住区规划理论[68]。其主要原则和内容包括：①边界。以城市道路为界，城市交通不进入邻里单位内部。②占地规模。占地约160英亩（64.75 ha），每英亩居住10户，使孩子上学距离控制在半英里（800 m）以内。③服务设施。小学与其他邻里服务设施一起布置在邻里单位的中心。④生活活动。一般的日常居住生活在“邻里单位”内部进行。⑤人口规模。按照小学校的建设规模控制（一般邻里单位的规模5 000人左右）。⑥社会组织。不同阶层的居民住在一起，减少阶层隔阂。⑦舒适性。保证充分的绿化、日照和通风，形成良好的居住物质环境[69-71]。“邻里单位”理论以小学等服务设施作为确定其空间范围和规模的方式，一直沿用至今天的国内外住区规划建设中，城市中公园、教育、医疗卫生等公共设施布局中对服务规模、服务半径的设置基本源于这一思想。

2.3.2 居住区

20世纪50年代从苏联引入居住小区理论，在计划经济的体制下形成“居住区—居住小区—居住组团”的规划结构模式[72]。1976年后，为解决城市住宅缺口过大等问题。许多城市在城市中心的边缘地带规划建设了一批新住宅区，仍以延续三级规划结构模式为主[72]；20世纪80年代后期，住房建设主体呈现多元化趋势，“统一规划、合理布局、综合开发、配套建设”的住区趋向于小区、街坊、组团开发为主，以居住区规模进行的大型开发逐渐减少[73]；进入21世纪后，我国迈入城市化加速发展阶段，迫切要求居住区理论针对城市建设活动进行相应调整[72]。国内学者结合城市住区发展现状及趋势，从不同角度对居住区理论进行了发展与完善，如调整居住区规划组织结构，针对大城市建议采用“（更大规模的）居住区—（更大规模的）居住小区—街坊”的三级结构[72]，并按照出行距离配置公共设施；居住区规模结构的确定应考虑土地及路网因素[73]；调整和提高居住区的绿地系统配置指标；提高居住区公共服务设施服务半径的舒适性；在大城市边缘采用集生活、工作、休闲、娱乐于一体的大型综合性居住区的组织形式，在人口密度较低的小城市则以邻里单元作为基本的居住用地单元等[74]；总体而言，在提高城市路网密度以缓解交通拥堵和提升城市公共服务设施供给水平的城市建设背景下，“居住区”正在面临其组织结构的多元化和公共服务设施配置方式方法的创新。

2.3.3 城市社区

社区原本是社会学中的概念，由德国社会学家腾尼斯提出，英文译作Community and Society[75]。20世纪30年代社会学家吴文藻先生提出“社区”的概念，后由众多学者在共同讨论中达成共识，将Community译成“社区”[76]。《中国大百科全书》中对社区（Community）的定义为：通常指以一定地理区域为基础的社会群体。它至少包括以下特征：有一定的地理区域，有一定数量的人口，居民之间有共同的意识和利益，并有着较密切的社会交往。社区与一般的社会群体不同，一般的社会群体通常都不以一定的地域为特征。随着规划师对人类居住环境关注的宽度与深度的发展，及随着规划职业自身在理论及方法论上与相关学科的互补发展，社区的概念和理论被引借到城市规划中。但是社区概念在城市规划和社会学中还存在一些区别，社会学中的社区（以自然意愿形成共同联系）是作为与社会（以理性意愿形成相互关系）相对立的概念进行研究的；在城市规划中，社区多数时候与城市、居住等概念联系在一起，是城市某一特定区域内居住的人群及其所处空间的总和，即城市居住社区[76]。

张京祥认为城市居住社区（Urban Residential Community）是由于人们社会、经济、文化背景的分异，在居住过程中产生的一个个具有特定性质的地域空间，同时又是一个生活于其间的居民的心理认知空间[77]。城市居住社区从其表征上看，是城市中以居住内容为主体的各组要素与形体布局的有形表现；而从其实质而言，正是城市社会、经济与文化发展状况在以居住问题为表现层面上的社会空间投影[77]。

城市社区的规模问题始终是学界探讨的焦点之一，在该问题上有两种截然相反的观点。以雅各布斯为代表的观点着重于片区的政治功能，强调一个社区占据的区域大小应足以形成自己的行政组织，这个社区必须足够大和足够强壮，以便能维护整个团体的利益，她认为社区人口只有在10万人以上才有可能实现上述要求[78]。相反，亚历山大则认为只有至多500～2 000人的小团体才能做出有效的决定，这种规模、有凝聚力的小团体能明确社区目标并取得一致，继而能主动和有效地实现目标[78]。另一个观点则将社区的规模与社区中心在适宜步行距离即可到达边界的要求联系起来。来昂・克里尔认为片区的规模大于在12 000人左右，也就是到中心场所的步行距离在10～15 min以内的、中高密度发展的居住区人口[78]。相对而言，后一个观点得到了规划届更为普遍的接受，10～15 min的步行距离通常作为社区级（居住区级）公共服务设施的服务半径。

由于社区规划在我国发展时间不长，关于其研究方法的探讨多限于城乡规划学和社会学范畴，主要包括社区划分、社区指标体系建立、社区公众参与和社区规划评价等方面，其中社区划分主要以人口规模和公共设施配置作为主要依据，社区控制指标体系包括城市空间资源和社区资源两个控制要素的层次[79]，这两方面也是目前国内城乡规划学界研究积累相对丰富的领域。

2.3.4 传统邻里社区发展

“传统邻里社区发展”（Traditional Neighborhood Development）是“新城市主义”思想的两大发展模式之一，简称“TND”[80]，由安德雷斯・杜安伊和伊丽莎白・普拉特・赞伯克提出，比起TOD（Transit-Oriented-Development）发展模式，可根据各地情况有更多的变化。TND模式将紧凑性、多样性、适宜步行、珍视环境、高质量等作为社区规划的重要原则，体现了人本性、多样性、社区平等感、社会环境协调性等社会价值观[81]。该发展模式对步行的强调以及对公园、广场的重视，对本文的研究具有重要的启发和借鉴意义。

1）对步行的强调

新城市主义指出传统城市成功的最主要的一点，是其对步行的重视，步行不仅是新城市设计者所关心的一个设计焦点，而且是一种新的社会结构。在这个结构下，是对自然与人的关系的再认识，是人与人的关系的新变，也是自然与人的共生关系的一种回归[82]。这也是提出TND模式的原因之一。该模式建议“基本地块的大小为16 ~ 80 hm^2不等，半径不超过400 m，使得其中大多数的房屋都处在街区公园的3 min步行范围内，以及中心广场或公共空间的5 min步行范围内”[55]。

2）对公园、广场的重视

TND模式强调公园和广场是每个社区和邻里的公共“据点”。它们不应该被用作对城市零碎地填缝的手段，也不应该被当作周围开发地带的隔离区、缓冲区和分离街道与建筑的手段。公园和广场是一个地区的精神休息地，它应处于重要地位，因其为公众提供公共活动场地的性质，其最佳位置是住宅区的中心或核心位置[82]。

综上所述，从“邻里单位”到“居住区”再到“城市社区”“传统邻里发展”等相关理论，主要涉及空间和社会两大方面的探讨，空间方面如住区的空间结构、规模结构、指标体系、用地布局等；社会方面则侧重公共服务设施配置、公众参与、规划评价等。上述内容均是公园绿地布局研究中必须考虑和深入研究的。

2.4 城市绿地相关理论与实践

城市公园作为城市绿地系统的重要组成部分，其发展是与城市绿地系统的发展密不可分、同步进行的，从城市绿地的整体发展趋势出发，能够更好地帮助我们认清公园绿地的定位与发展方向。“绿地系统”的概念最早出现在国家建筑工程部于1963年颁布的《关于城市园林绿化工作的若干规定》中，文件中提出“绿化规划要做到合理布局，远近结合，点、线、面结合，把城区、郊区组成一个完整的城市园林绿地系统”[83]。城市公园绿地作为城市绿地系统的主要组成部分和子系统，在大量的布局实践中也基本遵循了上述原则。自20世纪以来，城市绿地系统方面与公园绿地密切相关的研究主要有环城绿带、绿道、绿色基础设施、开敞空间等。

2.4.1 环城绿带

环城绿带是作为控制城市无序蔓延的一种方式而出现的。指城市外围一定规模、基本连续及永久的绿色开放空间，在城市外围规划建设绿带系统已被世界范围内各种规模的城市广泛采纳并付诸实践。早在16世纪，托马斯·莫尔（Thomas More）所提出的乌托邦思想中就有了在城镇周围设置大面积绿地的理念[84]。1898年，霍华德所提出的“田园城市”理论中首次明确提出了环城绿地的理念。在英国的规划体系中，环城绿带被定义为“环绕城市建成区的乡村开阔地带，其中包括了林地、农田、小村镇和公园等其他开场用地，为居民提供户外活动和游憩的集会，同时改善居住环境和保护自然环境"[85]。1910年，乔治·派普勒提出了在距伦敦16 km的地方设置环状林荫道方案，并首次把设置绿带和城市空间发展联系起来[86]。雷蒙德·昂温于1933年提出了绿色环带（Green Circle）的规划方案，围绕伦敦城区布置3～4 km的环状绿带，用地包括公园、自然保护区、运动场等[59]。在环城绿带体系中公园扮演的是城市近边缘区游憩场所和绿带节点的角色[87]。在法国、德国、韩国等国家的环城绿带规划中也始终坚持绿地的城市空间隔离和公园绿地休闲的两大职能（表2-1）[85]。从环城绿带理论与实践中可以发现公园绿地的空间布局并不局限于城市内部，同时也延伸到了城市边缘，分布于城市与城市之间或者城市与自然之间。

国外部分城市环城绿带比较 **表 2-1**

城市	起始时间	构成内容	宽度（km）	面积（km²）
伦敦	1929年	林地、牧场、乡村、公园、果园、农田、室外娱乐、教育、科研、自然公园等	13～14	5 780
巴黎	1987年	国有公共森林、树林、公园、花园、私有林地、大型露天娱乐场、农业用地、野营基地等	10～30	1 200
柏林	1990年	森林公园、自然公园、狂欢公园、公园等	10～20	2 800
首尔	1971年	国家公园、公园、森林等	10	1 556.8

资料来源：参考文献［7］

2.4.2 绿道

绿道理论源于美国，保护和连接是其两大核心功能。绿道最早起源于市区层面当中对于分散的城市绿地和公园进行连接的思考和探索。这一阶段的突出贡献人物当属奥姆斯特德，他发现了线性绿色空间的巨大发展潜力及其延伸到周边公园的益处，其开创的公园路常被视为绿道的前身，在公园之间以及公园与社区间建立了联系[88]。随着绿道理论和实践的不断发展，其关注的层面越来越为广泛和复合，呈现出"区域—城市—社区"3个层面的发展趋势。绿道的核心价值在于"演绎重要文化特征、保护和改善生态功能以及为社区居民提供休闲娱乐，从而体现场所的本质"[89]，事实上这也是城市公园的主要价值。杰克·埃亨（Jack Ahem）提出了创建绿道的4种策略：①保护策略。针对现有值得保护的风景资源。②防御策略。当现有的风景资源是破碎的，但是有一个有价值的核心区是值得保护时，通常采用防御策略。③进攻策略。在已被干扰和破碎的风景资源中利用自然发展过程创建新的基质，该策略依赖于规划理论和生态修复理论。④机会主义策略。利用一些独一无二的机会[89]。上述策略在很大程度上适用于城市公园的建设。

2.4.3 绿色基础设施

绿色基础设施（Green Infrastructure，GI）概念的正式提出是在20世纪90年代的美国，其核心是由自然环境决定土地使用，突出自然环境的“生命支撑”（Life Support）功能，将社区发展融入自然，建立系统性生态功能网络结构。绿色基础设施意指“国家的自然生命支持系统——一个由水道、湿地、森林、野生动物栖息地和其他自然区域；绿道、公园和其他保护区域；农场、牧场和森林；荒野和其他维持原生物种、自然生态过程和保护空气与水资源以及提高社区和人民生活质量的荒野和开场空间所组成的几个相互连接的网络”[90]。其思想源于两方面的影响，一是奥姆斯特德有关公园和其他开敞空间连接以利于居民使用的思想，另一个方面是生物学家有关建立生态保护与经营网络以减少生境破碎化的思想[91]。有着“绿宝石项链”之美誉的波士顿公园系统是奥姆斯特德的公园思想的典型实践代表，该公园系统由公地、公共花园、林荫道、滨河绿带、沼泽地、河道景区、公园、植物园等共计9个部分组成，其对公园问题的考虑超越以往的视点高度，使公园与城市生活的多个方面共同形成一个面向全体市民的有机和谐整体。简言之，绿色基础设施融合了对城市居民休闲游憩的满足和一定地域范围生态环境保护与改善两方面思想[92]。上述思想具体体现为五方面的主要特征。①类型学（Typology）：其成分类型，可能是自然的、半自然的以及完全人工设计的空间和环境。②功能性（Functionality）：主要体现在整合性与相互影响的程度。③脉络（Context）：它存在于城市中心、城市边缘、半城市化地区到农村及遥远地区等一系列相互关系中。④尺度（Scale）：它的尺度有可能从一棵行道树（邻里尺度）到整个县域到完全的环境资源基础（区域尺度）。⑤连通性（Connectivity）：它在网络中存在的程度，意味着一个实体连接的网络或功能性连接[91]。由此可见，城市公园绿地是绿色基础设施中的人工空间环境、城市中心脉络组份、中微观尺度空间以及重要连通节点。

随着世界范围内城市化进程的不断推进，各类环境问题的不断涌现，城市绿地的功能不再仅以游憩和景观为主，其生态服务功能逐渐受到重视，并成为当今城市绿地系统规划等相关研究的核心内容，并在空间上体现为向区域宏观尺度的拓展，以有效实现其生态效应。在此过程中，城市公园的休闲游憩功能主旨、中微观尺度特征越来越为明晰化，同时其作为绿地生态系统中的节点价值和辅助角色也得到确认。因此，城市公园绿地的规划应以最大限度满足城市居民的生活休闲游憩活动为首要任务，兼顾考虑与整个城市甚至区域绿地系统的衔接及其生态价值的挖掘。

2.4.4 开敞空间

西方国家较少使用城市绿地概念，而是用开敞空间（Open Space）来表述，开敞空间一词最早出现在19世纪的英国和美国。在西方城市环境整治、更新及中心区再造过程中，开放空间的规划都是以绿地为主体展开的[59,93]。在1906年修编的英国《开敞空间法》中，开敞空间被定义为“任何围合或是不围合的用地，其中没有建筑物，或者少于1/20的用地有建筑物，用剩余用地作为公园或娱乐，或者是堆放废弃物，或是不被利用”[94]。美国将开敞空间定义为“城市内一些保留着自然景观的地域，或者自然景观得到恢复的地域，也就是游憩地、保护地、风景区或者为调节城市建设而预留下来的土地，包括公园、广场、体育场、植物园、动物园等设施”[93,95]。

可达性和利用率分析一直是国外开敞空间研究的一个重点领域，早期的相关研究多采用问卷调查法，随着计算机技术的进步，20世纪90年代以来的相关研究多采用GIS空间分析和问卷调研相结合的方法[96]，并将可达性作为评价开敞空间布局合理性的重要标准[97-98]。

国内目前关于开敞空间的研究主要集中在以下几个方面：开场空间概念与功能，国外开敞空间相关研究介绍和引入，开场空间系统规划实证分析[96]。关于开敞空间布局的研究，多体现为基于可达性的以绿地为主要对象的实证分析[99-101]。尹海伟以上海为例，以GIS和RS为技术手段，定量探讨了城市化过程中开敞空间的时空格局变化的规律及其驱动力、可达性和宜人性，并提出了上海城市空间优化的建议[96]。针对山地地区城镇开敞空间格局构建，蔡云楠提出规划中应充分利用自然的山体、水系和绿化体系成为城市开放空间的基体，陡坡、深谷、自然岸线、山头、湿地等应为永久性开放空间。结合城镇山水格局和绿化体系，以生态原则找出土地形态上的差别以及各自的价值和限制，由此确定开放空间，并进一步形成科学的开放空间框架[102]。公园绿地作为城市中开敞空间的主要组成部分，可达性、宜人性以及与自然环境的融合同样应作为其布局的主要原则。

2.5 公园绿地布局的结构模式与相关评价方法

2.5.1 绿地系统的基本布局结构模式

布局结构是城市绿地系统的内在结构和外在表现的综合体现[93]，通常情况下，绿地系统布局有点状、环状、放射状、放射环状、网状、楔状、带状、指状8种基本模式[7]。其中，点状绿地主要是城市中的低级别的小型公园绿地；环状绿地主要是位于城市外围的非公园型绿地，如防护绿地、郊区森林和风景游览绿地等，规模一般较大；放射状绿地和楔状绿地较为相似，多沿城市主要道路或位于城市组团之间，作为城市与自然的重要联系，多见于大城市；带状绿地主要是沿道路、水系、市政管廊等线性要素布局而成的；网状绿地是通过点、线、面等相结合而形成的较为完整的绿地系统，该模式也是目前城市公园绿地布局中应用最为广泛的结构模式。

2.5.2 可达性的理论与方法

包括城市公园绿地在内的城市公共服务设施的空间布局以及可达性的定量分析已经成为国内外相关研究领域的一个重要议题。可达性分析已被广泛用于城市重要公共服务设施的空间布局研究，如公园、医疗服务设施、购物服务中心、学校、体育设施等[103]。可达性的概念最早于1959年由汉森（Walter G. Hansen）提出，定义为交通网络中各节点相互作用的机会大小[104]，简而言之就是从一个地方到另一个地方的容易程度[105]，其本质是对设施选址的研究，最早关于设施选址的问题由阿尔弗雷德·韦伯（Alfred Weber）于1909年提出，即在客户位置已知的条件下，研究仓库选在何处能够使其与所有客户的总距离最小[106]。Comber等、Kuta等基于GIS的网络分析法，对英国莱斯特（Leicester）等城市绿地进行可达性分析评价，强调了公园使用中近便性的重要，并探讨了公园绿地服使用的公平性问题[107-108]。

面对不同空间层面，可达性所衡量的对象和采用的方法也有所差异[109-110]，在区域层面，可达性主要用于衡量不同区域之间空间作用的紧密程度[111]；在城市层面，可达性则用来衡量个体或设施之间的空间关系。可达性可分为个体可达性和地方可达性[112]，前者是反映个人生活质量的一个很好的指标，后者是指所有人口容易到达的区位或地方所特有的属性[113-114]。

可达性的方法基本可以分为3种类型：①基于空间阻隔（Space Separation），该方法单纯基于图形理论来研究区域中网络结果的可达性，认为可达性计算就是计算空间阻隔程度，阻隔程度越低，可达性越好；②基于机会累计（Cumulative Opportunity），该方法着重研究城市接近发展机会的难易程度，指居民从居住地出发，在一定出行时间范围内所能达到的工作地数量及工作机会数量[114]；③基于空间作用（Spatial Interaction），该方法应用最为广泛，认为可达性是指到达活动目的地的难易程度，它不仅受到两点空间阻隔的负面影响，而且还受到该点活动规模大小的正向影响[113-114]。

目前国外关于可达性的研究已经比较成熟，江海燕从影响因素角度将可达性研究分为两大类，分别为物理可达性和时空可达性，前者是基于地方的、考察设施与个体日常生活位置之间的物质空间邻近度方法，受距离、交通方式或设施数量、质量影响，主要用于20世纪70—90年代的空间公平研究；后者是基于人的、考察个体使用设施机会的大小，受时间、空间、机动能力、偏好（NUM、NUMD、DUR）及设施质量（BAGG）等影响，主要用于21世纪以来偏重个体差异的社会公平研究[115]。

国内关于可达性的研究大致始于2000年左右，涉及区域发展、城市之间联系、公共服务设施布局等方面[116-119]。关于城市绿地或公园的可达性研究也有了一定的积累，俞孔坚提出景观可达性的概念，探讨了步行方式下，从空间中任意一点到该景观（源）的相对难易程度，其相关指标包括距离、时间、费用等，并以中山市为例，将其用于城市绿地系统的可达性分析与方案改进[31]。李博从可达性评价的角度，针对城市公园绿地规划和建设的特点，提出了绿地可达性指标定量评价模式，研究中综合考虑了绿地规模、人口分布和交通成本因素，并借助GIS建立了相应的阻力模型[32]。刘常富将城市公园可达性研究中的常用计算方法分为4类，包括统计指标法、旅行距离或旅行费用法、最小距离法、引力模型法[120]。孙振如分别运用矢量道路网络算法（Network Analysis）、费用距离计算方法（Cost Distance）、缓冲区计算法方法（Buffer Analysis）和最小邻近距离算法（Nearest Distance）4种方法，进行济南市城市公园的可达性分析[121]。袁丽华为判断现状公园绿地的服务差异，基于ArcGIS 网络分析法，以道路长度为阻力，按照一定的可达距离分析了北京市中心城区公园绿地可达性的区域差异[122]。总结起来，较为典型的公园绿地可达性方法有6种：统计分析法、缓冲区分析法、道路网络分析法、最小邻近距离法、引力势能法（吸引力指数法）、费用阻力法（行进成本法）。上述关于城市公园可达性的研究多集中在评价城市公园空间分布，包括现状的评价和规划方案的评价，运用可达性方法直接进行城市公园规划布局的研究尚较少[120]。

2.5.3 公园绿地服务水平评价方法

国内现行规范对公园绿地的规划控制和服务水平的衡量主要利用“人均公园绿地面积”和“服务半径”等数量指标，而这些指标无法全面反映公园绿地的实际服务情况。针对这种情况，已有学者对公园绿地的实际服务水平提出了不同的分析评价方法，较为典型的指标方法有“服务覆盖率”“服务重叠率”“人均享有可达公园面积”“建设用地见园比”“社区见园比”“公园绿地服务重叠度”“单位面积公园绿地服务人口”“地均公共绿地服务水平”。

1. 服务覆盖率、服务重叠率、人均享有可达公园面积[124]

（1）“服务覆盖率”[123]不同于传统的公园覆盖率的概念，是指公园服务范围所覆盖的总面积占研究区域总面积的比例。表达式为：

$$C=\frac{\Sigma PA}{A}\times 100\% \quad (2\text{-}1)$$

式中 C——服务覆盖率；

ΣPA——所有公园服务范围总面积；

A——研究区域总面积[123]。

（2）“服务重叠率”[123]是指每个公园与其他公园服务范围的重叠部分占所有公园服务范围之和的比例。表达式为：

$$O = (\Sigma CO - \Sigma PA)/\Sigma CO \times 100\% \quad (2\text{-}2)$$

式中　O——服务重叠率；

ΣCO——各公园服务范围面积的总和；

ΣPA——所有公园服务范围总面积[123]。

（3）"人均享有可达公园面积"[123]用于衡量居民实际享有公园的潜力。表达式为：

$$E_j = \frac{S_j}{\Sigma d_{ij} P_i} \times 100\% \quad (2\text{-}3)$$

$$SA_i = \Sigma d_{ij<k} E_j$$

式中　S_{Ai}——居民点i的人均享有实际可达公园的面积；

E_j——公园j的面积与其服务范围以内的所有居民点人口总数的比值；

S_j——公园j的面积；

P_i——居民点i的总人口；

K——公园的服务范围；

d_{ij}——居民点到公园的费用距离[123]。

2. 建设用地见园比、社区见园比[34]

（1）"建设用地见园比"[34]是指公园服务范围内的建设用地占研究区域建设用地总面积的比例。与服务覆盖率的概念基本一致。表达式为：

$$P_j = (S_{jd} - S_G)/(S_j - S_G) \times 100\% \quad (2\text{-}4)$$

式中　P_j——建设用地见园比；

S_{jd}——公园服务范围内建设用地面积：

S_j——研究区域内建设用地总面积；

S_G——研究区域内公园绿地面积。

（2）"社区见园比"[34]是指公园服务范围内居住用地面积占研究区域内居住用地总面积的比例。表达式为：

$$P_R = S_{RG} / S_R \times 100\% \quad (2\text{-}5)$$

式中　P_R——社区见园比；

S_{RG}——公园服务范围内居住用地面积；

S_R——研究区域内居住用地总面积[34]。

3. 公园绿地服务重叠度、单位面积公园绿地服务人口[124]

"公园绿地服务重叠度"[124]是指一定的服务范围内，可服务于某个居住区单元的公园绿地数量。该方法用于定量分析某个居住区对于服务范围内公园绿地的可选择性。主要通过GIS的栅格分析、叠置分析和拓扑分析方法进行操作和计算。如某居住单元的服务重叠度为1，则表示该居住单元只处于1块公园绿地的服务范围内。

“单位面积公园绿地服务人口”[124]分析是公园绿地服务重叠度分析的扩展，将居住单元人口计入与其距离最近的公园服务人口，汇总求和得到每个公园的服务人口，根据公园面积，即可计算公园绿地单位面积的服务人口。

4. 地均公共绿地服务水平[4]

地均公共绿地服务水平是指一个空间单元内公共绿地的有效服务面积之和与所在空间单元面积的比值。有效服务面积是指公园绿地服务范围内空间单元用地面积之和，可采用GIS缓冲区分析法获取相应服务半径下各级公共绿地的有效服务范围。即使公共绿地位于空间单元以外，该绿地的有效服务范围位于空间单元以内的部分应计入该空间单元的公共绿地有效服务面积；如果两处公共绿地的有效服务范围部分重叠，则重叠部分应当重复计入公共绿地的有效服务面积。表达式为：

$$LD_j = M_j / A_j \tag{2-6}$$

式中 LD_j——j空间单元中公共绿地的服务水平；

M_j——j空间单元中公共绿地的有效服务面积之和；

A_j——j空间单元的面积。

2.6 小结

本章以人居环境理论为源，从城市空间、城市住区、城市绿地、公园绿地布局结构模式与方法等方面对相关理论和实践研究进行了梳理，主要内容可概括为：区域和城市层面公园绿地的布局结构模式、地形条件对城市空间形态的形成和保持的决定性作用、人的行为活动与空间的互动关系、住区的发展演变对公园绿地布局的潜在要求、基于绿地系统研究趋势的公园绿地功能定位、公园绿地布局的相关评价方法等。上述内容将成为本研究的重要理论和方法基础。

第3章 陕北黄土沟壑区县城发展特征分析与公园绿地调查研究

公园绿地布局研究包含了公园绿地类型、指标、空间布局等内容，自然环境条件、城市空间结构与形态、居民对公园的使用习惯等均对上述内容的确定有着直接和重要的影响制约作用，故本章将从陕北黄土沟壑区的整体自然和经济社会环境、县城发展建设与空间结构形态等方面进行分析，并对公园绿地的使用和需求情况进行深入调查与分析，作为后续研究的重要基础。

3.1 区域自然环境特征

3.1.1 地形地貌特征

1. 黄土高原整体地形地貌特征

黄土高原为我国四大高原之一，其界域因地质、水土保持、地理等不同专业视角而有差别。为了更好地考虑国土整治和黄河治理的完整性，一般认为：把阴山以南，日月山、贺兰山以东，秦岭以北，太行山以西这一四面环山的地域称为黄土高原地区，大致在北纬34°~40°，东经101°~114°之间。黄土高原地势自西北向东南逐渐降低，基本以六盘山、吕梁山为界自东向西分为3个部分，西部海拔最高，2 000~3 000 m；中部海拔1 000~2 000 m，是黄土高原的主体，东部海拔500~1 000 m，以河谷平原地貌为主[54]。

黄土高原地貌复杂多样，按照地貌分区因子的相似性和较大范围内地貌形态组合特征的一致性，可将黄土高原分为山地区、黄土丘陵区、黄土塬区、黄土台塬区、河谷平原区[125]。

山地区：海拔高度>1 000 m，相对高差>250 m；

黄土丘陵区：海拔高度800~2 000 m，相对高差<250 m；

黄土塬区：海拔高度1 000~1 800 m，地面平坦开阔，切割深度<120 m；

黄土台塬区：海拔高度450 ~ 650 m，地面平坦，切割深度＜120 m；

河谷平原区：地势低平，主要分布在黄河、渭河、汾河、洮河、涅水等河流两侧[125]。

2. 陕北黄土沟壑区地形地貌特征

陕北黄土高原是我国黄土高原的中心，指关中盆地以北，鄂尔多斯高原以南，子午岭以东，黄河以西的陕西省北部区域，包括榆林、延安市全部和铜川市的宜君县共2区、24县[126]。高原海拔800 ~ 1 600 m，地势西北高，东南低，总面积89 327 km^2，约占全省土地面积的43%，占整个黄土高原总面积的18.4%[127]。陕北黄土高原是我国黄土地貌类型发育齐全的地区之一，根据地貌空间组合特征，由南向北地貌类型分别为延安以南的黄土高原（塬）沟壑区，延安以北、长城以南的黄土丘陵沟壑区，长城沿线及其以北风沙滩地区[127]。本书研究的陕北黄土沟壑区是指黄土高原（塬）沟壑区及黄土丘陵沟壑区所覆盖的地理范围，北接长城沿线风沙滩地区，东隔黄河与山西相望，西连子午岭与甘肃省毗邻，南面大致以梁山、黄龙山为界与关中平原盆地区相接，总面积43 578 km^2，占全省总面积的22.2%。在地理概念上包含延安以南的黄土高原（塬）沟壑区和延安以北、长城以南的黄土丘陵沟壑区，涵盖了延安市和榆林市的大部分地区[127]。

由于地理成因的不同，黄土高塬沟壑区与黄土丘陵沟壑区在地貌结构单元上明显不同，黄土高原沟壑区的地貌单元是由塬面、沟坡、沟谷、河川形成的，黄土丘陵沟壑区则是由黄土梁（峁）、沟坡、沟谷、河川组成的[128]。黄土塬是经过现代沟谷分割后存留下来的面积较大的平坦高地，坡度多在5°以下，水土流失轻微。黄土梁是黄土沟谷之间的长条状高地，是黄土塬经沟壑分割破碎而形成的黄土丘陵，长度从几百米到几十公里，宽仅几十米到几百米。黄土峁是孤立的黄土丘陵，成圆穹状，坡度可达20°。黄土塬和黄土梁被沟谷分割成峁，多个峁连成长条状成为峁梁；上部是峁，下部是梁的地貌则称为墚峁[127]。

陕北黄土高原（塬）沟壑区主要包括延安以南的洛川黄土塬区，指分布于洛河中游的富县、洛川、黄陵及宜君等地区的黄土塬，它们连成一片，是中国黄土高原保存较好的黄土塬地貌[129]。该区平均海拔一般在1 200 m以下，较高的梁地达到1 400 m，塬面宽度残存仅数公里，塬面主体较缓，坡度较小，1° ~ 5°，塬缘地带由于水蚀的作用，地面倾料，坡度可达10°左右[129-130]。

陕北黄土丘陵沟壑区是陕北黄土高原的主体，以黄土梁、峁为主体，主要包括延安以北、长城以南的区域，主要地形地貌为梁状丘陵沟壑亚区与峁状丘陵沟壑亚区。陕北黄土丘陵沟壑区海拔1 000 ~ 1 800 m，沟道深度100 ~ 300 m，多呈“U”形或“V”形，沟壑面积大，沟间地与沟谷地的面积比为4：6。这里沟壑密度高达3 ~ 6 km/km^2、陡坡地形比例较高、地表更为破碎、植被覆盖率极低，区域年平均侵蚀模数在5 000 ~ 15 000 t /（km^2·a），最高可达30 000 t /（km^2·a），是我国乃至全球土壤侵蚀、水土流失最严重的地区，每年向黄河下流平均输送近8亿t泥沙，是黄土高原地区水土流失的主要源头[131]。

总体而言，陕北黄土沟壑区沟壑密度大，沟谷地多，沟谷内阶地相对平坦较为适宜进行城市建设，沟谷两侧的坡地虽大多不适宜进行城市建设，但坡度相对较缓，相对高差不大，完全在人们步行可接受的坡度与高度范围内，且间或分布有较为平坦的梁、峁地，可作为活动场地加以利用，为公园绿地上山建设提供了非常充裕的潜在空间，其可操作性则有待后文系统和深入的分析。

为更进一步阐明该地区县城及其周边区域的地形特征，笔者对研究范围内的17个县城建成区及其周边环境进行了坡面分析。具体的分析方法与步骤如下：第一，收集所有县城所在区域的DEM数字高程数据，本研究采用的是GDEM30m高程数据；第二，通过ArcGIS软件的线插值命令绘制剖面位置，分别在县城建成区的中心地段和两端进行剖切，再通过创建剖面命令为每个县城生成3个典型区段剖面图；第三，通过剖面图分别提取县城建成区和两侧山体最高点的高程信息；第四，计算每一个剖切位置的坡度。计算公式为：

$$i = h / l \times 100\% \quad (3\text{-}1)$$

式中 h——高度差；

l——水平距离；

i——坡度。

陕北黄土沟壑区县城建成区及其周边环境地形剖面数据统计 **表 3–1**

县城	断面	最大高差（m）	水平距离（m）	总体坡度（%）	县城	断面	最大高差（m）	水平距离（m）	总体坡度（%）
延长	A	300	2 500	12.0	志丹	A	300	1 000	30.0
	B	200	1 700	11.8		B	200	1 800	11.1
	C	300	1 200	25.0		C	200	1 500	13.3
延川	A	250	1 500	16.7	吴起	A	300	2 000	15.0
	B	250	1 500	16.7		B	300	1 200	25.0
	C	250	1 500	16.7		C	250	2 000	12.5
子长	A	100	1 700	5.9	甘泉	A	200	1 700	11.8
	B	250	2 000	12.5		B	250	900	27.8
	C	250	1 000	25.0		C	250	1 500	16.7
安塞	A	250	1 300	19.2	富县	A	250	1 800	13.9
	B	250	2 000	12.5		B	250	2 000	12.5
	C	260	1 400	18.6		C	150	1 000	15.0

续表

县城	断面	最大高差（m）	水平距离（m）	总体坡度（%）	县城	断面	最大高差（m）	水平距离（m）	总体坡度（%）
洛川	A	100	600	16.7	米脂	A	140	1 500	9.3
	B	130	600	21.7		B	130	900	14.4
	C	150	600	25.0		C	250	2 500	10.0
宜川	A	170	1 500	11.3	佳县	A	200	3 200	6.3
	B	250	1 500	16.7		B	300	1 200	25.0
	C	200	1 500	13.3		C	200	1 500	13.3
黄龙	A	210	800	26.3	吴堡	A	150	1 300	11.5
	B	325	1 700	19.1		B	150	2 700	5.6
	C	200	2 500	8.0		C	150	2 000	7.5
黄陵	A	100	1 000	10.0	清涧	A	200	900	22.2
	B	200	1 500	13.3		B	200	800	25.0
	C	200	2 700	7.4		C	200	1 000	20.0
绥德	A	125	1 000	12.5	子洲	A	150	1 500	10.0
	B	150	1 200	12.5		B	150	1 500	10.0
	C	150	1 300	11.5		C	100	500	20.0
平均值	最大高差（m）			水平距离（m）			总体坡度（%）		
	206			1 494			13.8		

通过对全部剖面数据汇总计算，形成如表3-1所示的县城所在区域的相对高差与坡度结果。数据显示，相对于山体海拔高度较高的山地地区，陕北黄土沟壑区地表形态起伏较小，县城建成区与两侧山体的最大相对高度平均在200 m左右，坡度较为平缓，较适宜人们日常的休闲和锻炼，从对实际使用情况的调研来看，当地居民对山体公园有着广泛的接受度。

3.1.2 生态环境特征

长期以来，陕北黄土沟壑区及其所在的黄土高原地区都是典型的生态环境脆弱区域，是中国乃至全球水土流失最为严重的地区之一，该区域成为国家进行生态环境治理与保护的重点区域。自1999年国家做出退耕还林决策后，该地区持续展开了大规模的退耕还林工作。以延安市为例，到2013年，共完成退耕还林910万亩（约60.7 ha），退耕面积占全省的27%、全国的2.5%。通过实施退耕还林，延安植被覆盖率提高了15个百分点，达到66.2%[132]。通过2000年与2010年的延安市卫星遥感植被覆盖度的图像比较可以发现，延安地区的植被覆盖率明显大幅

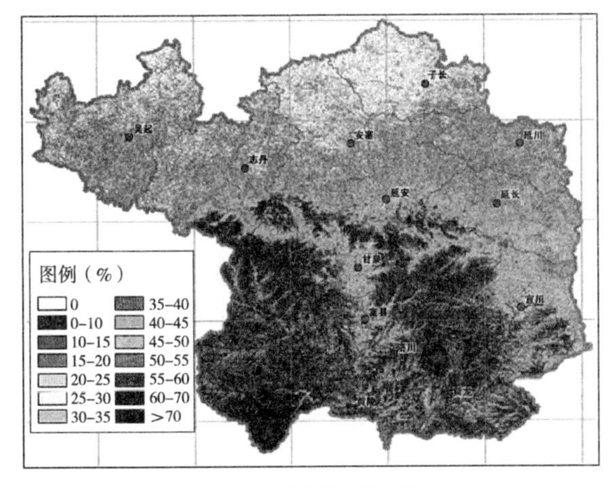

图 3–1　2000 年延安市卫星遥感植被覆盖图像
资料来源：延安市人民政府网站，http://www.yanan.gov.cn/zt/tghl.htm.

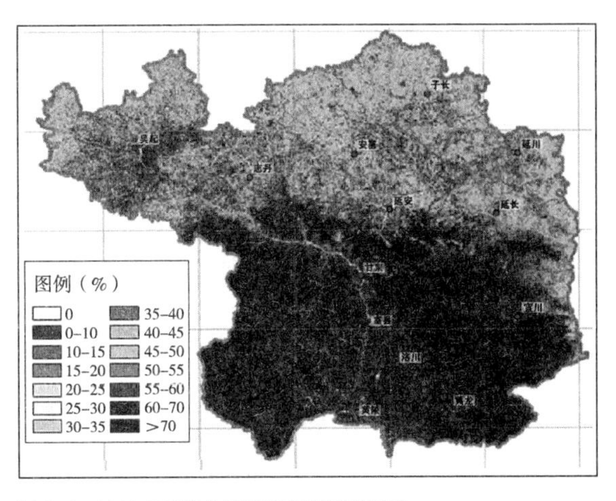

图 3–2　2010 年延安市卫星遥感植被覆盖图像
资料来源：延安市人民政府网站，http://www.yanan.gov.cn/zt/tghl.htm.

度提高（图3-1、图3-2）。2000年的遥感影像显示，延安市区以北地区的植被覆盖度基本在35%以下，到2010年，延安市区以北绝大部分地区的植被覆盖度达到45%以上，以南的大部分区域则超过了70%。再从延安市2000—2010年的林草覆盖率柱状图（图3-3）对比来看，2000年林草覆盖率超过0.5的县仅黄龙1个，至2010年12个县中有9个县的林草覆盖率已明显高于0.5，其余3个县也基本达到了0.5。总体而言，该区域生态环境脆弱问题得到有效改善，延安的自然基调初步实现了由黄变绿的历史性转变，降雨量逐年增多，干旱、暴雨、冰雹、霜冻等自然灾害明显减少，多年罕见的飞禽走兽重新显现，良好的生态链正在形成[133]。从绿地系统的两个重要研究趋势来看，一是基于人与自然和谐的思想，越来越为注重宏观生态环境安全与优化；二是源于提高城市宜居性的思想，重点关注服务于市民日常休闲、游憩、交往的公园绿地的建设。对于陕北黄土沟壑区而言，相对于生态环境的大幅度改善，县城内部公园绿地的建设则明显滞后，该问题的解决应成为这些县城今后一段时期内城市建设的重要任务之一。

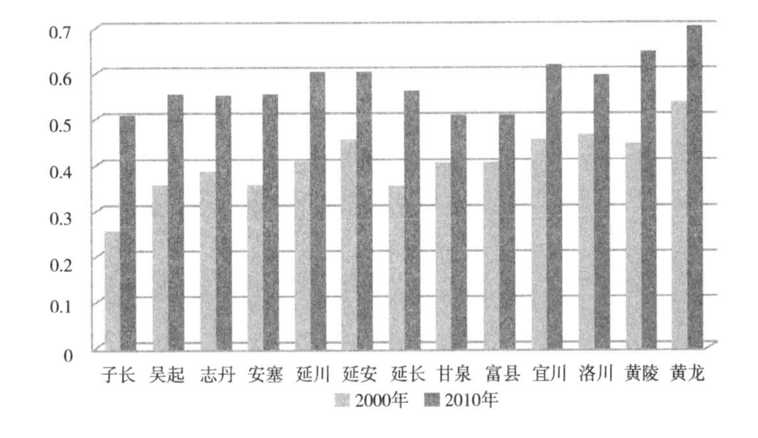

图 3–3　延安市 2000 年，2010 年林草覆盖率
资料来源：延安市人民政府网站，http://www.yanan.gov.cn/zt/tghl.htm.

3.2 经济与社会发展分析

经济社会发展水平直接影响着居民对生活品质的要求，一方面，经济社会发展水平越高，人们对城市环境和公共服务的品质要求也就越高，对以公园绿地为主体的城市公共活动空间的需求也越为迫切；另一方面，随着经济社会发展水平的提高，城市公共服务的供给能力也越强，我国当前的整体城镇化水平已超过50%，根据国际经验，反哺在以往经济发展过程中造成的公共产品的缺失，改善提升城市生活环境品质，将成为接下来城市建设的首要任务之一。因此，本文分别从区域和县域两个层面进行经济社会发展分析，以形成对该地区县城建设所处阶段与未来发展趋势的整体判断。

3.2.1 区域经济社会发展分析

延安、榆林两市经济社会发展分析如下。

陕北黄土沟壑区虽地处经济欠发达的西部地区，但由于该区域矿产资源相对富足，尤其是石油和煤炭资源储量极为丰富，能源化工类产业成为该地区的支柱产业，随着能源工业的快速发展，也带动了现代农业和现代服务业的发展，使得地区经济发展维持在一个较高的水平。

根据《延安统计年鉴2012》，延安市当年生产总值为1 271.02亿元，其中第一产业97.06亿元，第二产业934.85亿元，第三产业239.11亿元，三次产业结构之比为7.6：73.6：18.8；财政总收入444.29亿元，其中地方财政收入139.26亿元；人均生产总值57 876元，城镇居民人均可支配收入24 748元，农民人均纯收入7 655元[134]。根据《榆林统计年鉴2012》，榆林市当年生产总值为2 769.22亿元，其中第一产业125.88亿元，第二产业2 027.87亿元，第三产业615.47亿元，三次产业结构之比为4.5：73.2：22.2；财政总收入693.75亿元，其中地方财政收入249.06亿元；人均生产总值为82 549元，城镇居民人均可支配收入24 140元，农民人均纯收入7 681元[135]。

根据《陕西统计年鉴2013》，2012年陕西省生产总值为14 453.68亿元，人均生产总值为38 564元，城镇居民人均可支配收入20 734元，农村居民人均纯收入5 763元[136]。根据《中国统计年鉴2012》，2012年全国的人均国内生产总值为39 544元，城镇居民人均可支配收入为24 565元，农村居民人均纯收入7 917元[137]。

通过上述数据的对比可以发现，延安、榆林两市的人均生产总值分别高出陕西省平均水平179.1%和298.1%，分别高出全国平均水平46.4%和100.1%，如此之高的经济发展水平主要归功于第二产业的发展，两市的第二产业占比均在73%以上。根据钱纳里工业化阶段理论，该地区产业发展整体处于工业化中期阶段。尽管与高水平的人均产值相比，两市城镇居民和农村居民的可支配收入相对较低，但也明显高于陕西省平均水平，与全国平均水平基本持平。在城镇化进程方面，2012年延安、榆林两市的城镇化水平分别为52.27%和51.3%，高于陕西省的50.20%，略低于全国的52.57%。

总体而言，陕北黄土沟壑区的区域整体经发展水平相对较高，为城镇化进程提供了强劲的动力，同时也为新时期新型城镇化背景下，城市发展由“量”到“质”的转变和优良城市人居环境的营建奠定了良好的经济基础。

3.2.2 县域经济社会发展分析

县城作为与乡村地区联系最为紧密的城市单元，无疑是就近城镇化战略的重要事实载体，更进一步讲，县城人居环境的改善则是就近城镇化的引力所在，县域经济社会发展水平则是就近城镇化的核心推动力。

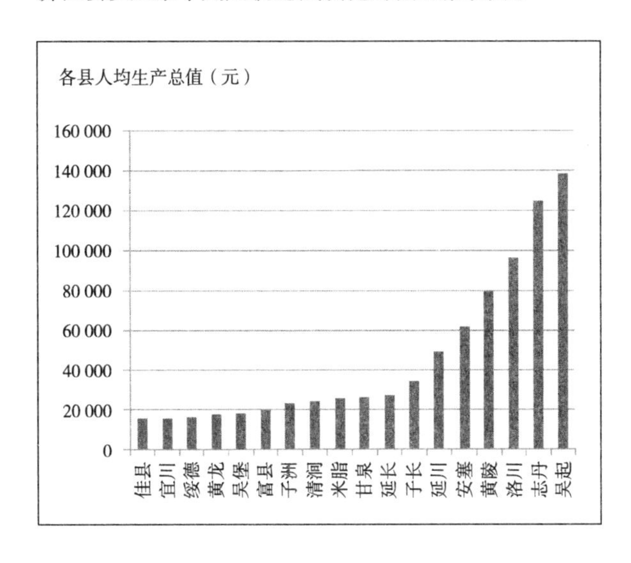

图 3-4 各县人均生产总值对比
资料来源：参考文献［134］

由前文分析可知，陕北黄土沟壑区所涉及的延安、榆林两市的整体经济发展水平相对较高，但就区域内部而言，各县之间的经济社会发展水平差异较大，其中，经济发展水平较高的吴起、志丹、黄陵、子长四县已跻身中国西部百强县，吴起、志丹两县进入了陕西十强县。图3-4为各县人均生产总值的柱状排序图，从图上来看，基本以延长县为分界，左侧十县的人均生产总值增长平缓、差距不大，右侧七县的人均生产总值迅速提升且差距较大，如表3-2所示，人均生产总值最高和最低的吴起县和佳县，数量分别为达到138 193元/人和21 412元/人，前者是后者的6.45倍。

区域及县域经济社会发展情况简表 **表 3-2**

	总人口	生产总值（亿元）	人均生产总值（元）	城镇居民可支配收入（元）
延安市	2 354 094	1 271.02	57 876	24 748
延长	158 357	34.09	27 075	22 529
延川	196 709	82.38	48 714	20 961
子长	275 456	74.56	34 234	26 387
安塞	191 338	105.75	61 251	26 680

续表

	总人口	生产总值（亿元）	人均生产总值（元）	城镇居民可支配收入（元）
志丹	158 457	175.97	124 496	26 670
吴起	138 721	201.07	138 193	26 744
甘泉	89 197	20.5	26 399	23 108
富县	155 960	30.12	20 033	21 647
洛川	221 616	213.04	96 115	23 297
宜川	122 279	18.58	15 776	22 972
黄龙	51 754	8.86	17 895	17 671
黄陵	129 410	103.4	79 509	24 479
榆林市	3 745 535	269.22	82 549	24 140
绥德	365 238	47.62	16 058	22 708
米脂	224 330	40.12	25 867	23 178
佳县	268 833	31.86	15 602	21 412
吴堡	86 897	13.77	18 190	21 992
清涧	220 298	30.68	24 138	21 675
子洲	318 667	40.16	23 061	21 967
陕西省	—	—	38 564	20 734

资料来源：参考文献［135］

从现状城镇化率来看，18个县中有10个县在30%～50%，其余8个县均在50%以上，其中甘泉、延川、吴起达到60%以上（图3-5、表3-3）。通过实地调研走访了解到，由于统计口径的问题和统计过程的误差，部分县的实际的城镇化水平低于统计数值。此外，移民搬迁工程是近年来榆林、延安两市促进城乡统筹和城乡安全的重点工作之一，最新数据显示，2015延安市计划启动搬迁5万户、17.5万人，榆林市计划从2011—2020年共完成32.3万人的移民搬迁，这意味着未来一段

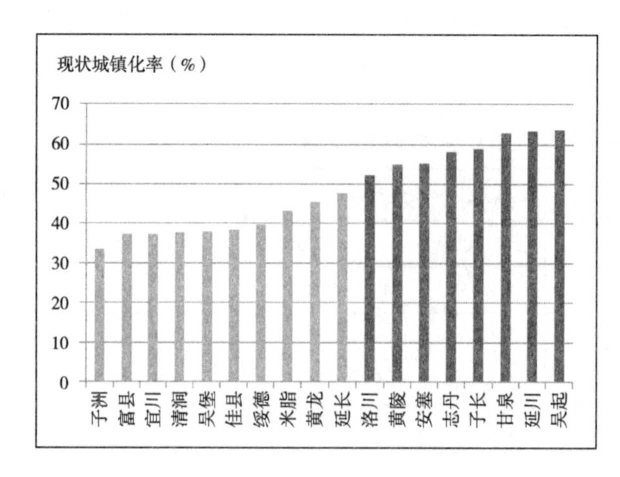

图 3-5　各县现状城镇化率对比
资料来源：根据各县政府网站数据和相关规划绘制

时期内将有大规模的生态移民向市区、县城、重点镇和新型农村示范社区集中安置。总体而言，这些县还存在较大的城镇化上升空间，尤其是对于目前城镇化水平尚较低的县，应充分发挥后发优势，注重城市建设过程中公共服务与公共环境的建设。通过包括公园绿地在内的公共服务的不断完善，逐步提升县城的人居环境，吸引县域农民就地城镇化。

各县城城镇化水平 **表 3-3**

序号	县城	县域现状总人口（万人）	县域现状城镇化率（%）	序号	县城	县域现状总人口（万人）	县域现状城镇化率（%）
1	延长	15.83	47.60	10	宜川	12.45	37.10
2	延川	19.79	63.30	11	黄龙	5.19	45.40
3	子长	27.30	58.78	12	黄陵	12.99	54.93
4	安塞	19.42	55.00	13	绥德	36.51	39.63
5	志丹	16.09	58.00	14	米脂	22.44	43.00
6	吴起	14.31	63.60	15	佳县	26.94	38.50
7	甘泉	9.04	62.70	16	吴堡	8.68	37.99
8	富县	15.86	37.10	17	清涧	21.99	37.60
9	洛川	22.57	52.00	18	子洲	32.11	33.66

数据来源：县域现状总人口来源于参考文献［136］，县域现状城镇化率来源于各政府网站或政府工作报告

3.3 陕北黄土沟壑区县城发展建设特征

3.3.1 城市整体发展建设特征

1. 城市建设空间环境

沟壑纵横且密度大是陕北黄土沟壑区的突出地貌特征，深刻地影响和制约着该地区县城的发展，城市建设主要沿着河流谷地呈带状、枝状或带状组团的形态展开，河流等级的差异也带来了城市建设空间环境的差异。周庆华（2009）依据自然地理学的概念，结合河流自然条件对人居环境的影响，将陕北地区黄河支流分为3个等级。一级支流河谷包括延安、延长、安塞所处的延河河谷，绥德、米脂所处的无定河河谷，吴旗（2005年更名为吴起）、富县、甘泉所处的洛河河谷，清涧、延川所处的清涧河河谷，神木所处的窟野河河谷等；二级支流主要指志丹县城所处的周河，宜川县城所处的西川河，黄陵县城所处的沮河，横山县城所处的芦河，子洲县城所处的大理河等；三级支流一般指长度在50 km以内，主要是5 km以上的小型河流、水溪，也称小流域[54,138]。相对而言，一、二级支流长度较长，宽度基本在300 ~ 2 000 m，少数区域宽度可达近3 000 m，为城市建设提供

了较为充裕的空间条件，三级支流宽度大致在100 ~ 300 m，最窄处仅几十米，一般不用于城市建设。换言之，河流两侧谷地的长度和宽度直接决定了各县城空间拓展范围，从而影响着包括公园绿地在内的各类城市建设用地的布局。笔者通过对陕北黄土沟壑区建设于沟壑谷地中的17个县城的卫星遥感影像图进行的测量，得到了各县城所在河谷的宽度，并计算得到各县城建成区的平均宽度。计算公式为：

$$W_{均}=A/L \quad (3\text{-}2)$$

式中 $W_{均}$——县城建成区的平均宽度；

A——县城建成区面积；

L——县城建成区长轴方向的长度。

因卫星遥感影像精度与测量的误差，所得数据会与实际稍有偏差，但不影响对该地区城市建设空间尺度的整体判断。由表3-4可知，总体上处于一级支流的县城所在河谷宽度和建成区平均宽度要高于二级支流所在县城，前者如绥德、佳县、米脂县城所在河谷宽度最宽处均超过1 500 m，县城建成区平均宽度均在600 m以上；后者如子长、志丹、黄陵、黄龙等，县城所在河谷最大宽度均在1 500 m以下，县城建成区平均宽度多在600 m以下。总体而言，上述县城建成区的平均宽度在300 ~ 1 000 m，总体平均宽度在500 m左右。

案例县城建成区及所在河谷宽度统计 **表 3-4**

河流等级	城市	城区平均宽度（m）	城区所在河谷宽度范围（m）	河流等级	城市	城区平均宽度（m）	城区所在河谷宽度范围（m）
1	延长	500	150 ~ 800	2	黄龙	330	100 ~ 850
1	延川	350	100 ~ 850	2	黄陵	540	150 ~ 1 400
2	子长	520	400 ~ 1 000	1	绥德	790	300 ~ 2 150
1	安塞	560	80 ~ 1 100	1	米脂	980	850 ~ 1 560
2	志丹	480	120 ~ 880	1	佳县	680	180 ~ 2 850
1	吴起	430	90 ~ 800	2	吴堡	540	400 ~ 1 300
1	甘泉	480	400 ~ 800	1	清涧	350	120 ~ 760
1	富县	410	250 ~ 1 000	2	子洲	620	260 ~ 850
2	宜川	610	90 ~ 870				

服务半径是公园绿地布局的核心控制要素之一，理论上讲，当服务直径（服务半径的2倍）等于城区的短轴方向实际宽度时，公园绿地的空间服务效率最佳，而当服务直径超过城市短轴方向实际宽度越多时，公园绿地的空间服务效

率将越低。根据《城市绿地分类标准》CJJ/T 85—2002居住区公园服务半径为500～1 000 m，若以500 m计，所研究地区县城以500 m的平均宽度进行计算，则居住区公园的实际空间覆盖情况如图3-6所示，会产生大面积的无效服务区域，大大低于平原地区城市公园绿地的服务效率。若要获得与平原地区城市相等公园服务面积，则意味着需要更大的服务半径。但具体的扩大程度则需要加入更多因素进行综合分析，如公园的经济规模、人均公园绿地面积、具体的公园类型等，后文中将逐步展开论述。

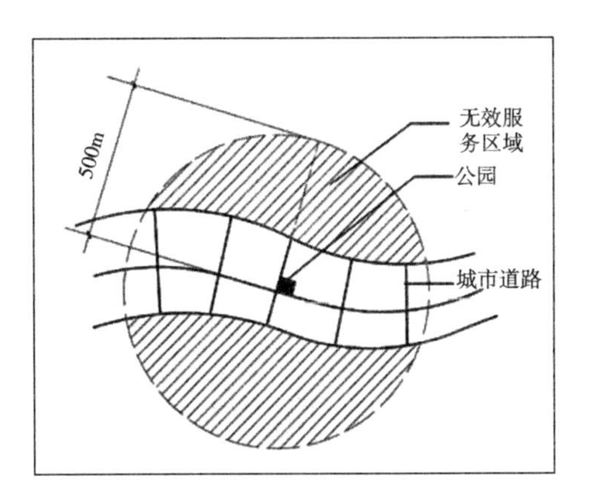

图 3-6 带状空间形态下公园服务覆盖情况

2. 城市发展定位

从案例县城的城市总体规划所确定的城市性质来看（表3-5），体现出两个突出的共同特点，一是石油加工、能源化工等工业职能是多数县城的主要职能之一，体现了石油、煤炭为主的矿产资源对该地区城市发展的重要支撑作用，也意味着这些城市具有较强的发展推动力，未来的城市化进程仍会持续稳步的推进；二是各县均将生态、宜居作为城市性质的重要落点，并将其作为城市发展的重要目标之一。前文关于区域生态环境特征的阐述已表明，近年来该地区县城周边的自然生态环境已得到明显改善，为宜居城市的建设奠定了良好的基础，相对而言，城市内部“软质”（绿地）与“硬件”（教育、医疗、社会服务等设施）公共服务亟待进一步提升，以真正实现生态宜居城市的建设目标，提升县城的吸引力。

案例县城城市性质 **表 3-5**

县城	城市性质	资料来源
子长	延安市域北部副中心城市，子长县政治、经济、文化中心，以旅游商贸和居住功能为主的陕北黄土高原宜居城市	子长城市总体规划（2014—2030）（初稿）
安塞	延安市中心城市的重要组成部分，全县的石油加工服务基地，以发展黄土文化旅游为主的生态宜居城市	安塞县城总体规划（2012—2030）
吴起	陕北主要的石油产业服务基地之一，重要的革命纪念地，宜居的生态旅游城市	吴起县城市总体规划（2007—2020）
甘泉	延安市的南大门与生活服务基地，全县的政治、经济、文化中心，以发展农特产品深加工、石油机械加工业、商贸及旅游服务业为主的特色鲜明的陕北生态化小城市	甘泉县城市总体规划（2008—2025）

续表

县城	城市性质	资料来源
富县	富县县域中心，延安市南部交通枢纽，以能源化工、商贸服务业为主的山水生态宜居县城	富县县城总体规划（2013—2030）
米脂	榆米绥盐化工基地的中心城市，历史文化名城，现代化生态宜居城市	米脂县县城总体规划（2014—2030）初审稿
佳县	以发展文化旅游业和新型化工业为主，山水和宗教文化特色鲜明的省级历史文化名城。其中：佳芦城区主要承担县域文化旅游和商贸服务流通功能，是整个县域历史文化的重要承载地和集中彰显地。未来应强化古城保护，突出山水特色，对接白云山景区，加强生态和人居环境建设，为文化旅游发展提供优良载体。榆佳新城主要承担县域行政和经济中心功能，是县域新型工业化和城镇化新的重要载体。随着佳县撤县设区的实现和县域行政中心的迁入，将成长为县域的行政中心；依托榆佳工业园建设，承担产业服务功能，发展新型化工、食品加工和装备制造等产业，成长为县域的经济中心	佳县县城总体规划（2014—2030）

资料来源：根据各县城市总体规划整理

案例县城现状与规划建设用地水平对比 **表 3-6**

序号	城市	中心城区人口（万人）		中心城区建设用地面积（km^2）		人均城市建设用地面积规划（m^2/人）		数据来源
		现状	规划	现状	规划	现状	规划	
1	子长	10.09	16.0	7.79	15.09	77.23	94.30	子长城市总体规划（2014—2030）（初稿）
2	安塞	5.24	7.0	2.91	4.90	55.58	69.97	安塞县城总体规划（2012—2030）
3	吴起	5.27	10.0	3.21	7.31	60.96	73.10	吴起县城市总体规划（2007—2020）
4	甘泉	3.08	5.0	3.11	4.79	101.07	95.87	甘泉县城市总体规划（2008—2025）
5	富县	5.13	9.5	4.38	8.95	85.36	94.21	富县县城总体规划（2013—2030）
6	米脂	5.60	11.0	6.20	10.88	111.22	99.40	米脂县县城总体规划（2014—2030）（初审稿）
7	佳县（佳芦城区）	2.80	10.0	2.12	9.97	75.58	99.68	佳县县城总体规划（2014—2030）
平均		5.30	9.8	4.20	8.80	80.00	90.40	—

资料来源：根据各县城市总体规划整理

3. 城市规模

由于沟壑纵横、坡地多平地少的地形条件，陕北黄土沟壑的城镇发展普遍面临可建设用地紧张的问题，随之形成了两方面的城市规模特征，首先城市规模普遍较小，从现状来看，规模最大的子长中心城区人口为10.09万人，规模最小的佳县仅2.8万人，平均人口规模为5.3万人，仅相当于大城市中一个居住区的规模。在相应的城市总体规划末期，规划最大的子长中心城区人口为16万人，规模最小的甘泉中心城区人口为5万人，平均人口规模为9.8万人；其次，人均城市建设用地标准普遍较低，除甘泉、米脂因现状用地统计中包括的村庄建设用地（规划范围内按三类居住用地统计）比重较大，使得人均城市建设指标达到100 m^2/人以上，其余各县均不足100 m^2/人，最低的安塞县城人均城市建设用地面积仅为55.58 m^2/人。从规划实践经验来看，陕西关中平原地区县城的现状人均城市建设用地指标多在100～130 m^2/人，陕北黄土沟壑区县城用地条件的紧张程度可见一斑。规划之后的案例县城人均城市建设用地面积均控制在100 m^2/人以下，平均值为90.4 m^2/人。从建设生态宜居城市的角度来看，可参考主要行业标准为《国家生态园林城市标准》，标准中规定"城市人均公园绿地须不低于11 m^2/人，以此最低标准来衡量，90 m^2/人的城市建设用地扣除公园绿地后剩余79 m^2/人，非绿化城市建设用地将进一步被压缩。因此，若能适宜、适度地利用县城周边山体进行城市公园绿地建设，将大大有利于缓解城市建设用地紧张的问题。

3.3.2 城市空间形态与结构特征分析

由于特殊的地形地貌特征，陕北黄土沟壑区适宜城市建设的用地比例低且分布零散，因此城市规模一般较小，除延安市以外均为县一级的小城市。强约束性的用地条件和有限的可建设用地量不仅制约了城市发展规模，也对城市空间结构和各类用地的建设长生了重要影响。

1. 陕北黄土沟壑区县城空间形态整体特征

本次研究范围内的18个县城，除洛川县城建于黄土塬之上，形成了块状组团的空间形态之外，其余17个县城均建设于沟壑谷地内，发展成为典型的带状城市。笔者通过对重要自然要素山脚线、水系和人工要素城市建成区边界和主要过境道路的提取，绘制出了上述17个县城的建设现状简图（图3-7～图3-9），不难发现，这些县城的建设与周边山体以及相邻的水系有着密不可分的联系，城区犹如在山体所形成的容器内流淌一般向外不断延伸发展，形成了极为狭长的带状空间形态，进一步直观地反映了前文对城市建成区宽度的统计分析结果。在整体空间形态相似度极高的前提下，这些县城也遵循着共同的空间结构演进规律。

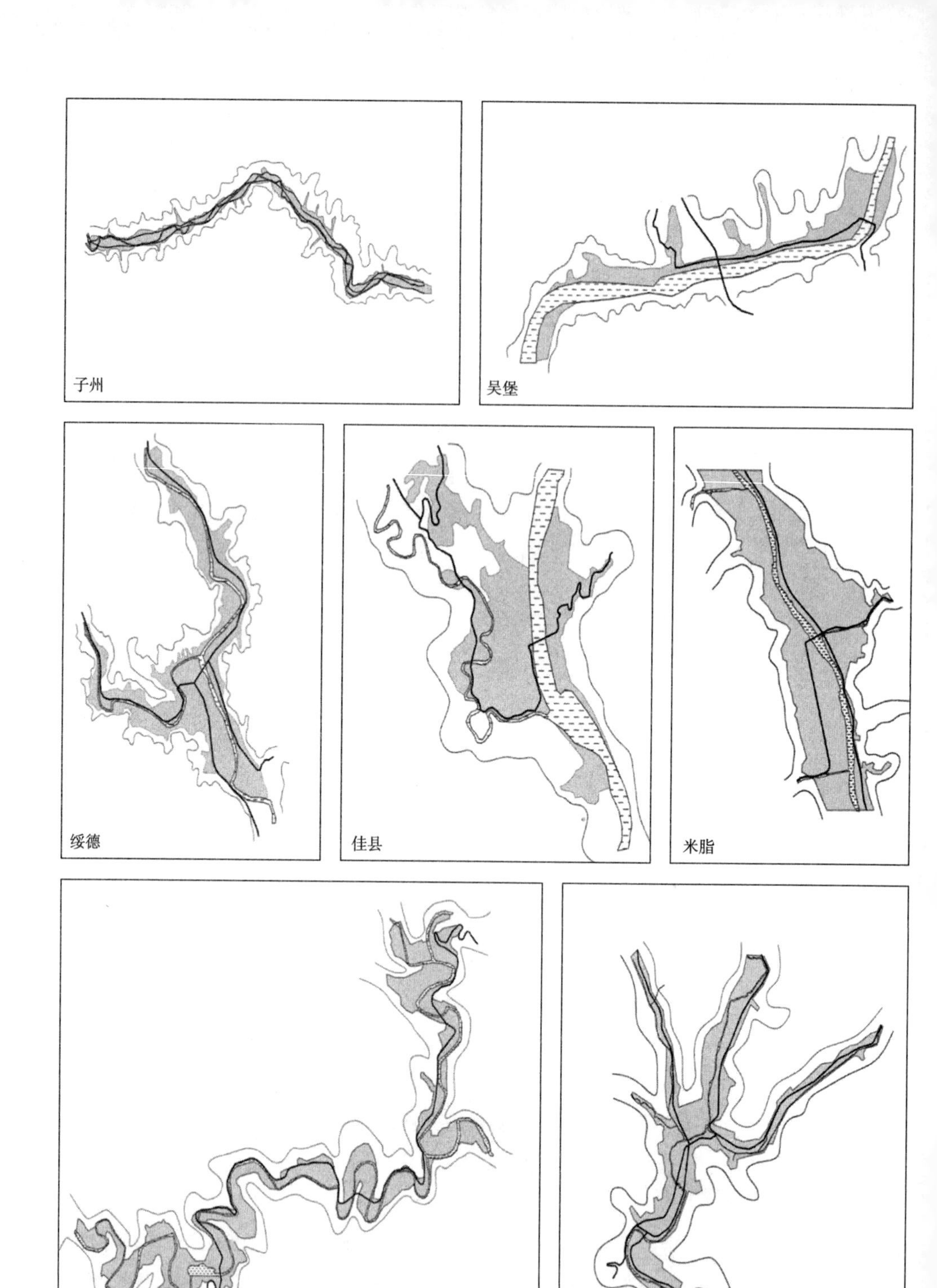

图 3-7　各县城空间形态简图 1

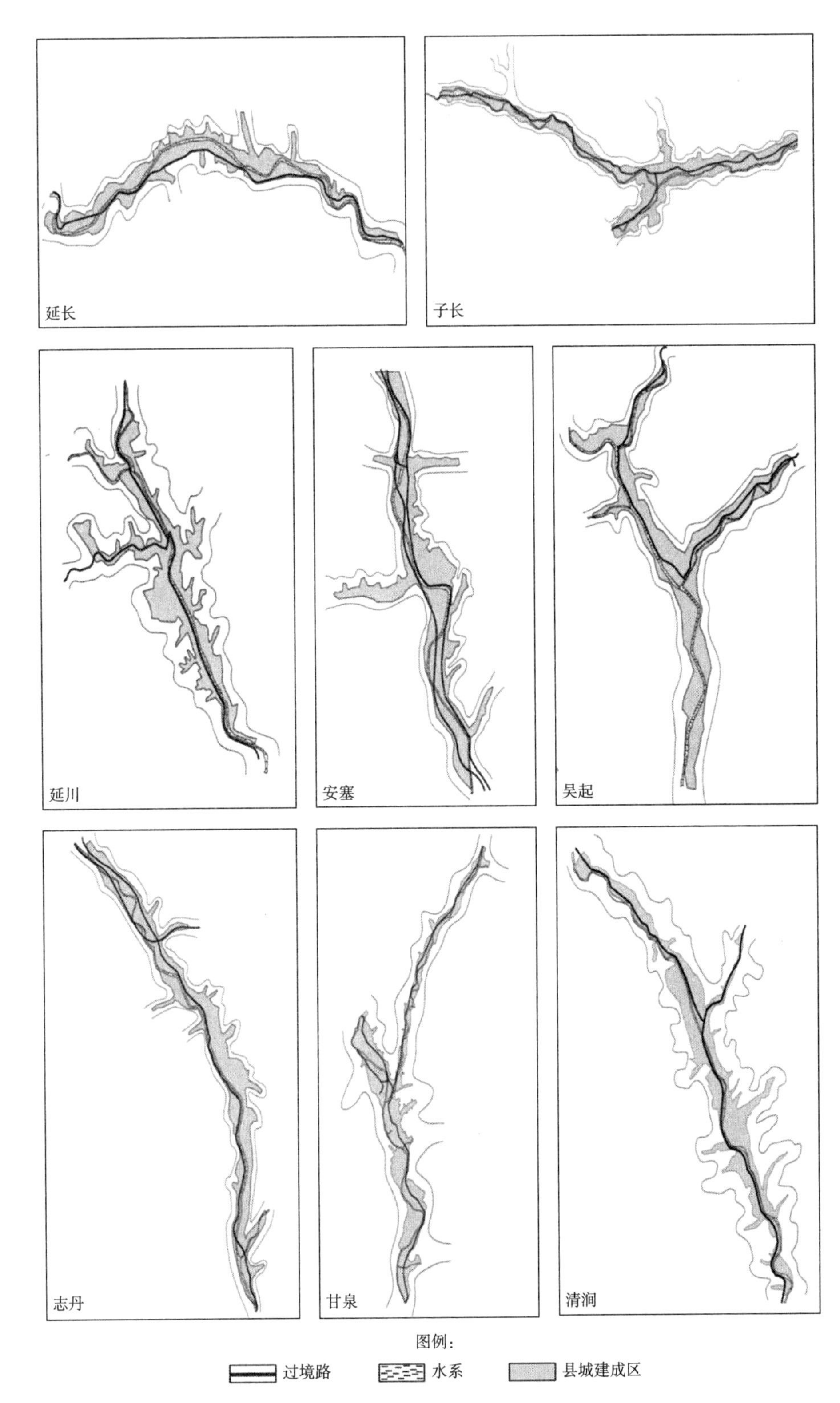

图 3-8　各县城空间形态简图 2

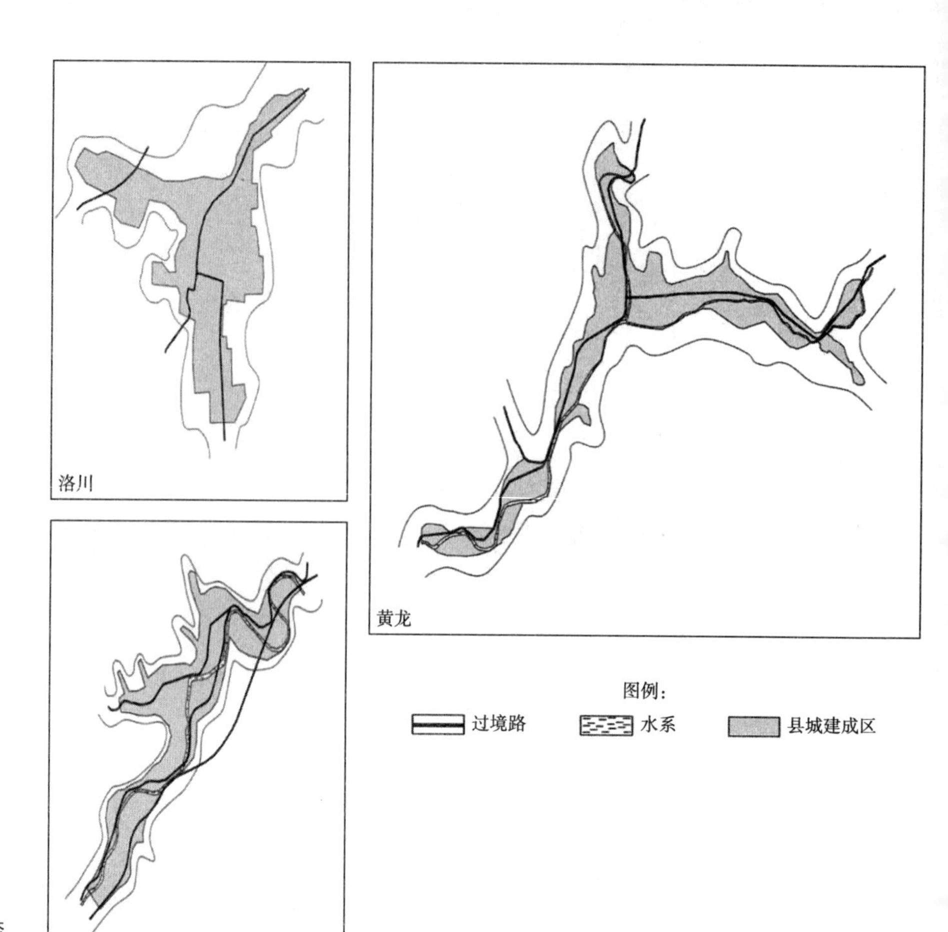

图 3-9　各县城空间形态简图 3

2. 陕北黄土沟壑区县城空间结构特征与演进规律

城市空间结构与其所处的地理环境有着密切的关系，地形特征通常决定着城市空间结构的基本模式[139]。平原地区城市空间形态一般较为规整，大多呈现圈层式蔓延的态势。对于陕北黄土沟壑区的县城而言，除了社会、经济与历史方面的原因，在沟壑纵横的地形条件的制约下，县城的发展只能沿河谷川道展开，形成了典型的带形城市。其空间结构的形成的过程中，自然条件起着决定性的作用，使得这些县城的空间结构有着明显的规律性。

按照城市的平面几何形状和用地布局状况，陕北黄土沟壑区县城的空间结构形态可概括为两类。

（1）单中心带状，各个城市片区沿着一条主要发展轴分布形成的，如子州、吴堡、延长、志丹、宜川等。

（2）单中心枝状，指城市以河谷中的河流交汇处或河谷地形宽阔处为中心沿主、次河谷向外扩展，形如不规则枝状[140]，如富县、延川、安塞、吴起、黄龙等。

陕北黄土沟壑区县城空间结构的生长过程大致可归纳为以下几个阶段[57]。

（1）集中块状发展阶段

在发展初期同平原地区城市一样，通常表现为集中团块状。在城市发展初期，由于城市面积小、人口增长缓慢、各种功能用地混杂、地域分化程度低、地形对城市限制作用很小等原因，城市紧凑度与集聚度高，基本呈现团块状特征，也有少数城市处于跨河状态[140]。

（2）带形分散发展阶段

随着城市规模的扩大，人口的增长，城市功能开始分化，空间结构也随之产生相应变化。城市在这一时期首先借助于城市对外交通路线发展和工业区布局的外向扩张，在城市条件较好的河谷形成一些外展触角，它们由新居住区、工业区、交通枢纽等组成[140]。由于城市用地日益紧张、山地对城市空间扩张的限制等原因，城市逐步形成分散的带形空间结构[57]，部分规模较大的县城将向外形成分散的城市组团。

（3）带形内部填充阶段

由于上一阶段城市空间扩展速度高于城市经济发展速度，城市空间扩展相对粗放，土地使用效率较低，所以随着城市的继续发展，带形城市内部进行填充式发展，城市紧凑度上升，城市的带形结构日趋稳定[57]。

地形条件带来的城市空间结构的趋同性与规律性，大大提高了案例研究法的可推广性，使得本文对典型案例县城的调研和相应研究成果更具普适意义。

3.3.3 陕北黄土沟壑区县城空间形态紧凑度分析

城市空间形态特征直接影响着公共设施的布局方式甚至是模式，对城市空间形态的整体效率特征分析有助于更好地把握公园绿地布局。因此，本书引入空间形态紧凑度，对研究区域县城的空间效率进行直观分析与描述，并通过与平原地区城市的对比，发现其特征和问题。目的在于探讨等同的服务半径下，研究区域县城与平原地区城市在公园的空间辐射效率方面的差异，作为后文中可达性与享有度研究的基础。

按照测度和描述对象，可将城市空间形态紧凑度研究分为2类："外部物质空间紧凑度"和"内部功能空间紧凑测度"，其中，反映外部物质空间紧凑度的"紧凑度指数"研究较为充分，形成了一系列评价指标，而城市内部功能空间的紧凑度指标的研究还比较缺乏。关于城市外部物质空间紧凑度的研究，Richardson等根据城市经济学的相关理论，证明圆形是城市建设中最高效的外部空间形态。并根据圆形率，提出衡量城市空间扩张方向的紧凑度模型。在此基础上，后来学者又提出了Cole指数、Gibbs指数等模型指标，被广泛运用于城市空间形态紧凑度的量化研究中[141]。陕北黄土沟壑区县城与平原地区城市公园空间辐射效率的比较，实际上是对辐射空间面积的比较，因此采用Cole指数进行计算。

城市空间形态紧凑度计算公式 **表 3-7**

指数名称	公式	公式说明	
Richardson	$C=2\sqrt{\pi A}/P$	C为紧凑度； A为面积； P为周长	表示建成区周长与最小外接圆周长之比
Cole（外部形态紧凑度指数）	$C=A/A'$	C为紧凑度； A为建成区面积； A'为最小外接圆面积	表示建成区面积与最小外接圆面积之比
Gibbs	$C=1.273A/L$	C为紧凑度； A为建成区面积； L为最长轴	—

资料来源：参考文献［141–142］

从表3-8和表3-9可以看出，在不同的自然地理条件下，平原地区城市的空间形态紧凑度普遍高于山地、滨海等地区的城市；在相同的自然地理条件下，规模较大城市的空间形态紧凑度普遍高于规模较小的城市。陕北黄土沟壑区案例县城的空间形态紧凑度普遍偏低，除佳县外的案例县城紧凑度指数均不足0.1，整体平均值为0.053，不到北京的1/10。如前文所言，空间形态紧凑度的测度是基于城市空间的圆形率，在公园绿地的布局中，以一定的服务半径进行覆盖的布局方法，实际上体现的是“近圆覆盖”思想，所以空间紧凑度和公园绿地覆盖问题均是对城市空间面积类效率的衡量，二者有着显著的正相关性。在相同的服务半径下，紧凑度越高的城市其公园绿地的有效空间辐射面积则越高，反之，紧凑度越低的城市其公园绿地的有效空间辐射面积则越低，用地上相应的服务人口数量则越少。因此，本着公共资源集约高效使用的原则，在陕北黄土沟壑区县城公园绿地布局研究中，应适当扩大其服务半径，具体数值应参照国内外相关研究，同时结合当地居民的实际使用需求进行确定。

国内部分城市的空间形态紧凑度 **表 3-8**

城市	自然地理条件	形态类型	建成区面积（km^2）	空间形态紧凑度（Cole指数）
北京	平原	同心圆	1 289	0.59
上海	跨江	放射状	886	0.53
重庆	山地	组团	667	0.42
九江	平原	单中心	80.14	0.21
深圳	滨海	带状组团	764	0.19

续表

城市	自然地理条件	形态类型	建成区面积（km^2）	空间形态紧凑度（Cole指数）
宝鸡	跨铁路	带状组团	63.5	0.15
连云港	滨海	组团	90	0.08
攀枝花	山地	带状组团	54	0.06

资料来源：参考文献［141］

陕北黄土沟壑区部分县城的空间形态紧凑度 **表 3-9**

县城	形态类型	建成区面积（km^2）	最小外接圆面积（km^2）	空间形态紧凑度（Cole指数）
佳县	带状	2.12	13.63	0.155
横山	带状	7.67	85.60	0.090
米脂	带状	6.02	76.76	0.078
甘泉	枝状	4.12	95.40	0.043
子长	枝状	7.79	215.85	0.036
安塞	带状	2.91	90.79	0.032
平均值	—	5.11	96.34	0.053

3.4 陕北黄土沟壑区县城公园绿地使用与需求调查分析

陕北黄土沟壑区县城公园绿地布局的研究，是以地域适应性为核心理念的，系统深入的调研分析是本研究得以开展的必备前提，也是研究思路和内容的重要获取线索，更是后续公园绿地布局中关键变量确定的主要依据，全面、适宜的调查方案的制定显得尤为重要。本书提出调研工作框架（图3-10），并从调查目的、调查类型、调查方法、调查内容几个方面展开论述。

3.4.1 调查目的

调查的核心目的在于以调查所获得的各种资料、数据和信息为基础，通过科学的分析方法，辅助确定对公园绿地布局产生直接影响的关键变量。如公园的使用人群、来园交通方式、服务半径、人均公园绿地面积等。

3.4.2 调查类型

根据调查对象的范围进行分类，本研究采取普遍调查、典型调查和抽样调查相结合的方式。

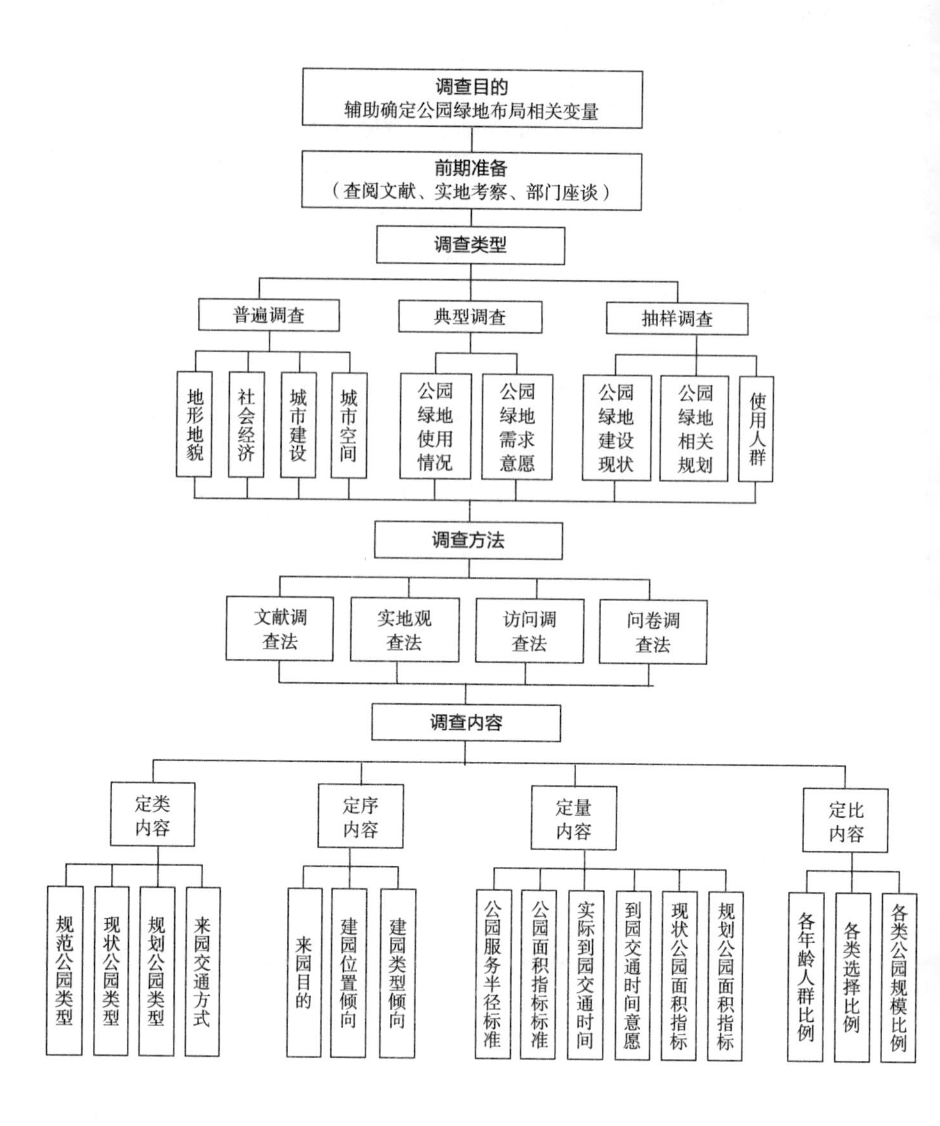

图 3-10　调研工作框架

1. 普遍调查

前文中关于陕北黄土沟壑区全部县城的地形地貌、社会经济情况、城市建设概况、空间结构特征等方面调查分析均属于普遍调查。

2. 典型调查

对于陕北黄土沟壑区的县城而言，影响和制约公园绿地布局的主要环境因素为地形地貌、城市空间、城市规模等，因此在典型案例县城的选取上主要考虑地理位置和城市规模，最终选定3个县城作为代表，即子长、甘泉和富县。在地理位置上，3个县城由北至南纵向贯穿陕北黄土沟壑区，能够充分体现该地区的地形地貌特征和城市空间特征；在县城人口规模上，陕北黄土沟壑区18个县城中，子长人口最多、甘泉人口适中、富县人口较小，现状人口分别为10.09万、5.13万、3.26万，规划人口分别为16万、9.5万、7.5万。总体而言，上述3个县城能够较为充分地代表该地区县城的发展建设情况。

3. 抽样调查

在本研究中，抽样调查主要用于两方面重要内容的调查。第一，陕北黄土沟壑区县城公园绿地规划与建设特征的调查分析中。在该部分内容的调查中，从该地区18个县城中选取了6个进行调查分析，包括为子长、安塞、吴起、甘泉、富县、佳县。第二，是在公园绿地的使用情况调查中，对使用人群的抽样调查。不同年龄人群之间有着较为明显的差异，因此笔者以年龄作为划分标准，调研中直接地观察判断被调查者的大致年龄，有意识地保障各年龄段的调研人数尽量均匀分布。

确定样本规模是抽样调查的一个重要环节，样本规模又称样本容量，就是指样本数量的多少[143]。在统计学中，将样本的数量少于或等于30个个体的样本称为小样本，大于或等于50个个体的样本称为大样本[144]。在城市规划调查研究中，多采用大样本抽样。大多数情况下，城市规划社会调查研究对样本规模及精度要求不是很高，调查人员可以凭借经验来确定样本数目的大致范围，样本数一般可控制在50～1 000[143]。对于公园绿地使用情况的调查个体为当地居民，结合现状公园数量、使用人群数量，笔者先后对典型案例县城进行现场调研5次，每次持续时间1～2周，问卷调查样本322份，其中有效样本317份，访谈调查样本216份。

3.4.3 调查方法

就调查介入的阶段而言，本书采用的是使用后调查/评价（Post Occupancy Evaluation），简称POE，是对经过设计并正在使用的建筑（户外空间）进行系统评价的研究[30,145]。POE始于20世纪60年代的欧美，开始主要被大学学者用来进行小范围（大学宿舍、学校医院）的个案研究[30,146]。到20世纪80年代，研究范围扩大到各类建筑和城市开放空间，研究方法日趋成熟，达到实际应用阶段。目前国内POE方法的研究主要针对城市广场及公共建筑，近年来该方法逐渐被用于城市绿地研究[30]。该方法对本研究的意义在于对已建成的公园绿地使用情况进行调查分析，从而发现公园绿地布局的“内在秩序”。

在具体的调查方法构成上，根据《城市规划社会调查方法》（李和平）一书，可分为文献调查法、实地观察法、访问调查法、问卷调查法、集体访谈法，本研究主要采用前4种方法。

1. 文献调查

本书研究所涉及的相关文献资料大致为3类：第一，文件类资料，涉及政府工作报告、政府通知文件、政策等，研究中具体包括陕西省、延安市和榆林市、县三个层面的相关文件资料；第二，统计类资料，涉及统计年鉴、统计公报、城建和园林部门的相关统计资料等，研究中主要包括延安市和榆林市、县两个层面的相关文件资料；第三，规划类资料，涉及经济与社会发展规划、城市总体规划、控制性详细规划、城市绿地系统规划等资料，研究中主要为所研究区域内各县的资料。

本书对于公园绿地布局的研究将在城市总体规划层面展开，主要源于以下原因：第一，从规划层次的衔接来看，在城市总体规划、控制性详细规划和城市绿地系统规划中均涉及公园绿地的布局，其中城市绿地系统规划为专项规划，须以城市总体规划为依据进行公园绿地布局的深化与细化。然而城市总体规划中公园绿地布局的确定始于居住用地、公共管理与公共服务用地、商业服务业用地的布局密切相关的，公园绿地的布局一旦确定便难于单独调整。在城市绿地系统规划中对公园绿地位置、规模进行调整的过程中，必然带来对其他用地布局的影响，但作为专项规划又无权或无力对上位规划进行调整，这就造成了公园绿地布局规划的被动与尴尬，陷于调与不调的两难境地，这一问题为规划人员诟病已久。因此，有必要在城市总体规划阶段对公园绿地的布局进行适度的、系统的研究。第二，从公园绿地布局的工作深度来看，对于大中城市而言，在城市总体规划阶段，仅涉及公园绿地这一层级，不会对其进行下一层级的细化。但对于县城而言，由于城市规划较小，从大量的规划实践来看，其城市总体规划中，不仅要对城市的发展方向、空间结构、功能结构进行重点研究，相对于大城市，还要对道路、居住用地、商业服务业用地几大用地类型进行层级更为深入的规划，如居住用地不再停留于大的居住片区层面，二是要深入社区或居住区层面，相应的公园绿地的规划也会深入下一层级。而在接下来的城市绿地系统规划中重点在于对城市总体规划中确定的公园绿地布局的进一步论证和其他专业性更强的内容编制。因此，对于陕北黄土沟壑区县城而言，公园绿地的布局研究须从城市总体规划层面展开。综上，本书对陕北黄土沟壑区县城公园绿地布局的研究，将以多个典型案例县城的总体规划资料为主体，包括已批复和正在编制过程中的总体规划，而其他各类型资料为辅助参考。

2. 实地观察

该方法适用于无法通过个体访问、问卷调查等方式获得的信息，如集群行为的调查研究。在公园绿地绿地使用情况的调查中，园内活动人数、场地分布、各类场地的人数分布、不同人群类型的空间分布特征、园内活动类型的构成、公园活动拥挤程度、活动氛围等方面信息，都有赖于通过实地观察而获取。

3. 访问调查

公园绿地使用情况的调查中，该方法的运用主要针对主观性问题以及对于某些现象和问题的原因的了解，是对问卷调查的进一步深入和补充，尤其是对未预见问题的了解。在访谈的对象上包括两大类，一是在公园活动的人，可直接了解对所在公园使用情况；二是不在公园活动的人，该类人群对公园使用频率较低，针对公园使用情况的问卷则不再适用，可通过访谈了解其使用公园频率低的原因，以及对公园规划建设的意见和建议。在访谈的内容方面，主要是关于公园未来建设的建议、对现状公园的满意度及其原因、不同年龄或职业的人群对公园选择的差异、居民的日常生活习惯、与公园休闲活动相关的其他活动安排等。

4. 问卷调查

问卷调查以定量调查为主，相对于访问调查，调查样本较多。该调查方法是公园绿地使用情况与需求意愿调查的主要方式，因其重在定量调查的特点，该方法也是确定公园绿地布局关键变量的主要依据。调查的主要信息如到达公园的交通时间、公园服务半径的选择意愿、公园内活动的持续时间、公园建设地点和形式的选择意愿等。

3.4.4 调查内容

针对陕北黄土沟壑区县城公园绿地布局的相关要素构成情况，将调查内容分为四类，分别为定类内容、定序内容、定量内容和定比内容。

1. 定类内容

定类也称为分类，主要是指与公园绿地类型划分与界定相关的内容。《城市绿地分类标准》CJJ/T 85—2002中对城市公园绿地已有明确的分类和适度的界定，但由于自然环境、城市发展以及人们生活习惯等方面的差异，标准的分类在各地方的具体实践中需要进行针对性的补充或适度调整，如北京、上海、广州等多个大城市均制定了地方的公园绿地分类和标准。在前文的研究背景论述可知，公园类型界定模糊是陕北黄土沟壑区县城公园绿地规划与建设的基础性问题，因此对公园绿地“定类内容”的调查是解决这一问题的工作前提。具体从现状和规划两部分进行调查，现状方面主要包括公园绿地的服务范围、活动内容、用地规模、使用频率、使用人群等内容；规划方面主要包括公园绿地的规划类型构成、空间分布、用地规模、服务范围等内容。

2. 定序内容

定序是指按照某种逻辑或标准对调查对象进行排序，如按照重要程度、喜好程度、强弱程度等进行排序。本研究中主要体现为公园使用与建设意愿的相关内容，如来园目的、新建公园位置的选择倾向、新建公园类型的选择倾向等。

3. 定量内容

定量即数值、数量的确定，是公园绿地布局科学性、客观性的保障。本研究中主要包括相关规范标准或文献中的公园绿地服务半径和面积指标，实际使用中到达公园绿地的交通时间，居民对于到达不同类型的公园绿地的交通时间倾向，现状和规划的公园绿地面积类指标等。

4. 定比内容

定比即比例的测算或测定，是对调查对象之间的比例或比率关系的调查及测算。首先是公园绿地的各类型（年龄、性别、职业）使用人群的比例，用于了解公园绿地的使用人群特征、确定公园使用人群主体，以便于下一步确定公园绿地布局相关变量的过程中对主体人群的倾斜；其次包括各类型公园的规模比例，具体又可分为国内外相关标准中的公园规模比例、调研对象现状公园规模比例、调研对象规划的公园规模比例，该类内容将用于本研究中公园绿地面积类指标的调整，有助于合理规划公园绿地内部的规模结构；再次包括问卷调查中各类问题选择的比例情况。

上述4类内容共同构成了陕北黄土沟壑区县城公园绿地调查的主要内容，4类内容之间并非完全独立，彼此之间存在交叉关系，如定类内容中和定量内容中均涉及了公园的面积规模，区别在于分析的角度和指向的成果不同。

3.4.5 调研结果初步统计分析

调研结果要包括三部分内容：第一，基本信息；第二，现状公园绿地使用特征；第三，对未来公园规划建设的需求意愿。在调研过程中，考虑到县城中的广场与公园所承担的游憩休闲功能和服务范围在很大程度上类似的，尤其是对于城区内部未建设公园绿地的县城，广场几乎承担了公园的全部功能，因此在调研数据的统计过程中，将广场和县城内部的公园划为一类。

1. 基本信息统计

基本信息主要包括被调查者的性别、年龄、职业、收入。

在使用群体的调研中，年龄段划分以每10岁一个分段，两端分别为20岁以下和60岁以上，因人群比例较小不再细分，总计共分为6个年龄段。调研场所包括山上公园、县城内部的公园和广场。统计结果表明，“30～39岁、40～49岁、50～59岁”3个年龄段的人群所占比重较大，是公园的使用人群主体。

公园（含广场）使用人群年龄统计 **表3-10**

选项	A	B	C	D	E	F无
年龄分布	20岁以下	20～29岁	30～39岁	40～49岁	50～59岁	60岁以上
百分比（%）	7.8	7.5	20.1	27.4	26.9	10.3

公园使用人群的收入情况以无收入者（以退休人员为主）所占比重最大，达到37.9%，其余大多在5 000元以内，占受访总人数的55.9%。

受访者收入情况统计 表 3-11

选项	A	B	C	D	E	F无
月均收入	2 000元以内	2 000～3 000元	3 000～5 000元	5 000～7 000元	7 000～10 000元	无收入
百分比（%）	17.4	13.7	24.8	5.6	0.6	37.9

2. 现状公园绿地使用特征统计

（1）交通方式与交通时间

现状公园使用中的交通方式和相应的交通时间意味着各类公园绿地的实际服务半径，将作为后续研究中确定公园服务半径的直接依据之一。通过对到达公园的交通方式的统计发现，步行是主要交通方式，占所有交通方式的73.4%；其次是私家车，占所有交通方式的11.3%，大大高于公交车和自行车的出行比例，主要原因在于所研究地区的县城建成公园数量普遍偏少，居民对公园的需求又较为迫切，同时县城不可能建成如大城市一样密集的公交线路网，故有相当部分距离公园较远的居民以私家车的方式到达公园，这也进从侧面说明了该地区县城加快公园建设的必要性。

到达公园（含广场）的交通方式构成 表 3-12

选项	A	B	C	D	E
交通方式	步行	自行车	电动车/摩托	公交车	私家车
百分比（%）	73.4	6.8	1.7	2.3	11.3

在交通时间方面，从国内外公园建设实践来看，10 min为公认的舒适出行时间，尤其是在步行的交通方式下，因此将10 min作为交通时间下限。45 min基本属于城市公园中最高等级公园——全市性公园的步行交通时间，因此将其作为交通时间的上限。此外，通过前期调研了解到有为数不少的公园使用者的来园交通时间超出45 min，故增设45 min以上的选项。因县城周边山上所建公园与县城内公园的服务范围差异较大，故分别进行交通时间的统计，而县城内广场与公园的服务范围并无明显差别，故将二者归为一类进行统计。表3-13为到达公园（含广场）的交通时间，包含了所有交通方式下的数据统计，结果显示，到达山体公园的交通时间以“10～20 min”和“20～30 min”2个选项比例较多，其他时间区间选项所占比例较为接近，45 min以上选项所占比例最低，但也占到了10.3%，充分体现了山体公园对当地居民的吸引力。相对而言，表3-14所统计的到达山体公园的步行时间则整体增加，“10 min内”选项所占比例成降至最低为8.5%，“45 min以上”选项所占比例提升至13.8%，体现了山体公园对步行出行者具有足够的吸引力。

对于县城内公园和广场交通时间的统计结果（表3-13）表明“10 min

内”选项所占比例最高为45.7%，其次为“10～20 min”选项占比为35.1%，“30～45 min”“45 min以上”2个选项所占比例均较低，即大多数受访者居住在公园或广场20 min范围内。通过到达县城内公园和广场步行时间的统计（表3-14）发现，“20～30 min”选项所占比例由较为明显提高，其他选项所占比例各有升降，但幅度较小，由此可见在步行交通方式下，使用人群主要分布在公园或广场周围30 min步行距离范围内。

到达公园（含广场）的交通时间构成 **表3-13**

场所	选项	A	B	C	D	E
山体公园	交通时间	10 min内	10～20 min	20～30 min	30～45 min	45 min以上
	百分比（%）	14.1	34.6	26.9	14.1	10.3
县城内公园和广场	百分比（%）	45.7	35.1	12.8	2.1	4.3

到达公园（含广场）的步行时间构成 **表3-14**

场所	选项	A	B	C	D	E
山体公园	交通时间	10 min内	10～20 min	20～30 min	30～45 min	45 min以上
	百分比（%）	8.5	26.5	28.4	22.8	13.8
县城内公园和广场	百分比（%）	40.8	35.2	16.5	3.0	4.5

（2）公园使用频率

公园的使用频率是判断公园使用强度和衡量居民日常室外游憩休闲活动发生率的主要指标，由表3-15可知，每天都使用公园的受访者占总受访人数的比例高达51.74%，使用频率在1次/周即以上的人数占总人数的80.23%，总体而言，所调研县城的公园使用频率是较高的，随着未来公园绿地建设水平的不断提升，公园使用频率将更进一步提高。

公园使用频率 **表3-15**

选项	A	B	C	D	E	F
频率	每天都来	4～5次/周	2～3次/周	1次/周	1次/半月	1次/月
百分比（%）	51.74	6.98	14.53	6.98	6.98	12.79
累计百分比（%）	51.74	58.72	73.25	80.23	87.21	100.00

（3）来园目的与使用时间

在来园目的方面，通过初步调研了解到，当地居民在公园内地活动形式包括“闲坐、散步、打拳、唱歌、跳舞、器械、爬山、快走、跑步、自行车、球类、聊天、带孩子活动、欣赏景色”等，为便于比较，根据各目的所占比例情况，笔者将其简化为如表3-16所示的7个方面。各类活动目的中排在前两名分别为“锻炼”和“散步”，所占比例分别为37.01%和21.43%。充分体现了居民较强的健康意识。

来园目的 **表 3-16**

选项	A	B	C	D	E	F	G
内容	锻炼	散步	聊天	闲坐	欣赏景色	带孩子活动	其他
百分比（%）	37.01	21.43	12.99	12.12	6.93	5.63	3.90

使用时间包含两层意思，一是来公园的时间，一是在公园内持续活动的时间。使用时间对于退休赋闲在家的老人或无业者来说无甚特别意味，但对于上班族而言则是决定其是否会使用相应公园的关键要素。以早晨来园活动的上班族为例，交通时间与园内活动时间之和为其公园使用的时间成本，而上班时间点为其时间成本的上限，因此上班族会选择在其时间成本接受范围之内的公园进行早晨活动，若范围内无满足条件的公园，会大大降低其早晨活动的发生率。在公园布局规划的研究中，应充分考虑该类问题对公园服务半径的影响。

在来园时间方面，为提高数据的可靠性，采用问卷统计和现场实际人数统计相结合的方式，表3-17～表3-20所示为休息日和工作日不同时间段的调查分析结果。其中，“问卷统计”为来园时间选项的统计结果，“实际人数”为所在时间段内高峰期的现场人数多次统计的平均值。“实际人数”的统计结果更具客观性，“问卷选择”受到被访者活动习惯的影响，作为辅助参考。从两项结果的对比来看，各个时间段的人数分布比例较为接近。山体公园活动时间集中度高，主要在早晨，结合来园目的分析和访谈得知，原因在于山上空气好，景色优美，成为晨练的首选，但由于目前的山体公园场地均位于山上较高的位置，以致其余时间段到山体公园活动的人数较少；县城内公园的活动时间以下午所占比例最高，其次是上午和早晨，原因是夏季下午和上午温度相对较高，县城内公园有一定的林荫空间适宜活动，且使用便利；广场的活动高峰在晚上，其次是早晨，原因是广场缺少林荫空间，夏季来此活动的人数与温度的变化成负相关，随着温度的升高，活动人数不断下降，晚上成为活动的高峰期，一方面是晚上温度适宜，另一方面晚上是各个年龄和职业的人群的共同闲暇时间。以子长县城开元广场为例，晚上高峰期人数达2 600人，广场面积为14 649 m^2，人均活动场地为5.6 m^2，极为拥挤，这也进一步证明了县城公园和广场建设的不足。从全部地点的调研数据可以发现，白天公园活动人数偏低，一方面是源于缺少了上班族的参与，另一方面是由于县城内部就近的活动场地严重缺乏。

来园时间（山体公园） **表 3-17**

选项	A	B	C	D	E	总计
内容	早晨	上午	下午	傍晚	晚上	
问卷统计比例（%）	75.6	4.3	5.5	4.5	10.1	100.0
实际人数比例（%）	66.7	6.4	7.3	5.7	13.9	100.0

来园时间（县城内公园） **表 3-18**

选项	A	B	C	D	E	总计
内容	早晨	上午	下午	傍晚	晚上	
问卷统计比例（%）	15.4	23.1	47.4	7.7	6.4	100.0
实际人数比例（%）	18.6	19.8	41.1	9.9	10.5	100.0

来园时间（县城内广场） **表 3-19**

选项	A	B	C	D	E	总计
内容	早晨	上午	下午	傍晚	晚上	
问卷统计比例（%）	19.5	10.5	4.3	12.6	53.1	100.0
实际人数比例（%）	14.4	8.1	2.9	11.1	63.5	100.0

来园时间（全部地点） **表 3-20**

选项	A	B	C	D	E	总计
内容	早晨	上午	下午	傍晚	晚上	
实际人数比例（%）	20.2	8.6	5.8	10.4	54.9	100.0

（4）满意度

满意度主要是为了了解居民对现状公园总体建设情况的满意程度以及不满意的具体方面，用以分析当前公园建设中最为突出的问题，为公园绿地的类型、选址等规划提供重要参考。通过对公园绿地建设满意度的调查统计（表3-21、表3-22）发现，当地居民对公园的建设现状不满意度为45%。不满意的方面排序依次是“使用不便、平地上的公园少、活动场地少、人多拥挤、缺乏体育器械”，由此表明该地区县城增建新的公园和建设平地公园的必要性和迫切性。

公园绿地建设满意度情况统计　　表 3-21

选项	非常满意	满意	较满意	不满意	非常不满意
比例（%）	5.47	25.63	23.91	38.35	6.65
小计（%）	55			45	

公园绿地建设不满意的情况统计　　表 3-22

选项	数量少，使用不便	平地上的公园少	活动场地少	人多拥挤	缺乏体育器械	其他
比例（%）	25.59	20.08	18.11	18.77	12.47	4.99

3. 公园规划建设的需求意愿统计

（1）步行距离意愿

经过对典型案例县城公园使用情况的首轮调研得出以下基本判断：第一，当地居民到达公园的交通方式以步行为主，占所有交通方式的70%以上。因此在后续几轮调研问卷中，设置了公园步行距离意愿选项。兼顾公园绿地的节约集约布置和居民使用公园的舒适性，是公园绿地布局的重要目标之一，故在步行距离问题中设置了“舒适步行距离”和“最远步行距离”2个问题。第二，山体公园和建于平地的社区公园是当地居民日常生活不可或缺的公园类型，而这2种公园有着明显的差异。因此针对山体公园和社区公园分别设置了步行距离意愿问题，考虑到人们一般对距离不敏感，容易造成较大偏差，故以时间为选项。由于普通居民难以理解“社区公园”这一专业名词，故在调研过程中以“家附近的公园”代替，并由调研工作人员在问卷调查和访谈过程中加以辅助解释。

通过表3-23和表3-24可以发现，当地居民可接受的山体公园舒适步行和最长步行时间所占比例最高的选项分别为“30 min”和“1 h”；由表3-25和表3-26可知，当地居民可接受的家附近公园（社区公园）舒适步行和最长步行时间所占比例最高的选项分别为“10 min”和“30 min”。上述数据将作为陕北黄土沟壑区县城公园绿地服务半径的重要参考依据，具体数值的确定尚有待于后文更为全面和综合的分析研究。

到达山体公园可接受的舒适步行时间　　表 3-23

选项	A	B	C	D	E
时间	10 min	20 min	30 min	45 min	1 h
百分比（%）	20.1	25.9	33.3	10.9	9.8

到达山体公园可接受的最长步行时间

表 3-24

选项	A	B	C	D	E	F
时间	20 min	30 min	45 min	1 h	1.5 h	2 h
百分比（%）	6.3	22.3	21.7	23.4	17.1	9.1

到达家附近公园可接受的舒适步行时间

表 3-25

选项	A	B	C	D	E
时间	5 min	10 min	20 min	30 min	45 min
百分比（%）	16.0	37.1	22.3	18.3	6.3

到达家附近公园可接受的最长步行时间

表 3-26

选项	A	B	C	D	E	F
时间	10 min	20 min	30 min	45 min	1 h	1.5 h
百分比（%）	4.0	13.1	30.3	26.3	19.4	6.9

（2）新建公园位置选择意愿

新建公园位置的选择意愿，主要用于了解居民对公园空间选址的喜好，以及现状缺少的公园类型。由表3-27可知，单项所占比例较高的前几位依次是“家附近、河岸两侧、山上、山脚下”，充分反映了县城内缺少近便型公园、河岸两侧绿地建设不足的现实问题，以及人们对现有山体公园有着相对较高的满意度。“工作地附近、商场超市附近、学校附近”新建公园的意愿较低，主要由于县城规模一般较小，商业、办公、学校等公服设施所共同构成的公共中心或片区规模较为适中，与居住片区联系较为紧密，单独设置公园的需求并不强烈，相对而言广场的设置更为必要。

（3）新建公园的规模与数量意愿

以公园绿地总量一定为前提，单个公园规模越大则相应数量越少，单个公园服务品质相对较高；相反，单个公园规模越小则相应数量越多，公园服务的近便性相对较好。对该问题的选择影响着未来公园服务半径的选择倾向。从表3-28的统计结果看，选择“集中新建大公园”的比例为61.7%，明显高于“分散建设小

新建公园位置的选择意愿

表 3-27

选项	A	B	C	D	E	F	G	H
地点	家附近	工作地附近	河岸两侧	商场超市附近	学校附近	山脚下	山上	其他
百分比（%）	26.6	2.9	24.0	4.6	7.2	11.8	18.2	4.6
排序	1	8	2	6	5	4	3	6

公园”选择比例。通过进一步访谈了解到其主要原因为：①居民对现有已建成的山体公园和规模较大的广场满意度高；②县城居民闲暇时间相对较多，对近便性的要求明显低于大中城市；③县城居民具有典型的熟人社会特征，单个的人群交往规模高于大城市，更倾向于场地充裕、氛围热闹的活动场所。

公园建设的集中与分散的选择意愿 **表 3-28**

选项	A	B
内容	集中新建大公园，数量相对少一些	分散新建小公园，数量相对多一些
百分比（%）	61.7	38.3

（4）各种活动的公园选择意愿

为排除现有公园类型不全对不同活动类型的公园选择倾向带来的影响，结合陕北黄土沟壑区县城公园绿地的建设环境，将各类公园的专业名词转译为通俗的表达方式，并设计为活动类型与公园地点矩阵表供受访者选择。结合居民日常主要活动类型，以进一步了解居民对各类公园需求特征。通过前文的新建公园选择意愿调查分析可知，当地居民对“家附近、河岸两侧、山上、山脚下”4种位置公园的需求较为强烈，因此重点对这些公园进行分析。由表3-29可以发现，“家附近公园”的主要活动类型为“闲坐、聊天、器械、带孩子、散步、球类、跑步”；“滨河带状公园”的主要活动类型依次为“欣赏景色、散步、闲坐、聊天、跑步、器械、跳舞、打拳”；“山上公园”的主要活动类型依次为“欣赏景色、跑步、散步、闲坐、器械、球类、带孩子”；“山边公园”的主要活动类型依次为“聊天、散步、闲坐、跑步、球类、欣赏景色、器械、带孩子”。从上述统计情况可以看出，山上公园和滨河公园欣赏景色和锻炼的功能较为突出，家附近公园和山边公园的休憩、交流功能较为突出。

不同地点公园的活动类型选择情况 **表 3-29**

公园地点 \ 活动类型（%）	闲坐	散步	打拳	唱歌	跳舞	器械	爬山	快走	跑步	自行车	球类	聊天	带孩子	欣赏景色
家附近公园	22.2	9.5	2.5	0.0	6.3	12.7	0.0	0.0	8.2	0.0	9.5	12.7	12.0	4.4
工作地附近公园	19.4	8.1	0.0	0.0	0.0	21.0	0.0	0.0	11.3	0.0	6.5	22.6	3.2	8.1
商场超市附近公园	29.5	13.1	0.0	0.0	1.6	4.9	0.0	0.0	9.8	0.0	4.9	21.3	9.8	4.9
学校附近公园	14.1	18.8	0.0	0.0	3.1	12.5	0.0	0.0	9.4	0.0	6.3	12.5	15.6	7.8
滨河带状公园	11.8	15.5	6.4	0.0	6.4	8.2	0.0	0.0	9.1	0.0	3.6	10.0	7.3	21.8
山上公园	11.0	13.0	2.7	0.7	1.4	10.3	0.7	0.7	14.4	1.4	9.6	5.5	8.9	19.9
山边公园	12.9	17.6	3.5	0.0	2.4	7.1	0.0	0.0	12.9	0.0	9.4	17.6	7.1	9.4

3.5 小结

本章从区域环境、城市发展以及公园使用情况3个方面，对陕北黄土沟壑区县城公园的相关文献资料与现实情况进行了全面收集和调查研究。从区域整体发展环境来看，陕北黄土沟壑区属矿产资源相对富足区域，尽管由于资源分布的空间差异，该区域各个县之间经济社会发展差异较大，但区域整体经济社会发展水平明显高于陕西省的平均水平，在经济发展的推动下，区域自然生态环境得到了明显改善，城市发展具备较好的经济基础与自然环境基础。与此同时，在城镇化水平方面，各县仍然存在较大发展空间，但总体而言城镇化水平仍存在很大的提升空间，加强以公园绿地为代表的城市宜居要素建设，提升城市吸引力，促进就近城镇化，是这些县城未来相当一段时期内的重要任务，公园绿地的建设有着巨大的潜在需求。城市发展方面，受到黄土沟壑地形的影响和制约，在城市空间的结构、形态及发展趋势方面具有相当的趋同性和规律性，这将使得本书的研究成果更具地域针对性和推广性。对该地区县城公园的实际使用特征及需求的调查研究，是保证本研究成果具有人本性、客观性与可操作性的必备前提。本章在大量实地调研的基础上，从公园使用者基本信息、现状公园绿地使用特征和公园规划建设的需求意愿三大方面进行了初步分析与总结。

第4章 陕北黄土沟壑区县城公园绿地的特征与类型

公园绿地类型的明确是进行公园绿地布局研究的必备条件，然而，陕北黄土沟壑区县城存在山体公园划属不清、公园绿地系统层级模糊、空间服务范围不定等突出问题，因此，厘清该地区县城公园绿地的类型及其功能定位，是本研究的首要前提。在此过程中对陕北黄土沟壑区特殊的自然环境条件、城市空间特征、公园绿地建设特征、居民对公园的使用特征等因素的深入认识和分析，是确定公园绿地类型的关键。

为充分反映陕北黄土沟壑区县城公园绿地的规划与建设特征，笔者结合各县的经济社会发展水平，共选取6个县作为代表案例，分别为子长、安塞、吴起、甘泉、富县、佳县。在所研究区域的18个县中，通过人均生产总值和城镇化水平的排序可知，吴起、安塞、子长较高，甘泉居中，富县、佳县基本排在末位，分别代表了该地区县的综合发展的高、中、低水平（表4-1）。

案例县部分发展指标位序 **表4-1**

指标 县城	人均生产总值（元）	人均生产总值位次	城镇化水平（%）	城镇化水平位次
子长	34 234	7	58.78	4
安塞	61 251	5	55.00	6
吴起	138 193	1	63.60	1
甘泉	26 399	9	62.70	3
富县	20 033	13	37.10	17
佳县	15 602	18	38.50	13

4.1 县城公园绿地规划与建设特征分析

4.1.1 公园绿地指标分析

根据各县城最新一轮总体规划分别进行了现状与规划的公园绿地指标统计（表4-2）。在现状方面，建设情况较好的子长和安塞人均公园绿地面积仅为1.17 m^2/人和1.39 m^2/人，与《城市用地分类与规划建设用地标准》（GB 50137—2011）中规定的人均公园绿地8 m^2/人的标准相差甚远，其余案例县城的人均公园绿地面积均不足1 m^2/人，佳县县城无公园绿地。即使城市建设用地相对充裕，达到人均城市建设用地103.77的甘泉县城，其人均公园绿地也仅为0.73 m^2/人。由此可见，陕北黄土沟壑区公园绿地建设严重滞后于城市发展，无法满足当地居民的日常休闲游憩需求。

在规划方面，多数案例县城的人均公园绿地已达到甚至大大超出8 m^2/人的行业标准，相对于现状6个案例县城的人均公园绿地面积均有较大幅度提高。其中，富县县城规划的人均公园绿地高达25.18 m^2/人，高出行业标准17.18 m^2/人，相对于现状则提高了24.26 m^2/人。对于建设用地紧缺的陕北黄土沟壑区，如此大幅度的公园绿地人均指标的提高如何实现，这一问题的答案还需对具体的公园类型、空间分布及规模的进一步分析而得到。

案例县城公园绿地现状与规划指标统计 **表 4-2**

县城名称	现状					规划				
	用地面积（hm^2）		人均用地面积（m^2/人）		公园占城市建设用地比例（%）	用地面积（hm^2）		人均用地面积（m^2/人）		公园占城市建设用地比例（%）
	城市建设用地	公园绿地	城市建设用地	公园绿地		城市建设用地	公园绿地	城市建设用地	公园绿地	
子长	779.26	11.81	79.21	1.17	1.50	1 509.10	132.80	94.30	8.30	8.80
安塞	291.25	7.30	55.58	1.39	2.51	489.80	58.90	69.97	8.41	12.02
吴起	321.12	3.95	60.96	0.75	1.23	731.78	71.15	73.18	7.12	9.72
甘泉	311.30	2.19	103.77	0.73	0.70	479.37	20.07	95.87	4.01	4.19
富县	437.88	4.73	85.36	0.92	1.08	960.04	239.19	101.06	25.18	24.91
佳县（佳芦城区）	211.63	0.00	75.58	0.00	0.00	399.27	49.43	99.82	12.36	12.38

资料来源：各县城市总体规划

4.1.2 公园绿地类型构成及其空间分布特征

通过对案例县城的调研和资料收集整理发现，各县之间公园类型存在较大差异，尤其体现在对山体公园的定位及空间范围划定上，因此，下面分别对各案例县城的公园绿地类型构成及其空间分布的现状与规划情况进行阐述。

1. 子长县城

根据《子长县城市总体规划（2014—2030）》（初稿），子长县城目前仅有2处山体公园（龙虎山森林公园、文昌塔山森林公园）和1处带状公园（秀延河滨河公园）（图4-1）。

规划提出“生态绿面＋绿色通廊＋点状绿化”的绿化网络系统。其中，生态绿面是指利用城市外围山体形成的城市生态公园，绿色通廊是指沿秀延河、南河形成的线性绿化渗透以及依托城市干道线性绿化所形成的绿化轴；点状绿化指城市内部各片区中心的公共绿地。具体而言，规划共布置山体公园4处（包含现状2处），社区公园15处，带状公园38处，街旁绿地11处（图4-2）。规划中未明确设置城市综合公园，增加了绿地分类标准之外的山体公园，集中分布于城区中心周边的山上，其面积占公园绿地总面积的44.02%，是绿地指标提升的主要贡献者（表4-3）。若严格按照绿地分类标准中定义的公园类型进行统计，社区公园、带状公园、街旁绿地三类公园绿地人均指标合计为4.65 m^2/人，与行业标准仍相差较大。

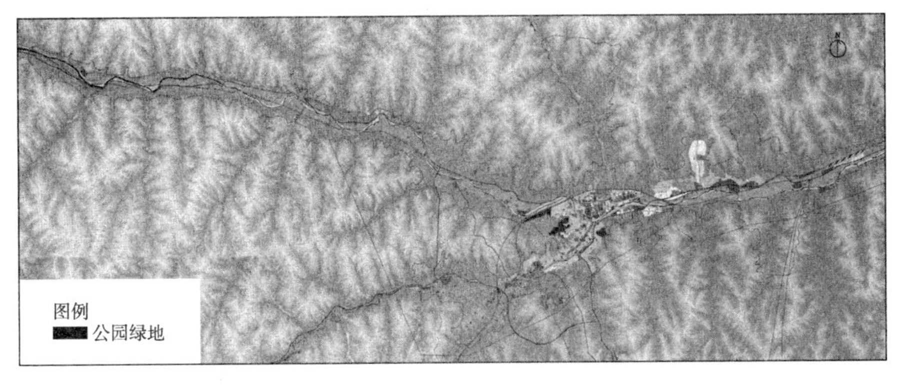

图 4-1 子长县城公园绿地现状分布图
资料来源：根据《子长县城市总体规划（2014—2030）》（初稿）绘制

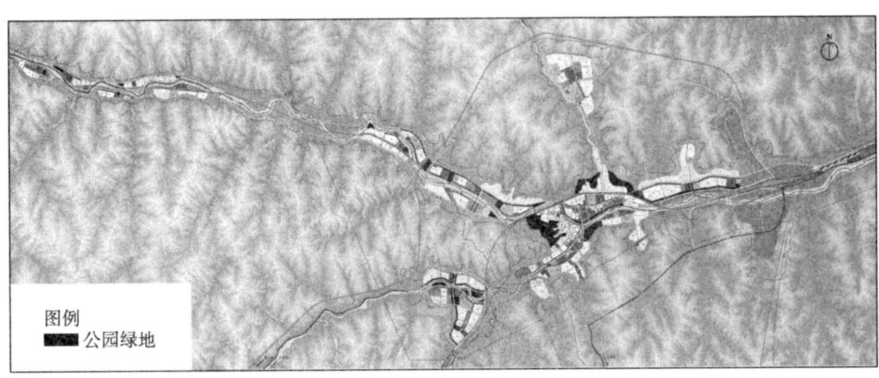

图 4-2 子长县城公园绿地规划图
资料来源：根据《子长县城市总体规划（2014—2030）》（初稿）绘制

子长县城公园绿地统计

表 4-3

用地名称（代码）		用地面积（ha）		人均面积（m^2/人）		占公园绿地比例（%）
		现状	规划	现状	规划	规划
公园绿地（G1）	山体公园	11.8	58.46	1.17	3.65	44.02
	社区公园（G12）	0.0	14.85	0.00	0.93	11.18
	带状公园（G14）	0.0	39.37	0.00	2.46	29.65
	街旁绿地（G15）	0.0	20.12	0.00	1.26	15.15
合计		11.8	132.80	1.17	8.30	100.00

注：中心城区人口规模现状为10.09万人，远期为16万人。

资料来源：《子长县城市总体规划（2014—2030）》（初稿）

2. 安塞县城

根据《安塞县城市总体规划（2012—2030）》，安塞县城现状有2处公园（图4-3）。规划托现有山体、水系、绿地形成的“一河、多山”自然要素，构筑“一环、一心、两契、多点”为框架的安塞县绿地系统结构。“一环”指围绕城市一周的山体，构筑绿色控制带，起到防风固沙、改善小气候、防止污染等作用；“一心”指城区范围内规划的环山公园。重点打造环山公园，成为城市的绿心；“两楔”以延河构成的绿带，从南北2个方向向城区内渗透，楔入城市；“多点”城市中各种街旁绿地及绿化市政公园。具体而言，规划共布置规划综合公园1处，社区公园2处，带状公园10处，街旁绿地19处。由表4-4可知，作为居民日常使用频率最高的社区公园人均面积仅为0.27 m^2/人，远低于《城市居住区规划设计规范》（GB 50180—93，2002年修订）中人均社区公园（居住区公园）面积不低于0.5 m^2/人的标准，有悖于当前国内外提高社区公园建设比例的发展趋势。就带状公园的

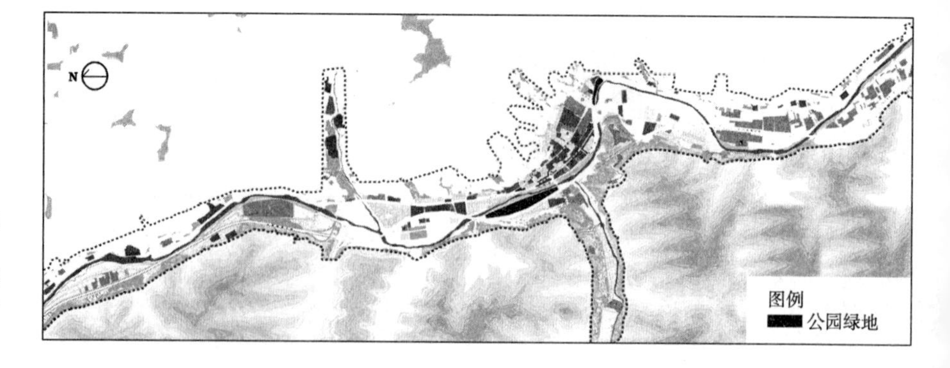

图 4-3 安塞县城公园绿地现状分布图
资料来源：根据《安塞县城总体规划（2012—2030）》绘制

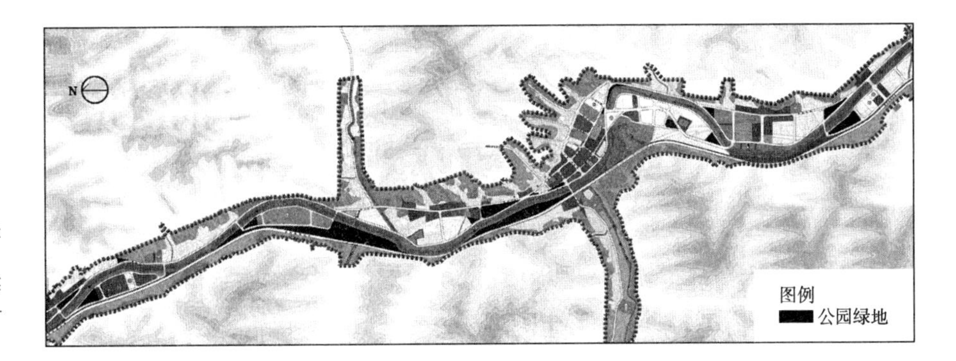

图 4-4 安塞县城公园绿地规划图
资料来源：根据《安塞县城总体规划（2012—2030）》绘制

安塞县城公园绿地统计 表 4-4

用地名称（代码）		用地面积（ha）		人均面积（m²/人）		占公园绿地比例（%）
		现状	规划	现状	规划	规划
公园绿地（G1）	综合公园（G11）	0.0	8.2	0.00	1.17	13.92
	社区公园（G12）	0.0	1.9	0.00	0.27	3.23
	带状公园（G14）	7.3	35.5	1.39	5.07	60.27
	街旁绿地（G15）	0.0	13.3	0.00	1.90	22.58
合计		7.3	58.9	1.39	8.41	100.00

注：中心城区人口规模现状为5.24万人，远期为7万人。
资料来源：《安塞县城总体规划（2012—2030）》

规划而言，人均面积为5.07 m²/人，所占比例高达60.27%，是公园绿地指标提高的主要来源。但从空间分布来看（图4-4），带状公园主要分布于河流西岸的狭长用地，而城市建设用地则绝大部分位于河流东岸，靠近中心区的作为带状公园与其他建设用地联系的2座桥梁间距约2.8 km，显然不利于公园的日常使用，不符合带状公园就近服务的定位。

3. 吴起县城

根据《吴起县城市总体规划（2007—2020）》，吴起县城现状共有公园绿地3处（图4-5）。规划共布置城市级公园2处，片区级公园3处（1处为现状保留），街区公园28处。在公园绿地的类型划分上，并未充分考虑与《城市绿地分类标准》CJJ/T 85—2002对接，而是进行了定性式的级别划分，难以进行公园绿地系统的内部指标分析。从空间分布来看（图4-6），点状的街区公园多位于建设用地的边角地带，与居住用地的空间分布匹配不足。

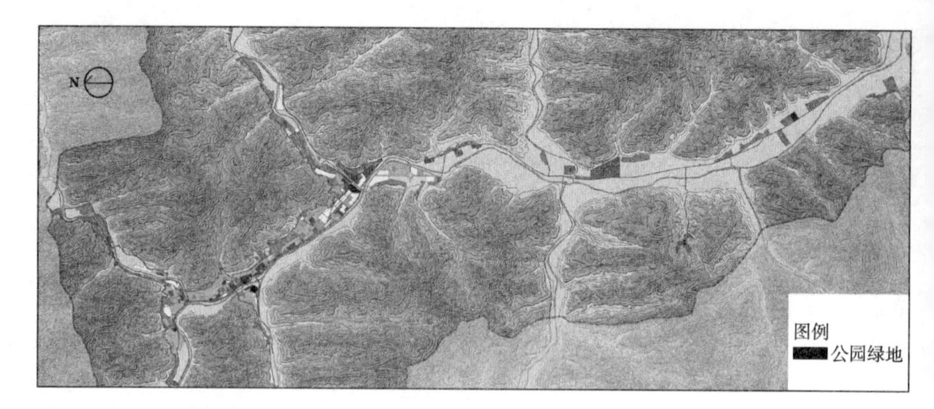

图 4-5 吴起县城公园绿地现状分布图
资料来源：根据《吴起县城市总体规划（2007—2020）》绘制

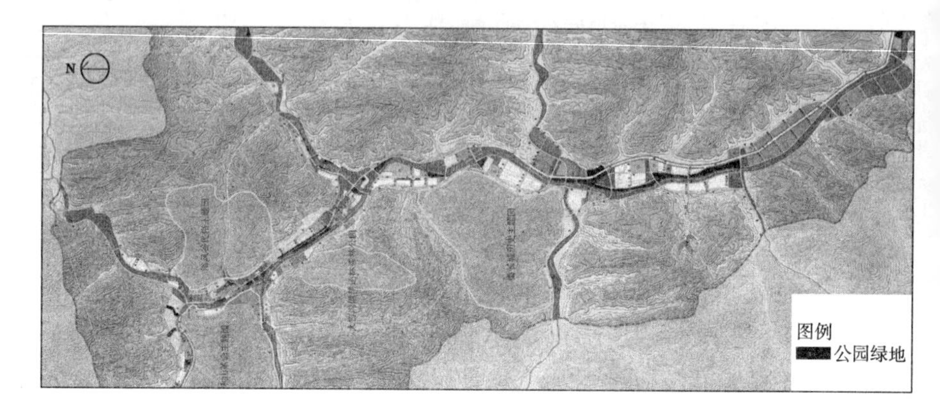

图 4-6 吴起县城公园绿地规划图
资料来源：根据《吴起县城市总体规划（2007—2020）》绘制

吴起县城公园绿地统计 **表 4-5**

用地名称		用地面积（hm^2）		人均面积（m^2/人）		占公园绿地比例（%）
		现状	规划	现状	规划	规划
公共绿地	城市级公园	0.00	26.21	0.00	2.62	36.84
	片区级公园	0.83	21.28	0.16	2.13	29.91
	街区公园	3.12	23.66	0.59	2.37	33.25
合计		3.95	71.15	0.75	7.12	100.00

注：中心城区人口规模现状为5.27万人，远期为10万人。
资料来源：《吴起县城市总体规划（2007—2020）》

4. 甘泉县城

根据《甘泉县城市总体规划（2008—2025）》，甘泉县城现状建有城市级公园（中心广场公园）1处，街旁绿地4处。规划中注重了“点、线、面”相结合的绿地系统规划，提出了“生态绿面＋绿色通廊＋点状绿化”的绿地系统结构，但对于公园构成的系统性考虑不足。规划共布局公园绿地14处，其中，城

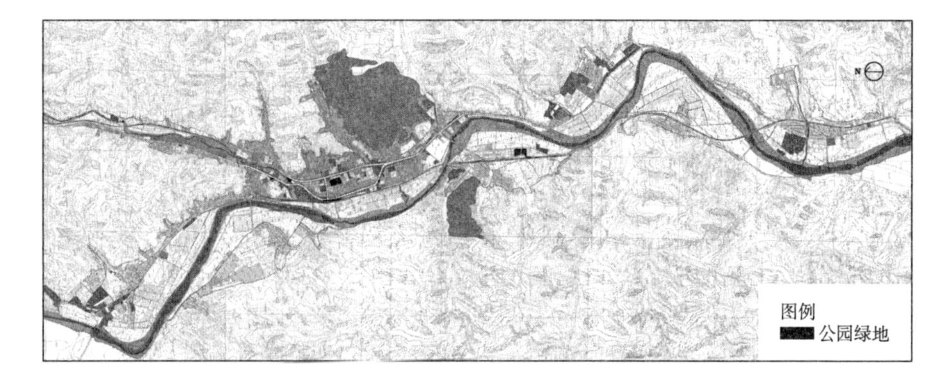

图 4-7 甘泉县城公园绿地现状分布图
资料来源：根据《甘泉县城市总体规划（2008—2025）》绘制

图 4-8 甘泉县城公园绿地规划图
资料来源：根据《甘泉县城市总体规划（2008—2025）》绘制

市级公园1处（现状），体育公园1处，带状公园6处，其余公园未明确分类。规划后的人均公园绿地指标为4.01 m^2/人，与《城市用地分类与规划建设用地标准》（GBJ 137—90）所规定的人均公共绿地7 m^2/人的下限仍有较大差距。在空间分布方面，规划的点状公园绿地主要为建设用地的边角地带，且多个居住片区内缺少社区级公园绿地，公园绿地的均衡性和便利性有待提高。

5. 富县县城

富县县城公园绿地水平的提升幅度是案例县城中最大的。根据《富县城市总体规划（2013—2030）》，富县县城现状共有公园绿地4处，主要为街旁绿地，人均公园绿地面积为0.92 m^2/人，规划后为25.18 m^2/人。规划的公园具体包括太和山风景名胜公园和龟山风景名胜公园，北峙山山地生态公园、圣佛峪山地生态公园、监军台山地生态公园，南部监军台地区的游乐公园，沿洛河的滨河带状公园，以及城区各个组团内部的小块社区公园及街头绿地。由上可知，规划中布置了较多的山体公园，共计5处，但从其类型归属来看，风景名胜公园、山地生态公园均不属于城市公园绿地，而应划入其他绿地。从表4-6的指标统计可以发现，规划中并未考虑真正意义上的城市综合公园；社区公园的人均面积仅为0.14 m^2/人，明显偏低；本应划入其他绿地的风景名胜公园和生态公园共计152.59 ha，占全部公园

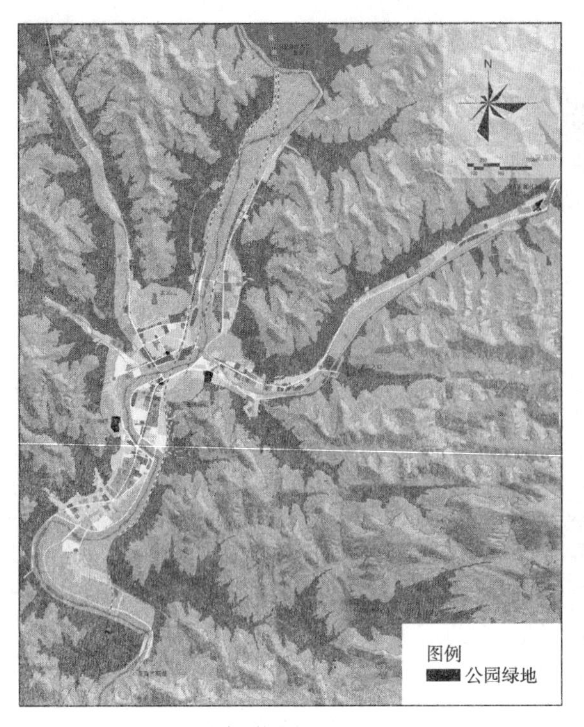

图 4-9　富县县城公园绿地现状分布图
资料来源：根据《富县县城总体规划（2013—2030）》绘制

图 4-10　富县县城公园绿地规划图
资料来源：根据《富县县城总体规划（2013—2030）》绘制

绿地的63.79%，即规划后公园绿地规模水平的大幅提高在很大程度上来源于其他绿地。尽管扣除其他绿地后，人均公园绿地面积达9.15 m²/人，但在公园绿地内部用地结构上存在社区公园、街旁绿地总规模偏小的问题，两类公园所占比例仅为0.55%和1.77%。在整体的空间布局方面，规划很好的处理“山、河、城”的关系，形成了滨水带状公园串联、外围生态绿地渗透的有机格局（图4-10）。

富县县城公园绿地统计　　**表 4-6**

用地名称（代码）		用地面积（hm²）		人均面积（m²/人）		占公园绿地比例（%）
		现状	规划	现状	规划	规划
公园绿地（G1）	综合公园（G11）	0.00	0.00	0.00	0.00	0.00
	社区公园（G12）	0.00	1.32	0.00	0.14	0.55
	专类公园（G13）	0.00	5.88	0.00	0.62	2.46
	带状公园（G14）	0.00	75.46	0.00	7.94	31.55
	街旁绿地（G15）	4.73	4.24	0.92	0.45	1.77
其他绿地（G5）	风景名胜公园、生态公园	0.00	152.59	0.00	16.06	63.79
合计		4.73	239.19	0.92	25.18	100.00

注：中心城区人口规模现状为5.13万人，远期为9.50万人。
资料来源：《富县县城总体规划（2013—2030）》

6. 佳县县城

根据《佳县城市总体规划（2014—2030）》，佳县县城（佳芦城区）现状无公园绿地。规划中形成了层级明确、系统完整的公园绿地系统，公园绿地中的5个中类级别的公园类型均有所涉及。具体而言，包括区域性公园1处，社区公园8处（居住区公园6处，小区游园2处），专类公园2处，带状公园多处，街旁绿地3处。从各类公园所占比例来看，综合公园、社区公园、带状公园分别为32.59%、18.53%、41.41%，占据了较高的比例。且从人均指标来看，社区公园为2.29 m²/人，已达到了较高的水平。在空间分布方面，面对河流与沟壑带来的较为破碎的用地条件，规划因借地形特征，扬长避短，充分发挥了城区依山傍水的优势，在每个片区均衡布置了不同级别的公园绿地，更为难得的是在居住片区内部主动布置了多处社区公园，大大提高了居民日常使用公园的便利性（图4-11）。

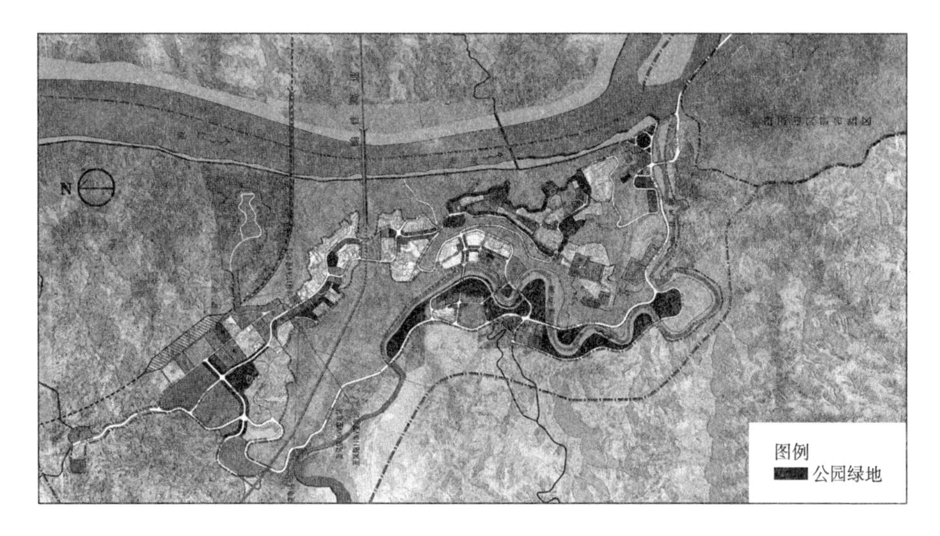

图4-11 佳县县城公园绿地规划图（佳芦城区）
资料来源：根据《佳县县城总体规划（2014—2030）》绘制

佳县县城（佳芦城区）公园绿地统计 **表4-7**

用地名称（代码）		用地面积（ha）		人均面积（m²/人）		占公园绿地比例（%）
		现状	规划	现状	规划	规划
公园绿地（G1）	综合公园（G11）	0	16.11	0	4.03	32.59
	社区公园（G12）	0	9.16	0	2.29	18.53
	专类公园（G13）	0	1.29	0	0.32	2.61
	带状公园（G14）	0	20.47	0	5.12	41.41
	街旁绿地（G15）	0	2.40	0	0.60	4.86
合计		0	49.43	0	12.36	100.00

注：中心城区人口规模现状为2.8万人，远期为4万人。
资料来源：《佳县县城总体规划（2014—2030）》

4.2 公园绿地建设与规划中存在的主要问题

通过前文对陕北黄土沟壑区县城公园绿地现状与规划的分析，笔者认为公园绿地建设与规划中主要问题集中在以下4个方面。

4.2.1 公园类型构成的规范性不足

在大中城市的总体规划中，公园绿地一般不再细分，但对于县城而言，由于城市规模较小，在城市总体规划中一般会对各类用地作进一步细分，其中，公园绿地多划分至小类。陕北黄土沟壑区县城在面对建设用地紧张与城市绿化水平亟待提高的两难问题的同时，也拥有与山相依、与水为邻的天然绿化优势，在案例县城规划实践中，都依托这一优势，将山体公园的规划作为解决上述难题的良方，但由于现行的相关规范标准中多将山体为载体的公园纳入非城市建设用地，对于山体公园如何作为城市公园绿地进行界定和利用并未提供依据，因此在案例县城的具体技术操作过程中规范性不足的问题较为突出，或将山体公园简单等同于城市综合公园，或将风景名胜公园、生态绿化等非城市建设用地直接划入公园绿地，不能真实反映公园绿地的建设水平。

4.2.2 公园绿地规模指标与结构不合理

在公园绿地的规模统计中，许多县城将位于山上的风景名胜公园、生态绿化以及类型不明的山体公园直接计入城市公园绿地，带来公园绿地总体指标的虚高。但具体到各类型的公园绿地指标，却存在较大的随意性，尤其体现在社区公园上，作为居民最为近便和使用频率最高的公园类型，在县城的公园绿地系统中社区战友极为重要的地位，然而，由于山体公园能够实现公园绿地指标的达标，社区公园的规划往往成为象征性工作，停留在有和无的层面，而忽略了其指标的合理性。由前文分析可知，案例县城规划后的社区公园人均面积高低差异较大，最高的为2.29 m^2/人，最低的仅为0.14 m^2/人，远低于《城市居住区规划设计规范》GB 50180—93（2002年修订）中1 m^2/人的下限。

4.2.3 公园绿地空间布局缺乏主动性

在各类公园绿地的规划布局中呈现出较大的被动性。第一，山体公园的规划看似是提升城市绿化水平的主动行为，但在空间分布上，往往过度追随于山体的分布，有山体的区域便划为公园，且边界的划定缺乏充分依据，如山体的可利用程度、山体位置与居住用地的分布关系等；第二，由案例县城的公园绿地指标统计可知，规划后的带状公园在公园绿地系统中均占有较高的比例，充分发挥了城市与河流相互依托、同步延展的空间优势，但忽视了带状公园与居住用地分布的空间就近关系，只是简单地将带状公园均质地布置在河岸两侧，造成使用不便；第三，社区公园的规划布局中，多数案例县城被动的利用建设用地周边不规则的边角地带，未能从居住人口的分布密度出发，考虑二者在空间以及规模上的匹配，造成社区公园有名无实。

4.2.4 公园绿地布局结构模式有待突破

“点、线、面”的布局结构模式是城市绿地系统最为常见的布局结构模式，可对城市绿地的休闲游憩和生态功能实现较为简单而有效的控制，也是城市公园绿地布局所遵循的主要模式，但在具体地域的实践演绎中有所差异。一般而言，在平原地区城市呈现为“城市内部点状的公园绿地＋带状的生态廊道＋带状公园绿地＋城市外围面状生态绿地”的绿化结构。在陕北黄土沟壑区县城的绿地系统和公园绿地的规划实践中（表4-8），也基本沿用这一结构模式，如子长、甘泉的城市绿地系统结构为“生态绿面＋绿色通廊＋点状绿化”，同时在一定程度上体现出了地域特色，如安塞、吴起、米脂、佳县均在城市绿地系统的规划中提出“沿中心城区周边形成环城森林公园、绿色控制带”等“环形”绿化要素，充分利用了山、城相拥的天然空间优势与山体绿化优势，可作为该地区县城绿地系统规划中的特色结构要素。限于一般地区城市总体规划的常规深度，各县城对公园绿地的规划仍有待优化，如忽视了城市周边山体较低区域建设点状或块状城市公园的可能性，无法发挥该地域特有的天然绿化优势，无形中也增加了城市内部建设公园绿地的负担，难免事倍功半。因此，结合该地域的整体环境特征和城市空间特征，进一步提出并完善与之相适应的和特色鲜明的城市绿地系统结构。

案例县城绿地系统规划结构 **表 4-8**

县城	绿地系统结构	简要说明
子长	“生态绿面＋绿色通廊＋点状绿化”的绿化网络系统	生态绿面是指城市外围山体作为城市公共绿地的生态公园；绿色通廊是指依托秀沿河、南河各防护绿地以及输油、输气管线及高压线的防护廊道所形成的线性绿化渗透以及依托城市内主要道路的线性绿化所形成；点状绿化指城市内部各片区中心的公共绿地
安塞	“一环、一心、两契、多点”为山水框架的现代园林城市空间格局	“一环”指围绕城市一周的山体，构筑绿色控制带，起到防风固沙、改善小气候、防止污染等作用；“一心”指城区范围内规划的环山公园。重点打造环山公园，成为城市的绿心；“两楔”以延河构成的绿带，从南北2个方向向城区内渗透，楔入城市；“多点”城市中各种街旁绿地及绿化市政公园
吴起	“一环、二园、六带、多点”	一环：指沿中心城区周边形成的环城森林公园；二园：指二大城市公园（胜利山红军长征纪念园和文化公园）；六带：指沿川道布置的滨河绿带；多点：指分布于各片区的公园和街头绿地
甘泉	“生态绿面＋绿色通廊＋点状绿化”的绿化网络系统	生态绿面是指由城市周边的凤凰山、灯笼山、西山等环山公园山体和城市外围植被良好的生态林地所构成的城市生态绿地；绿色通廊是指依托西延铁路、210国道、高压走廊等各类防护绿地，依托洛河、劳山河、金庄河、清泉河等河流所形成的线性滨水绿带，以及依托城市内主要道路如迎宾路、中心街、宴宾路等道路的线性绿化；点状绿化指城市各片区的公共绿地和街头绿地

续表

县城	绿地系统结构	简要说明
富县	“两条滨水绿带、三级绿化节点、外围绿化渗透”的点、线、面相互结合的完整的绿地网络结构	2条滨水绿带：是指，沿洛河、大申号川及牛武川两岸形成滨河带状公园及风景林带；三级绿化节点：是指，形成以太和山为一级节点，龟山、北峙山、圣佛峪山、倒回岭山为二级节点，城区内部社区公园、游乐公园和街头绿地为三级节点的点状绿化体系；外围绿化渗透：是指，沿富县中心城区外围连绵的山塬形成的面状绿化基底
米脂	“一环两带、两核多轴、两廊四片”的网络状生态空间	一环——外围生态绿化环：由加强城市外围的山体保育进而形成，发挥其生态功能渗透的基底作用；两带、两核——两带：自然生态景观带，依赖两侧山体的保育、无定河及两岸绿地形成城区绿化主脉络，人工防护绿化带，以西包铁路两侧的防护绿地所形成；两核：人工绿化核心，以貂蝉公园为基形成的河西滨水绿地，自然生态核心：以银南公园自然景观为主形成；多轴——结合中部大型生态绿带以东西向城市道路以及沟渠水系构造的多个生态轴线，在结构上和功能上承担着重要的职能，也成为无定河主脉的支脉绿化体系，串联城区，形成绿色网络体系；两廊、四片——结合现状农田、绿地等打造2条生态农田绿化廊道将中心城区划分为都市活力绿地景观区、古城绿地景观区、生态休闲景观区、工业仓储防护绿化区
佳县	“山水抱古州，绿环拥新城，两带衔三环，一心映多点”的绿林楔入式绿地系统空间结构。（佳芦城区）	山水抱古州：以葭芦古城和白云山为核心，环抱黄河、佳芦河以及周边山脉、主要景点景致的古城山水生态核心区，构成葭芦古城的重要自然生态景观，也是夏季绿色氧源地；绿环拥新城：环绕城北新城的绿色生态屏障区，是新城外围重要的生态景观背景，也是冬季风沙屏障；两带衔三环：以黄河、佳芦河沿线绿带为纽带，衔接古城山水生态区、绿色生态屏障区以及环城绿带，形成外围绿地的绿色楔入及渗透；一心映多点：以白云山风景名胜区为绿色核心所在，与城区内多个公园绿地节点形成相互顾盼之势，从而丰富城区的绿地景观形象与视线通廊

资料来源：各县城市总体规划，参考文献［147–148］

4.3 陕北黄土沟壑区县城公园类型研究

相关规范标准对公园类型有着全面的、综合的划分与界定，但由于我国城镇发展的区域差异较大，在不同地域、不同城市的具体操作中，应结合自身特征做进一步的梳理、细化和补充，如北京、上海、广州等多个大城市均制定了地方的公园绿地分类和标准。

公园类型的明确界定是进行公园绿地规划布局的前提条件，研究中须针对陕北黄土沟壑区自然地理条件特征、县城公园绿地的实际建设与使用需求特征，在现行公园绿地分类标准的框架内，对主要公园类型的概念与内涵作进一步的补充与发展。

4.3.1 现行标准中公园绿地分类

依据《城市绿地分类标准》CJJ/T 85—2002[44]，城市绿地共分为五大类，分别为公园绿地（G1）、生产绿地（G2）、防护绿地（G3）、附属绿地（G4）、其他绿地（G5）。其中，公园绿地又可划分为以下5种类型：综合公园（G11）、社区公园（G12）、专类公园（G13）、带状公园（G14）、街旁绿地（G15）[44]。在最新颁布的《城市用地分类与规划建设用地标准》GB 50137—2011中，基于与《城市绿地分类标准》的对接，将上一版标准中的公共绿地调整为公园绿地（表4-10）。因专类公园不属于常规性的必建公园，因此，本研究将结合陕北黄土沟壑区县城的建设环境特征和居民对公园的使用特征及需求，对其他四类公园绿地的类型作进一步的分析和界定。

公园绿地分类 **表4-9**

类别代码			类别名称	内容与服务范围
大类	中类	小类		
G1			公园绿地	向公众开放，以游憩为主要功能，兼具生态、美化、防灾等作用的绿地
	G11		综合公园	内容丰富，有相应设施，适合于公众开展各类化外活动的规模较大的绿地
		G111	全市性公园	为全市居民服务，活动内容丰富、设施完善的绿地
		G112	区域性公园	为市区内一定区域的居民服务，具有较丰富的活动内容和设施完善的绿地
	G12		社区公园	为一定居住用地范围内的居民服务，具有一定活动内容和设施的集中绿地
		G121	居住区公园	服务于一个居住区的居民，具有一定活动内容和设施，为居住区配套建设的集中绿地
		G122	小区游园	为一个居住小区的居民服务、配套建设的集中绿地
	G13	专类公园		具有特定内容或形式，有一定游憩设施的绿地。包括儿童公园、动物园、植物园、历史名园、风景名胜公园、游乐公园、其他专类公园
	G14	带状公园		沿城市道路、城墙、水滨等，有一定游憩设施的狭长形绿地、小型沿街绿化用地等
	G15	街旁绿地		位于城市道路用地之外，相对独立成片的绿地，包括街道广场绿地、小型沿街绿化用地等

资料来源：参考文献［44］

《城市用地分类与规划建设用地标准》中的绿地分类 **表4-10**

G	绿地与广场用地		公园绿地、防护绿地、广场等公共开放空间用地
	G1	公园绿地	向公众开放，以游憩为主要功能，兼具生态、美化、防灾等作用的绿地
	G2	防护绿地	具有卫生、隔离和安全防护功能的绿地
	G3	广场用地	以游憩、纪念、集会和避险等功能为主的城市公共活动场地

资料来源：参考文献［5］

4.3.2 综合（山体）公园的概念解析与界定

1. 陕北黄土沟壑区县城综合公园建设中的主要问题

依据《城市绿地分类标准》CJJ/T 85—2002，综合公园包括全市性公园（G111）和区域性公园（G112）[44]。因各城市的性质、规模、用地条件、历史沿革等具体情况不同，综合公园的规模和分布差异较大，故该标准对综合公园的最小规模和服务半径未作具体规定[149]。基于大量的实践调研，刘颂、刘滨谊等在《城市绿地系统规划》一书中提到“全市性公园为居民和外来游客服务，面积一般为10～100 ha或更大，中小城市可设1～2处；区域性公园主要为市区内一定区域的居民服务，用地面积一般为10 ha左右。”然而，对于陕北黄土沟壑区县城而言，综合公园的建设存在以下问题。

（1）综合公园不宜建在县城内部

首先，从理论上讲，建于县城内部不利于综合公园服务效率的提高，由于城市过于狭长，无论公园选址在何处，在一定的使用距离内能够服务的区域都远远低于平原地区城市，这是带形城市难以克服的短板；其次，从现实角度来看，综合公园在县城内部建设的阻力极大，无论是全市性公园还是区域性公园都需要占用较大规模的用地，在陕北黄土沟壑区紧张的用地条件和狭长的用地形态下，很难提供足够规模的用地用于公园绿地建设，前文对多个县城公园绿地建设现状的分析已经充分说明了这一点。从未来规划来看，建成区均在目前最开阔的谷地处建设，未来的新区建设用地将更为狭长，综合公园建设于县城内部的阻力将更大，即便能够建设于新区，其位置必然更加偏离城市的重心位置，带来公园服务效率的进一步降低。

（2）山体公园划属不清

绿地因其自然属性，在功能和空间上具有不可简单分割的系统性，城市公园绿地虽为人化自然环境，但仍与城市绿地系统中的其他绿地类型，在功能和空间上有着多层面的交叠关系，在陕北黄土沟壑区县城的公园绿地规划和建设中，则演化为综合公园、郊野公园、山体公园之间的概念不清和边界模糊的现象。面对城市综合公园难于建在县城内部的现实困境，各县在公园绿地的规划与建设中，普遍采用以山体公园代替综合公园的方式，在很大程度上缓解了城区无大型公园的问题，得到了广大居民的普遍认同，山体公园已经成为县城居民主要的日常休闲游憩场所之一，成为城市公园绿地系统不可分割的组成部分。问题在于，各类相关规范和标准中并无山体公园这一公园类型的概念解释与界定，因此在公园绿地的统计上存在较大的随意性，多数县城将大面积的山体绿化计入城市公园用地，划定面积的多少往往以达到国家标准为标尺，甚至是大大高于国家标准，但在空间分布上缺乏服务范围的考虑，造成分布不均、使用不便，公园绿地服务水平的提升远不及指标的提高。理论依据的缺乏与现实需求的紧迫已成为陕北黄土沟壑区县城山体公园建设亟待解决的难题。因此，本文将通过对城市综合公园、郊野公园、山体公园的比较分析，进一步厘清陕北黄土沟壑区山体公园的内涵与特征，并在现有标准的框架内，提出该地区县城周边山体公园的划属方式。

2. 综合公园、郊野公园、山体公园对比分析

综合公园主要指为整个市区或市区内一定区域的居民服务，具有丰富的活动内容和设施完善的绿地[44]，具有明确的空间位置、服务范围和功能要求。相对而言，郊野公园与山体公园尚有待探讨。我国的郊野公园规划与建设实践最早见于中国香港，中国香港政府于1976年制定了《郊野公园条例》，截至2012年，香港共有24个郊野公园。近年来国内许多大城市都开始了郊野公园的规划与建设，尤其是随着党的“十八大”报告将生态文明建设放在突出地位，郊野公园的建设呈现加速状态，如上海市初步规划了21座郊野公园。然而，对于郊野公园的定义，目前国内尚无统一、明确的认识，仅在《城市绿地分类标准》CJJ/T 85—2002中略有提及，指明郊野公园包含于其他绿地之中，其他绿地的含义为“对生态环境质量、居民休闲生活、城市景观和生物多样性保护有直接影响的绿地”[44,150]。更多的理解来自于业界学者的研究，朱祥明认为郊野公园是位于城市近郊、有良好的自然景观、郊野植被及田园风貌，并以休闲娱乐为目的的公园[151-152]。丛国艳认为郊野公园是指位于城市外围近、中郊区绿化圈层，具有较大面积的呈自然状态的绿色景观区域，包括人为干扰程度小的传统农田、处于原始或次生状态的郊野森林自然景观等[150,153]。陈敏将郊野公园概括为在适当的管理下，位于城市中心区外围，人们易于到达，以乡村景观或森林地形地貌等自然存在为主体，具有丰富的自然景观，可供开展户外活动，轻松身心，享受生态自然环境的场地，同时逐兼有生态保护、环境教育，生产生活等功能的开放活动空间，区域特征、景观特色、功能特点是郊野公园内涵的三大要义[154]。

关于山体公园，目前暂无国家标准，较具代表性的地方规范如贵州省颁布的《城镇山体公园化绿地设计规范》(DBJ 52—53—2007)，该规范针对贵州省高原山地居多、平原地极少的地域自然条件，基于资源节约和环境友好原则和经济适用、环境优美、节能环保的城镇人居环境建设目标，从基本原则、环境容量与游人规模、布局、用地比例等方面对城镇山体公园规划给出了指导意见和标准，并提出“山体公园化绿地”的概念，即“在城市、镇规划区范围内原有山体地形地貌和动植物现状的基础上，配备少量必要的公共设施的开放型公园绿地”[155]。从概念界定来，“山体公园化绿地”是介于城市公园和郊野公园之间的绿地类型。

然而，通过对陕北黄土沟壑区各类公园的使用频率、来园目的、来园时间、交通时间的调研发现，山体公园更趋近于城市公园。

第一，在使用频率上（表4-11、表4-12），每天都使用的人数占受访者的50%，与县城内部的公园和广场相应选项的比例53.2%相当接近。而使用山体公

园4～5次/周、2～3次/周的受访者比例为10.3%和16.7%，明显高于县城内部的公园及广场的相应调研数据4.3%和12.8%，这进一步表明山体公园已成为当地居民日常游憩活动场所，其重要性绝不低于城区内部的公园和广场。

公园使用频率（山体公园） **表 4-11**

选项	A	B	C	D	E	F
频率	每天都来	4～5次/周	2～3次/周	1次/周	1次/半月	1次/月
百分比（%）	50.0	10.3	16.7	2.6	9.0	11.5

公园使用频率（城内公园广场） **表 4-12**

选项	A	B	C	D	E	F
频率	每天都来	4～5次/周	2～3次/周	1次/周	1次/半月	1次/月
百分比（%）	53.2	4.3	12.8	10.6	5.3	13.8

第二，在来园目的方面，居民来公园的活动目的与公园的类型、场地构成、景色、氛围等都有着密切的关系（表4-13、表4-14），不同类型公园活动目的差异性的大小关系到公园之间可替代的可能性，假如山上公园和城区平地上的公园活动目的无明显差异，则意味着彼此之间可相互替代，即仅仅从活动目的角度而言，同一类型的公园既可以布置于山上也可布置于城区的平地上。否则，则须明确山上和平地上分别适宜的公园类型。山体公园的活动目的按照比例高低排序依次为锻炼、散步、欣赏景色、聊天、闲坐、带孩子活动和其他，在来园目的构成和排序上除欣赏景色一项外，均与城区内部的公园广场一致。就各项活动具体比例而言，山体公园呈现出较高的集中度，仅锻炼和散步2项高于平均值，其中锻炼一项所占比例高达45%，2项累计百分比为64.5%。县城内公园广场的活动类型集中度相对较低，有4项高于平均值，累计百分比为84.1%。综上，山体公园和城市公园广场在来园目的上较为一致，锻炼和散步无疑是各类公园广场的首要活动目的，且山体公园因在锻炼方面更具吸引力。单纯从来园目的来看，山体公园完全可以取代城市内部的某一类型的公园。

来园目的（山体公园） **表 4-13**

选项	A	B	C	D	E	F	G
内容	锻炼	散步	欣赏景色	聊天	闲坐	带孩子活动	其他
百分比（%）	45.0	18.5	10.5	10.1	8.8	4.2	2.9
累计百分比（%）	45.0	63.5	74.0	84.1	92.9	97.1	100.0
平均百分比（%）	14.3						

来园目的（城内公园广场） 表 4-14

选项	A	B	C	D	E	F	G
内容	锻炼	散步	聊天	闲坐	带孩子活动	其他	欣赏景色
百分比（%）	28.6	24.6	16.1	15.6	7.1	4.9	3.1
累计百分比（%）	28.6	53.2	69.3	84.9	92.0	96.9	100.0
平均百分比（%）	14.3						

第三，在来园时间方面，经前文分析已知，所调研县城现有山体公园活动场地多位于山顶或较高位置，交通时间成本较高，使其使用时间主要集中于早晨，为充分利用县城与山体邻近的天然优势，应考虑到山上适中位置建设公园活动场地，并明确其公园层级类型，以提升公园使用的近便性，增加山体公园使用频率，缓解城区内部公园数量少且可建设用地紧张的问题。

第四，在交通时间方面，通过对步行方式下交通时间统计发现，到达山体公园的交通时间10 min以内选项仅占到8.50%，而绝大多数受访者的交通时间集中在20～45 min之间，这与一般城市综合公园的步行时间较为接近。

到达山体公园的步行时间统计 表 4-15

选项	A	B	C	D	E
交通时间	10 min内	15～20 min	20～30 min	30～45 min	45 min以上
百分比（%）	8.50	26.50	28.40	22.80	13.80
交通时间	10 min内	20 min内	30 min内	45 min内	45 min以上
累计百分比（%）	8.50	35.00	63.40	86.20	100.00

根据上述分析，笔者对城市综合公园、郊野公园和所研究地区的山体公园进行对比，如表4-16所示。对公园的定位应以其服务特征为主要判断依据，包括主要功能（来园目的）、使用频率和服务范围，就这几方面而言，陕北黄土沟壑区县城周边的山体公园与城市综合公园基本一致，故应将其归属于城市综合公园。因此，在城市建设用地的统计中，应将适量的山体公园划入城市建设用地，鉴于山体公园不像城市内部公园具有明确的用地边界，多以道路红线和地块分界线进行划分，本文提出将主要活动场地集中分布的区域并附带周边一定范围内的绿化用地计入城市建设用地，既避免了山体公园面积统计随意带来的城市公园绿地指标的虚高，也能够较为真实地反映城市公园绿地的实际建设水平。具体划定方式将在后文中作深入分析和阐述。

城市综合公园、郊野公园、山体公园（陕北黄土沟壑区）特征比较 表 4-16

特征 \ 公园类型	城市综合公园	郊野公园	山体公园（陕北黄土沟壑区）
空间位置	城市内部为主	城市外围近、中郊区	城市边缘与城市相邻
主要功能（来园目的）	日常休闲、游憩、锻炼	假日休闲、游憩，生态	日常休闲、游憩、锻炼，生态
景观塑造	人工景观为主	自然景观为主	人工景观与自然景观相结合
使用频率	较高	较低	较高
服务范围	城市和片区	一个或多个城市（镇）	城市和片区
交通方式	步行与机动车相结合	机动车为主	步行为主
用地统计	计入城市建设用地	计入非城市建设用地	部分计入城市建设用地

为进一步说明设立山体公园的必要性并明确其定位，笔者进行了公园建设地点选择意愿的调研（表4-17），调研中共提供8处建设地点供选择，“家附近、河岸两侧”2项排在前2位，所占比例分别为26.6%和24.0%，二者占比均较高且差距不大，充分反映了县城内缺少近便型公园和河岸两侧绿地建设不足的现实问题；考虑到山体公园不同高度活动场地使用距离的差异性较大，在建设地点选项中将山体公园的建设地点细分为“山上、靠近山脚处”，该2项排在第3、4位，所占比例分别为18.2%和11.8%，2项合计为30.0%，可见山体公园的建设意愿最为强烈，而对于山体公园的具体建设地点选择，与我们的常规思维恰恰相反，居民更倾向于距离稍远的山上，而非更为近便地靠近山脚处，这与居民将山体公园作为主要锻炼场所有直接关系。

公园建设地点的选择意愿 表 4-17

选项	A	B	C	D	E	F	G	H
地点	家附近	工作地附近	河岸两侧	商场超市附近	学校附近	靠近山脚处	山上	其他
百分比（%）	26.6	2.9	24.0	4.6	7.2	11.8	18.2	4.6
排序	1	8	2	6	5	4	3	6

从理论上讲，人们对公园空间的反映在很大程度上受到环境属性的影响。国外研究者从环境心理学的角度提出了6类具有正面影响的环境属性：协调有序（条理性）、适中的复杂性和新奇性（两者可合为一类）、自然元素突出、维护良好、视野开敞和富有历史意义。协调有序、复杂性、新奇性和视野开敞代表了形式变量；而自然要素突出，维护良好和历史意义代表了内容方面，即象征方面的

变量[156]。从环境属性的角度考虑，相对于一般公园类型而言，山体公园具有更多的正面环境属性，适中的复杂性和新奇性、自然元素突出、视野开阔是山体公园具备的天然属性，加之由人为作用而建立的协调有序、维护良好、历史意义，山体公园自然会对人们形成巨大的吸引力，这也是所研究地区居民对山体公园普遍偏爱的本质动因。

3. 综合（山体）公园的界定

综上所述，山体公园划入城市综合公园，在公园命名方面，为兼顾现有公园分类的严肃性和对陕北黄土沟壑区县城公园建设特殊性的体现，将其命名为综合（山体）公园，其小类分别为城市性（山体）公园和片区性（山体）公园。其中，城市性（山体）公园服务于整个县城的居民，活动场地分布于山体较高位置，不强调具体的服务半径，其规模因山体地形条件而异，具体由场地集中建设区域的面积统计形成，每个县城可建设1～2处；针对城市性（山体）公园活动场地位于山上较高位置带来的使用不便和活动时间过于集中的问题，应在山体相对较低位置选择适宜的用地进行公园活动场地和绿化建设，服务其周边区域的居民，解决城市内部公园绿地规模较小的问题，这应成为片区性（山体）公园的定位，故将片区性（山体）公园界定为，服务于一定区域的居民，应有明确的服务半径要求，其规模主要由山体地形条件决定，具体由场地集中建设区域的面积统计形成，每个县城可建设多处，位置应尽量靠近城区，且片区性（山体）公园应作为陕北黄土沟壑区综合（山体）公园的主体，也是本书公园绿地布局研究的主要类型。

4.3.3 社区公园的概念与特征解析

社区公园作为人们日常使用最为直接和频繁的城市基层公园，规划建设需求显得尤为迫切。在住建部颁发的《关于进一步加强公园建设管理的意见》（2013年）中就提出“便民、求实”的原则和“加大社区公园、街头游园等公园的规划建设力度”的指导意见。

社区公园概念的建立是以城市住区的组织结构为前提的，《城市绿地分类标准》CJJ/T 85—2002对“社区公园”的内涵进行了说明，即“城市化发展过程中，一方面是城市生活水平的提高使居民的生活范围发生着变化，另一方面是城市开发建设的多元化使开发项目的单位规模多样化，因此，使用‘社区’的概念，既可以从用地规模上保证覆盖面，同时强调社区体系的建立和社区文化的创造”。《辞海》中将社区的基本要素界定为“①有一定的地域；②有一定的人群；③有一定的组织形式、共同的价值观念、行为规范及相应的管理机构；④有满足成员的物质和精神需求的各种生活服务设施”[44]。从社区公园的服务职属性来看，保留了社区的部分基本要素，强调为一定的地域及相应范围内的人服务。

按照《城市绿地分类标准》CJJ/T 85—2002，社区公园在构成上包括居住区公园和小区游园，但根据《城市用地分类与规划建设用地标准》GB 50137—2011，小区游园被纳入居住用地，并不属于公园绿地。同时在住区的实际建设中，小区结构的多样化，使得小区游园很难被准确地定义和套用服务半径。因此小区游园已基本不属于城市公园绿地的研究对象，社区公园实际可控载体基本为居住区公园，因此在大多数规划布局研究中所提及的社区公园实为居住区公园。

就居住区的理论来源而言，最早源于美国的邻里单位理论，该理论对邻里的规模、边界、开放空间、构成用地与设施、交通组织提出了基本原则，对世界范围内的住区规划产生了深远的影响。但随着社会的发展，该理论逐渐受到了越来越多的非议与批判。1963年，C·亚历山大（Christopher Alexander）在“城市并非一棵树”（*A City is Not a Tree*）一文中提出：从社会角度看，邻里单位的整个思想是荒谬的，因为不同的居民对于地方性服务设施有着不同的需要，因此，挑选的原则是至关重要的[157]。城市在自然发展的过程中往往显示出一种复杂的居住结构形式，带有交错布置的商店和学校。规划师还应该把再现这种多样性和自由的选择作为目标[157]。反观今天国内居住区建设情况，一方面，市场经济条件下，理论上的完整的居住区在城市的实际发展中只占到一小部分；另一方面，即使是规划形成的理想的居住区，人们对居住区设施的实际使用，并非按照先前所设想的进行，会受到很多因素的影响。对于陕北黄土沟壑区而言，受地形条件的制约，居住用地形态狭长且相对分散，更难形成规范意义上的居住区，而以居住区组织模式为前提的居住区公园也就缺乏相应的现实土壤。

综上，本书中的社区公园与传统的居住区公园的主要区别在于，居住区公园的服务对象明确以居住区为边界，而社区公园则更注重居民实际使用的空间活动特征。社区公园作为近便性公园，在公园绿地系统中使用频率最高，应坚持服务全体居民的原则，包括活动不便的残疾人和老年人，因此必须建设在平地上。社区公园的规模应以一定的人均面积指标进行衡量，以实现其规模与相应的服务人口规模的匹配，空间分布上一般位于居住片区内部，并与社区公共中心相结合。

4.3.4 街旁绿地的概念与特征解析

《城市绿地分类标准》CJJ/T 85—2002中主要关注街旁绿地的功能属性和绿化占地，对与街旁绿地规划布局直接密切相关的服务区域、规模、位置、空间形式等未给出明确界定，对于下一层级的“街道广场绿地”和“小型沿街绿化用地”也没能给出清晰的界定标准，以致街旁绿地规划布局中的盲目和随意，实际建设中的缺失，街旁绿地本应作为城市公园绿地系统中最具便利性和可操作性的、量大面广的绿地类型，反而成了最为“量小面窄”的一种绿地类型，损失了城市公园绿地服务功能的系统性。对于小城市而言，由于城市建设空间有限，整体格局较小，少有建成的大规模的公园绿地，街旁绿地的建设显得更加重要，但由于上述原因，街旁绿地也多被无意识地忽视，最终导致小城市中街旁绿地的数量普遍偏少。

国外的公园绿地类型中与街旁绿地最为接近的是“袖珍公园”。根据维基百科的解释，“袖珍公园”（也称小公园或口袋公园）是一种开放的小型公园，通常建在建筑周围空地上或者小的不规则的零星用地上。在高度城市化地区，尤其是地价高昂的城市中心区，袖珍公园是避免大规模重建的前提下开辟公共空间的不二选择。美国所公认的袖珍公园，是在“为纽约服务的新公园”的提议的基础上，以佩雷公园的建成为标志产生的一种特殊的以很小的面积存在于高密度的城市中心区的公园形式[158]。马库斯曾提出：“社区的袖珍公园的选址应使得周围4个街区为半径范围内的使用者可以不用穿越主要街道而步行抵达；场地的有效半径内具有场地的潜在使用者；选址应当与社区交通规划相结合。[159]”

美国城市袖珍公园建设案例 **表4-18**

公园名称	建成时间（年）	所在城市	区位	主要活动内容	主要服务对象	面积（m^2）
佩利公园	1967	纽约	商业片区	小坐、交谈、简餐	附近工作者、游客	390
格林埃克公园	1971	纽约	商业片区	小坐、交谈、观景、阅读、简餐	附近居民、工作者	650
西雅图联邦法院广场	2001	西雅图	办公片区	小坐、交谈、阅读、观景	附近工作者	4 100
贝克公园	2004	达拉斯	办公片区	小坐、交谈、静思、简餐	白领、学生、医院职工	2 400
米申大街560号街边公园	2003	洛杉矶	商业片区	小坐、交谈、简餐、晒太阳、阅读	附近工作者、游客	1 400
国会大厦广场	2003	纽约	生活片区	小坐、交谈、简餐、野餐、观景	附近居民	950
泪珠公园	2004	纽约	生活片区	攀岩、滑索、戏水、探险、阅读	附近儿童、居民	7 300
巴斯莱公园	1978	纽约	生活片区	简餐、聚会、晒太阳、阅读、儿童游戏	附近居民、工作者	1 600
布莱恩特公园	1992	纽约	商业片区（图书馆前）	休憩、阅读、演出、儿童活动	附近及稍远居民	22 000
杰米森广场	1999	波特兰	生活片区	戏水、交谈、表演、小坐	附近居民	4 200

资料来源：参考文献［160］

上述公园中，除布莱恩特公园因包含演出场地等规模较大的空间，用地面积达到了22 000 m^2，其他公园用地面积均在390～7 300 m^2，平均用地面积约为2 500 m^2[160]。再如美国的费城，在1961～1967年间，共建立了60多个袖珍公园。面积从800～8 000 m^{2}不等，以关注儿童和老年人的使用为主，弥补城市有限的公共设施[162]。

为了更好地实现城市公园绿地系统的完整性，结合行业标准中的定义，笔者将街旁绿地进一步界定为：位于城市道路附近，服务于城市公共区域和住区，以游憩为主要功能，相对独立成片的小型公共绿地，规模应视具体的建设用地条件而定，建议控制在500 m^{2}以上。其中，公共区域是指城市中公共服务设施较为集中、人口或较为密集的区域。本书主要研究服务于城市住区的街旁绿地。

4.3.5 带状公园的概念与特征解析

带状公园往往结合城市道路、水系、城墙而建设，是绿地系统中颇具特色的构成要素[162]，受用地条件的影响，一般呈狭长形，以绿化为主，辅以简单的设施。其主要作用在于服务小规模人群的休闲活动，以及连通各类绿地，实现公园绿地网络的构建[44]。

根据所在位置的不同，带状公园主要可划分为3种类型。①城市道路带状公园。主要是指沿着城市主、次道路两侧建设的带状公园绿地。②滨水式带状公园。主要指城市范围内水域与陆地相接的一定范围内的区域，沿着城市的水系，如海滨、湖滨、自然河道、人工运河、引水沟渠等建设的带状公园绿地。③大型建筑或遗址带状公园。主要是指沿着大型建筑或文化遗址，如城墙、古街等沿线的带状绿地[163]。

4.4 小结

通过对代表案例县城公园绿地建设与规划的分析，认为所研究地区县城公园绿地布局中存在4个方面的相关问题，包括“公园类型构成的规范性不足、公园绿地规模指标与结构不合理、公园绿地空间布局缺乏主动性、公园绿地布局结构模式有待突破”。在上述分析的基础上，本书首先结合陕北陕北黄土沟壑区县城公园绿地的各方面特征对现有标准下的公园绿地类型进行补充界定和概念深化。针对陕北黄土沟壑区地形地貌特征、城市空间特征和居民对公园的使用习惯，提出了片区性（山体）公园的概念，该概念的提出保证了现有行业标准的严肃性，又做到了对地域特征的适应性。此外，对社区公园、街旁绿地和带状公园进行必要的补充界定，并将上述4种类型确定为陕北黄土沟壑区县城公园绿地的主要类型。其中片区性（山体）公园和社区公园应有明确的服务半径和服务对象，并且能够自成系统，服务覆盖整个研究范围（城区）；街旁绿地和带状公园则属于增益性绿地，应在前两者完成布局的基础上，担负起提高局部公园服务水平和公园绿地系统连通性的作用。

第5章 陕北黄土沟壑区县城公园绿地的可达性

可达性是衡量城市各类公共设施空间布局合理性的重要标尺，已为业界广泛应用。在陕北黄土沟壑区县城公园绿地布局的可达性的研究，不仅包括具体方法上的比较分析和发展，同时也注重可达性研究中使用群体、交通方式、距离等关键变量的确定，旨在形成与该地区自然环境特征、城市空间特征及公园使用人群特征相符的，规模适宜、分布均衡、使用高效的公园绿地布局，是在公园绿地类型研究的基础上，对公园绿地布局的空间公平性的落实。根据第4章对陕北黄土沟壑区县城公园绿地主要类型的研究，本章将主要对社区公园和片区性（山体）公园进行基于可达性的空间布局研究。

5.1 可达性方法的选择

公共设施空间布局关注的两类核心问题为P-重心（P-median）和P-中心（P-center）。P-重心问题给定P个设施韦帕要求所有需求点提供服务，要求需求点其最近设施的按需求加权距离总和最小，强调福利最大，所以称它为福利问题；P-中心问题是指选择P个设施使所有需求点得到服务，而不论福利如何[164]。显然P-中心问题反映的是覆盖与否的问题，P-重心问题反映的是群体福利问题。对陕北黄土沟壑区县城而言，社区公园的布局首先要考虑居民出行距离的舒适性，需要以适宜的服务半径进行覆盖式布局，属于P-中心问题；其次考虑到这些县城紧缺的建设用地和提高公园使用效率，应尽量使得所有社区公园到全体居民的距离总和最小且设施数最少，属于P-重心问题。因此在具体的可达性方法选取上应兼顾上述2个方面。

通过对公园绿地可达性主要计算分析方法的比较可知（表5-1），交通网络分析法能够较为精确地反映实际出行距离，以及不同路网条件、交通方式、交通

公园绿地可达性主要计算分析方法比较 **表 5-1**

方法	简要原理	主要特点
统计分析法	通过问卷调查、访谈和现场观察等社会学方法获得数据，然后运用数理统计原理分析归纳出可达性的阻力因素和评价标准，从而得到可达性的衡量指数	对可达性的影响因素考虑全面，但是缺乏量纲，并且计算复杂，参数和变量众多，不易形成统一的计算方法在规划设计中推广
缓冲区分析法	以到最近绿地边缘的相等距离来表示公园绿地的服务半径	计算简单，易在规划中操作，但没有考虑路网等影响可达性的因素，和现实情况差距较大
交通网络分析法	以沿道路网的矢量距离来表示公园绿地的服务半径	能够较为精确地反映实际出行距离，以及不同路网条件、交通方式、交通管制措施等对出行时间的影响
最小邻近距离法	计算某一点最邻近城市绿地的直线距离	采用直线距离分析可达范围，能够近似表达可达性水平，没有考虑路网等影响因素，和现实情况差距较大
引力势能法（吸引力指数法）	以目标公园绿地和出发地之间的出行机会（概率）作为衡量指标，该指标与出发点的交通发生潜力成正比，和到达点的交通吸引潜力成正比，和两点之间交通距离或时间的a次方成反比。公式为 $P_{ij}=G M_i M_j d_{ij} a$	考虑了绿地与出发点之间的相互引力作用，对可达性的分析全面透彻，但建模方法各不相同，模型较复杂，计算结果的含义不同，且多无量纲，较难解释和直观判读
费用阻力法（行进成本法）	考虑道路和不同土地利用类型对运动速度的影响，反映了人们到达城市绿地的水平运动过程所克服的空间阻力大小，一般用距离、时间、费用等作为衡量指标	较真实地反映交通成本，便于不同规划方案之间的比较；但对服务人口分布、不同等级绿地吸引力和人在城市中的运动方式考虑不足，较难全面反映某一区域居民获得公园绿地服务的机会

资料来源：参考文献［31–33］

管制措施等对出行时间的影响，能以人的实际行进路径进行测度，并可兼顾人口分布对公园布点的影响[6]，是上述方法中对公园绿地可达性的分析最为精确和真实的。关于交通网络分析法，ArcGIS提供了多种关于设施布局的应用模型，包括最小化抗阻、最大覆盖范围、最小设施点数、最大化人流量、最大化市场份额、目标市场份额，通过上述模型的综合运用能够很好地兼顾P-中心问题和P-重心问题。

从交通网络分析法模型的工作原理来看，计算的是设施点和请求点之间可达性，模型分析要素为点状单元，一般以公园绿地和居住用地的入口或质心分别作为设施点和请求点，该方法适用于片区性（山体）公园、社区公园等块状或点状公园的可达性分析。

5.2 公园绿地可达性关键变量指标的分析与确定

可达性包含3个关键变量：使用群体、交通方式、距离（服务半径）[165]，可达性的直观分析是一定距离下目标地对居住地的服务水平，不同的使用群体和交通方式都会对距离产生明显影响，可达性的关键变量在不同地域、不同规模城市中都会有或大或小的差异，因此上述关键变量的选定须结合相关规范中的规定值和国内外相关研究成果，并通过案例地区的深入调研而获得。

陕北黄土沟壑区县城公园的使用群体、交通方式、服务半径有着区别一般平原地区大城市的明显特征，为提高可达性研究的针对性与可操作性，笔者在对陕北黄土沟壑区全部县城进行基础信息收集的基础上，选择了子长、甘泉、富县3个县城作为重点调研对象，进行可达性关键变量信息的采集与分析。调研县城的公园绿地几乎全部建于山上，城区内主要为沿河的带状公园，此外基本无其他用于居民日常游憩的公园绿地。广场成为城区内的主要室外活动场所，由于城区少有独立的公园绿地作为日常活动场所，广场在很大程度上承担起了公园的功能，因此广场也作为本次调研的对象。调研日包括工作日和休息日，从早上5: 30至晚上9: 00进行分时段的问卷统计和访谈。公园类型的不同会对使用群体、交通方式、服务半径产生较大影响，对相关调研数据整理需针对不同的公园类型展开，但从陕北黄土沟壑区县城的公园建设现状来看，很难与标准中规定的公园类型准确对位，因此针对实际情况，在实际使用情况的调研中，分别以山体公园、县城内公园和广场、全部公园和广场3种集合形式进行调查和访谈；在公园出行时间选择意愿的调研中，主要以山体公园和家附近的公园进行调查和访谈。目的在于既便于受访者对概念的理解，又直接指向调研目标公园。从公园的使用目的、使用频率、出行距离来综合考虑，山体公园相当于城市综合公园，家附近的公园相当于社区公园。

5.2.1 使用群体

通过初步调研数据整理发现建于山上的公园和县城内平地上的公园有着较为明显的使用人群差异，因此对二者分别进行了统计。

表5-2、表5-3分别为案例县城周边山体公园、县城内部公园及广场的使用人群年龄分布情况统计，表5-4为全部活动地点的数据统计。三者数据均显示，30～39岁、40～49岁、50～59岁3个年龄段人群比例均明显高于平均比值16.67%，无疑是公园和广场活动的主体人群，相对周边山体公园，在县城内部的公园和广场活动的人群，50～59岁和60岁以上的2个年龄段人群明显提高。原因在于，对于行动不便或年龄偏大的老年人而言，山体公园的使用阻力相对较大，而县城内建设于平地上的活动空间更容易到达，表5-3中50～59岁占到使用人群的31.5%，成为比例最高的人群。基于社会公平正义的原则，公园服务距离的确定应以主体人群的意愿为依据，并向弱势群体倾斜。前述分析表明50～59岁人群是主体人群的构成部分，同时也是主体人群中年龄最大的群体，因此在服务距离的选定上应着重考虑50～59岁人群的意愿。

公园使用人群年龄分布（地点：山体公园）　　表5-2

选项	A	B	C	D	E	F无
年龄分布	20岁以下	20～29岁	30～39岁	40～49岁	50～59岁	60岁以上
百分比（%）	10.4	11.9	21.7	27.4	20.2	8.4
累计百分比（%）	10.4	22.3	44.0	71.4	91.6	100.0

公园使用人群年龄分布（地点：县城内公园及广场）　　表5-3

选项	A	B	C	D	E	F无
年龄分布	20岁以下	20～29岁	30～39岁	40～49岁	50～59岁	60岁以上
百分比（%）	5.1	3.8	18.8	27.7	31.5	13.1
累计百分比（%）	5.1	8.9	27.7	55.4	86.9	100.0

公园使用人群年龄分布（地点：山体公园、县城内公园及广场）　　表5-4

选项	A	B	C	D	E	F无
年龄分布	20岁以下	20～29岁	30～39岁	40～49岁	50～59岁	60岁以上
百分比（%）	7.8	7.5	20.1	27.4	26.9	10.3
累计百分比（%）	7.8	15.3	35.4	62.8	89.7	100.0

5.2.2 交通方式

表5-5为居民到达公园的交通方式构成，分别对山体公园、县城内公园及广场、全部公园及广场的数据进行了统计分析，整体来看到达不同地点的各种交通方式所占比例较为一致。分项来看，步行的出行比例最高，最高达76.5%；公交出行比例明显偏低，最高只有2.4%，原因在于县城规模均较小，难以形成密集的交通线路和站点，且县城居民相对有较多的闲暇时间，更倾向于步行出行；私家车的出行比例排在第2位，主要源于私家车拥有量的增多，距离公园或广场较远的居民，在条件允许的情况下多选择私家车出行，但私家车不应作为到达城市公共空间的鼓励交通方式。综上，该地区县城公园的服务距离应以步行作为交通方式进行衡量。

到达公园交通方式构成　　表5-5

调研地点	选项	A	B	C	D	E
	交通方式	步行	自行车	电动车/摩托	公交车	私家车
山体公园	百分比（%）	76.5	8.1	2.4	2.4	10.6
县城内公园及广场	百分比（%）	72.3	5.3	1.1	2.1	11.7
全部公园及广场	百分比（%）	73.4	6.8	1.7	2.3	11.3

5.2.3 服务半径

服务半径是可达性分析中的核心要素，服务半径的差异会对分析结果产生很大影响，目前相关标准和文献中的服务半径规定是通过对全国各地的城市进行抽查而得到的平均值，具有一定的普遍指导意义。而从地域适应性的角度而言，须针对研究对象的差异性进一步明确、细化甚至是调整公园绿地的服务半径。不同地域、不同规模的城市其公园绿地的实际服务半径是有明显区别的，小城市的实际步行服务半径明显大于大城市，通过陕北多个县城的调研更加印证了这一点。因此服务半径的确定宜在分析研究国内外相关成果的基础上，结合研究对象的实际使用特征和需求而进行。由前文分析知，陕北黄土沟壑区的适宜性公园类型主要包括城市性（山体）公园、片区性（山体）公园、社区公园、带状公园、街旁绿地，故国内外相关研究部分主要针对上述公园类型展开。

1. 国内相关标准和文献中的公园服务半径

公园绿地服务半径的相关规定与解释，主要是针对综合公园和社区公园。

关于城市综合公园，《城市绿地分类标准》CJJ/T 85—2002中并未进行明确限定，规划实践中主要以相关教材或文献作为依据，在《城市绿地系统规划》(2011）一书中提到“全市性公园为全市居民以及外来游客服务，服务半径2 000 ~ 5 000 m，居民步行25 ~ 50 min内可达，乘坐交通工具10 ~ 20 min可达。区域性公园主要为市区内一定区域的居民服务，服务半径1 000 ~ 2 000 m，步行约15 ~ 25 min内可达，乘坐公共交通工具5 ~ 10 min可达。”《城市绿地规划设计》(贾建中，2001）一书中建议“全市性综合公园的服务半径为2 ~ 3 km，步行30 ~ 50 min，公交车约10 ~ 20 min”[166]。关于社区公园，《城市绿地分类标准》CJJ/T 85—2002中对其服务半径作了明确规定，其中居住区公园服务半径为500 ~ 1 000 m，小区游园为300 ~ 500 m。

2. 国外相关规范标准中的公园服务半径

以美国、日本等国家代表，对各种公园的服务半径作出了较为明确和系统的规定与说明，由于各国对公园命名体系的不同，因此比较分析中主要依据服务半径和服务对象进行判断。

“全市性公园”和“区域性公园”，在美国国家游憩协会的公园分类中大致对应为“都市公园”和“社区公园”，其服务半径规定为2 400 ~ 4 000 m[11,26]；日本东京城市公园绿地分类中对应为“综合公园”（未进一步细分），其服务范围为整个市区，无明确数值[15]；韩国首尔的城市公园分类中对应为“都市地域圈公园”和“广域圈公园”，其服务范围分别为都市地域圈和广域圈，亦无明确数值[167]。

关于“社区公园”，美国公园协会和美国国家游憩协会的公园分类中均对应为“邻里公园”，该命名源于美国传统的邻里单位思想，从邻里单位的规模和设施配套来看，与我国的居住区最为接近。但上述2种分类中的服务半径有明显差异，前者规定为800 m，后者针对不同的城市密度提出了高密度地区400 m、低密度地区600 m，体现了密度越低服务半径越大的趋势，总体上略低于我国的500～1 000 m；日本东京城市公园绿地分类中为地区公园，服务半径为1 000 m[15]；韩国首尔城市公园分类中为徒步圈公园，服务半径为1 000 m以内[167]。同为亚洲国家的日本、韩国与我国对社区公园的服务半径规定基本相同。但考虑到上述规定均针对高密度发展的特大城市，因此在面对密度较低的小城市时，应结合实际情况适度扩大公园服务半径。

对于街旁绿地的服务半径，仅有美国的“袖珍型公园（Mini Parks）”可供借鉴，其服务半径为400 m。而对于带状公园国内外均无服务半径的规定。

美国公园协会的公园分类 **表 5-6**

公园类型	服务半径	服务对象	备注
袖珍型公园（Mini Parks）	400 m	方圆400 m内的市民	近似于街旁绿地
邻里公园（Neighborhood Parks）	800 m	方圆800 m 内的居民	近似于社区公园
学校公园（School Park）	未明确规定	学校邻里附近	
社区公园（Community Parks）	未明确规定	邻近数个社区，各年龄层的居民	
区域公园（Regional Parks）	1 h车程	开车1 h距离范围内的市民	
特殊公园（Special Use Parks）	服务于特殊目的使用者	特殊目的的使用者	
私设公园（Private Park）	无明确规定	付费使用的特定对象	
自然资源区（Natural Resource Area）	无明确规定	一般民众	
绿地（Greenway）	无明确规定	一般民众	

资料来源：参考文献［26］

美国国家游憩协会的公园分类 **表 5-7**

游憩设施类别	服务半径	备注
儿童游戏场	200 m	
邻里公园	高密度400 m，低密度600 m	近似于社区公园
社区公园	800～1 600 m	近似于区域性公园
都市公园	2 400～4 000 m	近似于全市性公园
特殊游憩设施	1 600～2 400 m	
公园学校合并式小学	400～600 m	
公园学校合并式初中	600～1 600 m	
公园学校合并式高中	800 m以上	

资料来源：参考文献［26］

日本东京城市公园绿地分类 表5-8

公园类型			服务半径	备注
基干公园	住区基干公园	街区公园	250 m	近似于组团绿地
		近邻公园	500 m	近似于小区游园
		地区公园	1 000 m	近似于社区公园
	城市基干公园	综合公园	整个市区	近似于综合公园
		运动公园	整个市区	近似于专类公园

资料来源：参考文献［15］

韩国首尔城市公园分类 表5-9

公园类别	服务范围	服务半径	备注
儿童公园		≤250 m	专类公园
近邻公园	近邻生活圈公园	≤500 m	近似于小区游园
	徒步圈公园	≤1 000 m	近似于社区公园
	都市地域圈公园	都市地域圈	近似于区域性公园公园
	广域圈公园	广域圈	近似于全市性公园

资料来源：参考文献［167］

3. 实际使用中的服务半径及其选择意愿

服务半径表达主要分为2种，一是等距服务半径，即以出发点和目标点之间的直线距离或路径距离来衡量；另一种是等时服务半径，即以出发点和目标点之间的交通时间来衡量，可利用基于GIS的网络分析模型，产生受到道路走向、速度、交通管理限制的等时线，在等时线包络的范围内，离开或到达分析对象的交通时间少于规定值，在等时线包络的范围之外，则多于规定值[168]。相比不考虑障碍限制的直线型服务半径，该方法获得的可达性范围则更为精确与合理，因此笔者对当地居民到达各类公园的实际交通时间及其选择意愿进行调研，作为等时服务半径确定的重要依据，下面将分别对山体公园和县城内的公园（含广场）进行调研数据的统计分析。

（1）公园的实际服务半径分析

表5-10为到达山体公园的交通时间统计，该交通时间是指从居住地到达山上活动场地所花费的时间，统计中包含了全部交通方式。从统计结果可以看出，89.7%的受访者交通时间在45 min之内，仅10.3%的人的交通时间为45 min以上，即45 min为大多数受访者交通时间上限；表5-11为到达山体公园的步行时间统计，与表5-10的数据相比，交通时间整体增加，具体表现为20 min以下交通时间所占比例均有所下架，20 min以上选项所占比例均明显提高，这表明在步行交通方式

下，当地居民所能接受的交通时间高于其他交通方式，但总体趋势未发生根本性改变，45 min仍是绝大多数受访者的交通时间上限。

到达山体公园的交通时间统计 **表 5-10**

选项	A	B	C	D	E	F
交通时间	10 min内	10 ~ 15 min	15 ~ 20 min	20 ~ 30 min	30 ~ 45 min	45 min以上
百分比（%）	14.1	12.8	21.8	26.9	14.1	10.3
交通时间	10 min内	15 min内	20 min内	30 min内	45 min内	45 min以上
累计百分比（%）	14.1	26.9	48.7	75.6	89.7	100.0

到达山体公园的步行时间统计 **表 5-11**

选项	A	B	C	D	E	F
交通时间	10 min内	10 ~ 15 min	15 ~ 20 min	20 ~ 30 min	30 ~ 45 min	45 min以上
百分比（%）	8.50	9.40	17.10	28.40	22.80	13.80
交通时间	10 min内	15 min内	20 min内	30 min内	45 min内	45 min以上
累计百分比（%）	8.50	17.90	35.00	63.40	86.20	100.00

表5-12为到达县城内的公园和广场所花费的交通时间，包含所有交通方式，由统计结果不难发现，10 min以内选项所占比例最高为45.70%。其次为10 ~ 15 min，占比为23.40%，绝大多数受访者的交通时间在30 min以内。表5-13为到达县城内公园和广场的步行交通时间，各时间选项所占比例与表5-12较为接近。总体而言，10 ~ 30 min是绝大多数受访者到达县城内公园和广场的交通时间。

到达县城内公园（含广场）的交通时间统计 **表 5-12**

选项	A	B	C	D	E	F
交通时间	10 min内	10 ~ 15 min	15 ~ 20 min	20 ~ 30 min	30 ~ 45 min	45 min以上
百分比（%）	45.70	23.40	11.70	12.80	2.10	4.30
交通时间	10 min内	15 min内	20 min内	30 min内	45 min内	60 min以内
累计百分比（%）	45.70	69.10	80.80	93.60	95.70	100.00

到达县城内公园（含广场）的步行时间统计 **表 5-13**

选项	A	B	C	D	E	F
交通时间	10 min内	10 ~ 15 min	15 ~ 20 min	20 ~ 30 min	30 ~ 45 min	45 min以上
百分比（%）	40.80	22.20	13.00	16.50	3.00	4.50
交通时间	10 min内	15 min内	20 min内	30 min内	45 min内	60 min以内
累计百分比（%）	40.80	63.00	76.00	92.50	95.50	100.00

通过上述实际交通时间的对比分析，可对山体公园和县城内公园（广场）服务半径形成初步的认识，而服务半径的最终确定还有待于居民选择意愿的进一步分析。

（2）居民对公园服务半径的选择意愿

通过前文关于国内外相关规范标准的对比可知，公园服务半径的规定存在2种情形，一是以单一的数值作为上限，该数值可理解为人们能够接受的服务半径极限值；另一种是以区间值进行控制，下限值为舒适距离，上限值为可接受的最大距离。面对城市在规模、形态、密度、居民出行习惯等方面的差异，后一种类型更具可操作性，故对不同类型公园服务半径调研均以区间值的方式展开。

在服务半径的最终选择上坚持“公平”和“效率”相结合的原则，即尽可能符合绝大多数人的意愿的同时，兼顾公园的服务效率（选择相对较大的服务半径）。对于山体公园的舒适步行时间选择意愿如表5-14所示，本着向弱势群体适度倾斜的原则，以50～59岁人群选择意愿为主要依据，如以10 min为舒适步行时间，自然满足全体的需求意愿，但会带来公园服务半径过小，公园数量过多的问题。若以30 min及以上为舒适步行时间，则意味着有43.3%以上的居民意愿不被满足。故综合对比考虑，确定将20 min作为到达山体公园可接受的舒适步行时间。

不同人群到达山体公园可接受的舒适步行时间 **表 5-14**

人群	选项	A	B	C	D	E
	时间	10 min	20 min	30 min	45 min	1 h
全体人群	百分比（%）	20.1	25.9	33.3	10.9	9.8
	累计百分比（%）	20.1	46.0	79.3	80.2	100.0
50～59岁	百分比（%）	20.0	23.3	35.3	16.7	4.7
	累计百分比（%）	20.0	43.3	78.9	95.3	100.0

山体公园可接受的最长步行时间即山体公园服务半径的上限，在具体的选取上宜适当选择相对较大的服务半径，以增强区间指标在实际操作中的弹性。如表5-15所示，从各选项所占百分比来看，全体人群和50～59岁的调研数据均显示为“1 h”选项所占比例最高，但具体数值后者明显高于前者，分别为23.4%和36.4%。以50～59岁人群意愿作为主要依据，基于适当选取相对较大服务半径的考虑，建议居民到达山体公园可接受的最长步行时间为1 h。

同理，根据表5-16和表5-17的调研数据，确定到达家附近公园（社区公园）的舒适步行时间为10 min，可接受的最长步行时间为30 min。

不同人群到达山体公园可接受的最长步行时间 **表 5-15**

人群	选项	A	B	C	D	E	F
	时间	20 min	30 min	45 min	1 h	1.5 h	2 h
全体人群	百分比（%）	6.3	22.3	21.7	23.4	17.1	9.1
	累计百分比（%）	6.3	28.6	50.3	73.7	90.8	100.0
50~59岁	百分比（%）	3.7	18.5	29.6	36.4	11.8	—
	累计百分比（%）	3.7	22.2	51.8	88.2	100.0	—

不同人群到达家附近公园可接受的舒适步行时间 **表 5-16**

人群	选项	A	B	C	D	E
	时间	5 min	10 min	20 min	30 min	45 min
全体人群	百分比（%）	16.0	37.1	22.3	18.3	6.3
	累计百分比（%）	16.0	53.1	75.4	93.7	100.0
50~59岁	百分比（%）	11.1	44.5	22.2	11.1	11.1
	累计百分比（%）	11.1	55.6	77.8	88.9	100.0

不同人群到达家附近公园可接受的最长步行时间 **表 5-17**

人群	选项	A	B	C	D	E	F
	时间	10 min	20 min	30 min	45 min	1 h	1.5 h
全体人群	百分比（%）	4.0	13.1	30.3	26.3	19.4	6.9
	累计百分比（%）	4.0	17.1	47.4	66.8	93.1	100.0
50~59岁	百分比（%）	—	17.3	44.3	19.2	11.5	7.7
	累计百分比（%）	—	17.3	61.6	80.8	92.3	100.0

最后，将国内外相关标准和文献中的数据与调研分析所的数据进行汇总如表5-18所示。对于综合公园而言，因现状山体公园的使用中，其边界和规模的模糊性，难以进行层级上的细分，因此其调研结果20~60 min的步行时间，应作为全市性公园和区域性公园的合集，而国内外相关规定数据汇总结果为步行10~50 min，二者数据较为接近，调研分析数据略高于规定数据；对于社区而言，调研分析结果为10~30 min，而国内外相关规定数据汇总结果为5~12 min，前者的下限值在后者的区间范围内，但上限值大大超出后者的上限值，通过访谈进一步了解到上述选择结果的主要原因，相对于大城市，该地区县城生活节奏

慢，居民闲暇时间较多，步行出行比例高，可接受的步行出行距离也相对更远，且普遍倾向于适度集中建设成规模的社区公园，对公园使用距离具有更强的包容性，也印证了特殊自然环境下小城市公园布局研究中调研分析的必要性。综上，后文中基于可达性的公园布局研究中，综合公园和社区公园服务半径的选取将以调研所得的区间值为依据；街旁绿地的服务半径，参考美国袖珍公园的基础上适度提高，并与社区公园服务半径相衔接，控制在步行5 ~ 10 min（400 ~ 800 m）（表5-19）。

各类标准和研究中的综合公园、社区公园的服务半径一览　　表 5-18

数据来源	服务半径	
	综合公园/山体公园	社区公园/家附近公园
《城市绿地分类标准》（CJJ/T 85—2002）	未规定	500 ~ 1 000 m（步行 6 ~ 12 min）
《城市绿地系统规划》	全市性公园2 000 ~ 5 000 m（步行25 ~ 50 min）；区域性公园1000 ~ 2000 m（步行10 ~ 20 min）	同上
美国公园协会的公园分类	无对应类型	800 m（步行约10 min）
美国国家游憩协会的公园分类	都市公园2 400 ~ 4 000 m（步行30 ~ 50 min）	高密度400 m（步行约5 min），低密度600 m（步行约8 min）
日本东京城市公园绿地分类	无明确数值	1000 m（步行约12 min）
韩国首尔城市公园分类	无明确数值	1000 m（步行约12 min）
本研究调研分析结果	20 ~ 60 min	10 ~ 30 min

资料来源：参考文献［7］［15］［26］［167］

陕北黄土沟壑区主要公园类型服务半径选取　　表5-19

	综合（山体）公园	社区公园	街旁绿地
服务半径	步行20 ~ 60 min 1 600 ~ 4 800 m	步行10 ~ 30 min 800 ~ 2 400 m	步行5 ~ 10 min 400 ~ 800 m

5.3 基于可达性的社区公园空间布局

5.3.1 现有社区公园规划布局方式与标准的局限性

1. 现有规划布局方式的局限性[6]

社区公园的常规布局方式为，依据城市总体规划，确定居住区分布，再将社区公园布置于居住区中心或中心附近的位置，用地规模主要依据《城市居住区规划设计规范》(GB 50180—93)(2002年修订)(后文简称“住区规范”),基本以1 ha为下限进行控制,服务半径则因居住区规模的大小而异,而这种方式缺乏对公园规模与服务人口规模之间匹配的考虑,且容易造成不同社区公园的服务半径差异较大,出行距离的均衡性较差。针对服务半径控制的局限性,国内学者进行了较多的关于公园绿地可达性的研究,但大多体现为对现状公园和规划公园的可达性评价上,从布局方案阶段介入从而解决上述问题的研究仍有待补充。

2. 相关规范标准的局限性[6]

社区公园绿地规划布局的核心控制指标主要是两方面,一是人均面积指标,一是服务半径,其直接的规划依据为“住区规范”和《城市绿地分类标准》(CJJ/T 85—2002)(后文简称“绿标”),上述2项规范中的相关数据规定主要来源于国内外相关标准和平原地区大城市的广泛调研数据。而对于陕北黄土沟壑区县城而言,由于特殊城市空间形态、特定的用地开发强度以及人们对公园的使用习惯,上述规范和标准在这些县城的社区公园规划布局中难以直接应用。

首先,在社区公园的人均指标方面,依据“绿标”社区公园的指标由居住区公园和小区游园两部分构成。但该地区的县城居住地块规模普遍偏小,以案例县城子长为例,依据最新一轮总体规划中的人口分布,118个独立居住地块中110个所分布的人口在3 000人以下,占居住地块总数的93.2%(图5-1),按照“住区规范”,3 000人仅达到了组团规模,与10 000~15 000小区人口规模相差较大,即这些县城的居住用地基本为“居住区—居住组团”的二级结构,在绿地建设中自然少了小区这一层级的绿地,若规划中仍然采用现有社区公园的人均面积指标,则会导致居民实际享用的公园绿地面积大大减少,因此规划中应考虑适当提高居社区公园的人均面积标准。

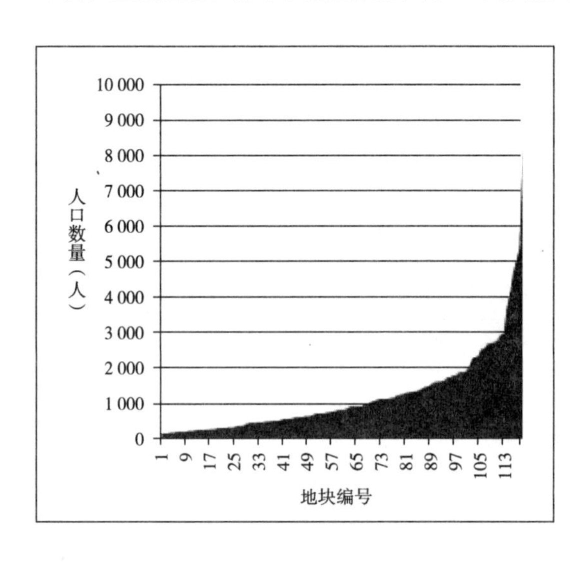

图 5-1 子长县城独立居住地块人口分布数量

其次,在服务半径方面,受到自然地形条件影响,该地区城市基本在河流冲击形成谷地中发展,可建设用地极为紧张,且呈现为狭长的带状,如图5-2所示,对该地区18个县城建成区用地宽度(城市的短轴方向的长度)的统计显示,平均宽度基本在500 m左右,大多数县城用地的最大宽度在1 000 m以下,最小宽度在200 m左右。因此,在同样的服务半径下,这些县城的公园绿地实际辐射用地将

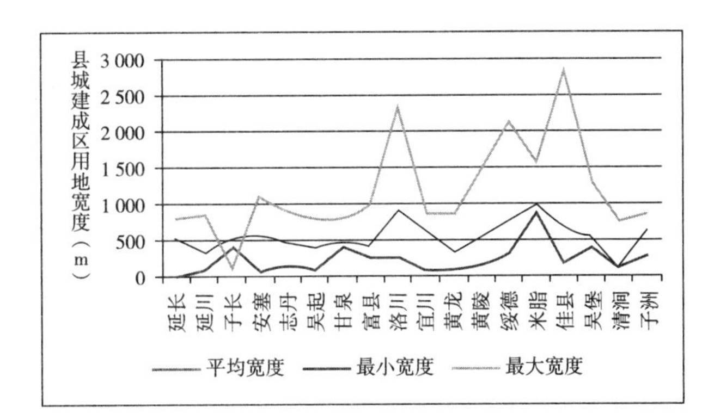

图 5-2　各县城建成区用地宽度统计

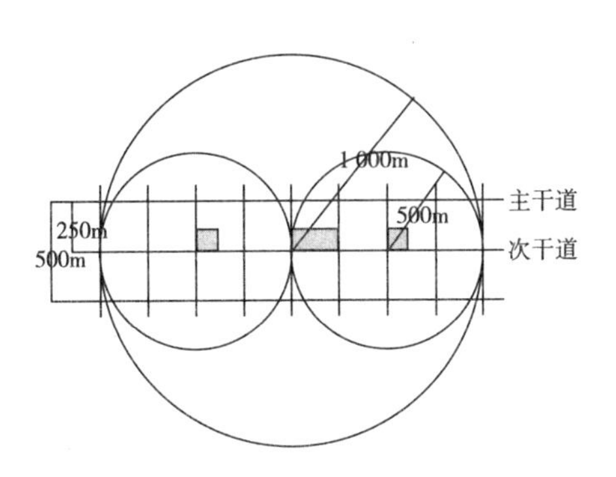

图 5-3　本研究中县城社区公园辐射范围概念图

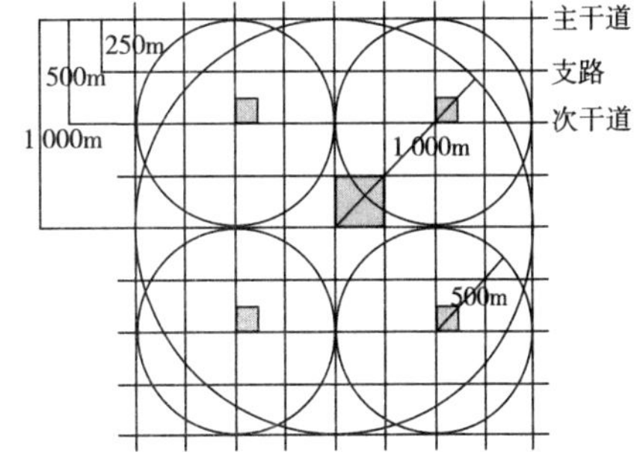

图 5-4　一般地区城市社区公园辐射范围概念图

明显低于平原地区城市，如图5-3、图5-4所示，参考“绿标”对社区公园服务半径的规定，分别以500 m、1000 m为服务半径布置公园绿地，这些县城与平原地区城市相比较，实际所能辐射的用地面积之比大致为1∶2和1∶4，前者相应的服务人口自然也大大低于后者，难以形成具有一定规模和品质的社区公园。因此，规划中应考虑选取相对较大的服务半径进行布局，并在出行距离的舒适性和服务人口规模之间寻求适宜的平衡点。

5.3.2 基于可达性的社区公园空间布局方法框架

基于可达性的社区公园空间布局方法主要包括五部分内容，分别为基础数据准备、社区公园适建用地整理、基于最小化设施点数的社区公园初步布点、基于服务人口规模经济性与出行距离适宜性的社区公园布点比选、基于出行总距离最短的社区公园布点终选[6]。

1. 基础数据准备

主要基础数据包括案例县城城区的地形图、用地现状图、规划布局图、规划人口分布，上述数据主要从城市总体规划中获取，且后续分析以城市总体规划确定的规划用地布局为前提。

2. 社区公园适建用地整理

在公园绿地的布局规划中，往往强调结构的整体性与系统性，忽视了局部绿化要素的多样性与随机性，城市中有许多无效、乏味和功能界定模糊的空间，可转化为公园绿地，尤其是对建设用地紧缺的黄土沟壑区城市而言，对城市中“宜绿”（适宜建设或转化为公园绿地）空间的精细化梳理，无疑是用地条件限束下城市内部公园绿地建设的有效途径之一。

一般而言，社区公园用地由两部分构成，现状社区公园用地和候选社区公园用地。现状社区公园可由中心城区的用地现状图得到，候选社区公园用地是指可能规划成为社区公园的各类潜在用地，该工作的先决条件在实际操作中存在2种情形，一种是城市总体规划编制过程中的方案探讨阶段，该情形下需要确定除公园绿地之外的用地布局，为保证规划布局结构的延续，将全部的独立的居住用地剔除保留的现有居住用地之后，作为候选社区公园用地[6]；另一种是在城市总体规划编制完成之后，该情形下将以全部的公园绿地（剔除山体公园和带状公园）和独立的居住用地（剔除保留的现有居住用地）共同作为候选社区公园用地。其他建设用地均保持原有性质，仅在确定社区公园的最终布局方案时进行必要的用地调整或置换[6]。

3. 基于最小化设施点数的社区公园初步布点[6]

最小化设施点数模型是交通网络分析模型之一，该模型的目标是在所有的候选公园用地中挑选出数量尽可能少的用地，并使得位于公园绿地最大服务半径之内的公园需求点最多，该模型能够自动在设施数量和最大化覆盖范围中计算平衡点，求得合适的公园数量和位置，实现公园覆盖率和使用效率的最大化，对于建设用地紧缺的陕北黄土沟壑区县城而言是极具现实意义的，同时也大大简化了规划中的方案评价和优化工作。

4. 基于服务人口规模经济性与出行距离舒适性的社区公园布点比选[6]

由前文对可达性的关键变量分析可知，社区公园的服务半径为区间值而非单一定值，以适应不同具体情况下的取值需求。以不同的服务半径进行最小化设施点数分析将得到差异明显的社区公园布点结果，因此需要对多个运算结果做进一步比较和优选，该过程主要从服务人口规模和出行距离的适宜性两方面入手。首先，对不同服务半径下的每一处公园布点进行服务区划分，依据城市总体规划中确定的居住地块人口分布，计算每一个服务区的服务人口，进而基于服务人口规模的经济性和出行距离的舒适性选出适宜的服务半径，并将该半径下的社区公园布点结果作为该阶段的选定方案。

5. 基于出行总距离最短的社区公园布点终选

就理论分析而言，当现有社区公园数量和分布不能满足使用需求时，布局优化的重点在于以最少的设施点数获得最大的覆盖范围；而基于最小化设施点数模型确定了社区公园布点后，关注的重点应转向提高社区公园的服务效率和缩短出行距离，即转变为受最大出行距离限制的最小抗阻问题[169]。因此，该阶段采用最小化抗阻模型进行计算，目标是在所有候选的公园选址中按照给定的数目挑选出公园的空间位置，使所有居民到达距居住地最近的公园的出行距离之和最短[169]，其现实意义在于使得总的居民出行成本最低。由于该模型的最终目标是使得总出行距离最短，因而容易牺牲掉极少数偏远的居住地块，为解决这一问题，在该模型基础上增加最大出行距离这一限制条件，即所有居民与其最近的公园的距离不得超过某一给定距离。

综上，理想的解决办法是将最小化设施点数模型与最小抗阻模型结合运用。首先，通过最小化设施点数模型计算得到适宜的社区公园数量、位置、服务区划分、各区服务人口数量；然后，运用最小抗阻模型对每个社区公园服务区计算求得总的出行距离最短的社区公园位置，作为可达性方法下求得的社区公园最终位置。

上述工作方法与程序对于陕北黄土沟壑区县城社区公园的规划与建设应是普遍适用的，但在新区和建成区之间可能出现具体操作上的差异，主要原因在于，新区的社区公园用地选择空间大，按照上述基于可达性的布局方法步骤必然能够分析出合适的公园布点位置，但建成区能够用于公园建设的用地是有限的，主要来源于可拆除用地，因此在建成区范围内的社区公园规划过程中，可能会出现如下情况需要做一进步的可达性分析和布点调整：（1）在一定的服务半径设定下，建成区部分地区没有适宜的用地可用于社区公园建设；（2）在一定服务半径设定下，建成区内有相应的用地可用于社区公园建设，但用地面积较小，无法满足社区公园的人均指标需求。对于第一种情况，可在允许的服务半径范围内，以更大的服务半径进行分析计算，确定新的社区公园布点；对于第二种情况，需要对社区公园进行分散化布局，即以较小的服务半径进行分析计算，得到数量更多、单个用地面积更小的社区公园布点，该方式适用于社区公园适建用地数量多、分布较密、单个用地面积小的情况。若通过上述方式仍未能完全解决问题，则需要通过其他类型公园的布局进行弥补，并基于公园享有度的分析和评价，进行最终的公园布局优化（表5-20）。

5.3.3 基于可达性的社区公园空间布局案例研究

基于以上分析，本书以陕西省延安市子长县城为例，进行社区公园的空间布局探讨。子长县地处陕北黄土沟壑区中北部，是延安市域北部副中心城市，根据《子长城市总体规划（2014—2030）》（初稿）（后文简称“子长总规”），2014年末城区人口10万人，2030年规划人口约16万[6]。城区目前仅有2处山体公园和1处滨河带状公园，现状人均公园绿地面积仅为1.17 m^2/人，绿地建设需求迫切[6]。子长总

基于可达性的社区公园空间布局方法主要内容　　表 5-20

<table>
<tr><th>工作阶段</th><th>主要工作内容</th><th>辅助模型</th><th>模型作用原理</th></tr>
<tr><td>基础数据准备</td><td>获取后续分析所需的用地、人口、道路等数据</td><td rowspan="2">GIS数据模型</td><td rowspan="2">将所有基础数据转换为GIS空间数据格式</td></tr>
<tr><td>社区公园适建用地整理</td><td>基于基础数据，整理出现状社区公园用地和候选社区公园用地</td></tr>
<tr><td>基于最小化设施点数的社区公园初步布点</td><td>在一定的服务半径下，确定最少数量的社区公园布点</td><td rowspan="2">最小化设施点数模型</td><td rowspan="2">在所有的候选公园选址中挑选出数量尽可能少的用地，并使得位于公园绿地最大服务半径之内的公园需求点最多</td></tr>
<tr><td>基于服务人口规模经济性与出行距离舒适性的社区公园布点比选</td><td>以服务人口规模和平均出行距离的适应性作为主要考虑因素，对前一阶段的社区公园布点方案进行优选</td></tr>
<tr><td>基于出行总距离最短的社区公园布点终选</td><td>以上一阶段的社区公园布点方案为前提，针对每一个公园服务区，求得总的出行距离最短的社区公园的布点</td><td>最小抗阻模型</td><td>在所有候选的公园选址中按照给定的数目挑选出公园的空间位置，使所有居民到达距居住地最近的公园的出行距离之和最短</td></tr>
</table>

资料来源：结合参考文献［6］［169］绘制

规初步方案中规划的公园绿地类型包括山体公园、社区公园、带状公园和街旁绿地。由于城区用地狭长、建设用地紧张，因此在陕北地区县城的总体规划、控制性详细规划以及绿地系统的专项规划中，山体公园已成为普遍采用的公园类型。在规模方面，子长总规的远期规划公园绿地面积总计132.8 hm^2，人均公园面积为8.3 m^2/人。其中，山体公园面积58.46 hm^2，社区公园面积14.85 hm^2，街旁绿地面积20.12 hm^2，带状公园面积39.37 hm^2。从各项公园的建设比例来看，山体公园比例最大占总面积的44.02%；由于城市发展基本沿河道两侧蜿蜒展开，使得带状公园的比例也明显高于平原地区城市，将近公园总面积的30%；与居民日常生活关系最为密切的社区公园所占比例最低，仅为11.18%，人均面积不足1 m^2/人。

案例研究的主要内容包括“社区公园适建用地整理、社区公园初步布点、社区公园服务区划分与布点比选”三部分[6]。

1. 社区公园适建用地整理

首先对可用于社区公园布置的用地进行梳理，作为后续工作的基础。一般而言，社区公园用地由现状社区公园用地和候选社区公园用地，但子长县城目前未建有社区公园，因此该阶段工作只需对候选社区公园用地进行梳理，具体为城市总体规划中确定的居住用地（不含保留的现状居住用地）和公园绿地（不含带状公园和山体公园）[6]，如图5-7所示，候选地块共计155个，包括规划居住地块116个，公园绿地地块39个。

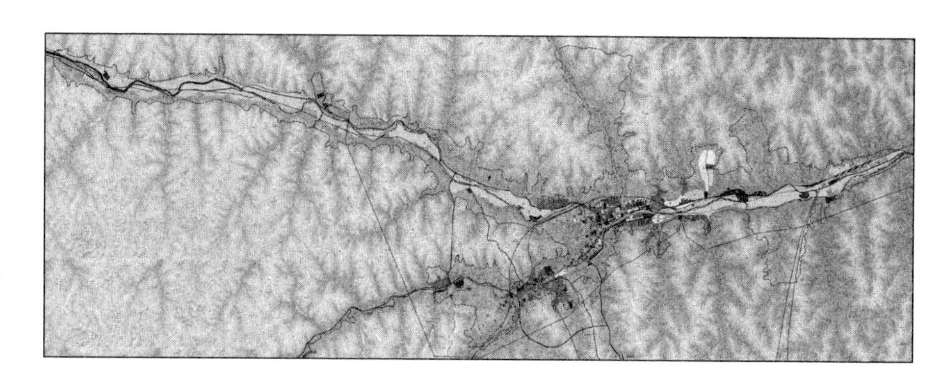

图 5-5　子长县城综合现状图
资料来源：《子长城市总体规划（2014—2030）》（初稿）

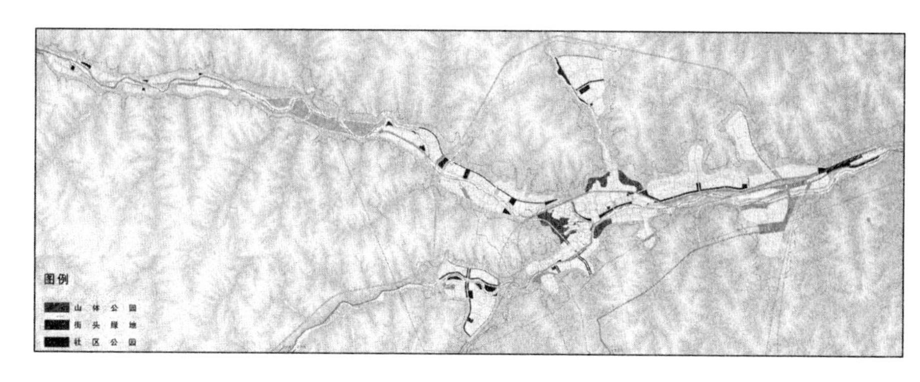

图 5-6　子长县城绿地系统规划图
资料来源：《子长城市总体规划（2014—2030）》（初稿）

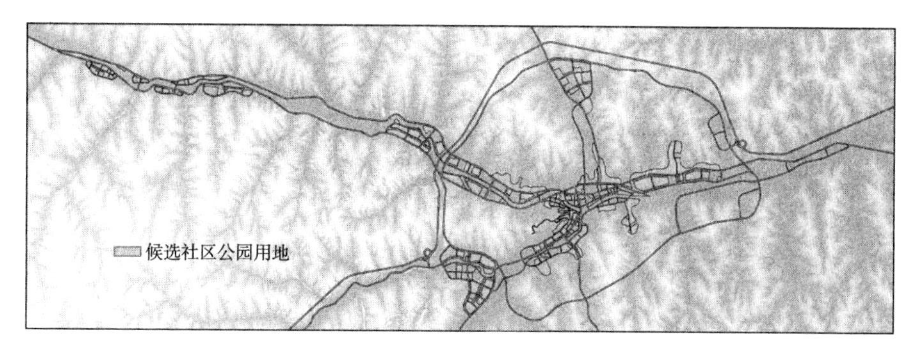

图 5-7　候选社区公园用地分布图

2. 社区公园初步布点

对社区公园的初步布点，需借助GIS的交通网络分析法，研究过程主要分为3个阶段：道路交通网络模型构建、社区公园选址模型构建、社区公园位置分配计算。

（1）道路交通网络模型的构建

以城市总体规划确定的道路系统建立道路交通网络模型，因县城规模一般较小，因此在县城的总体规划种城市道路网基本细化到支路层级，能够充分反映人们真实的步行路径。道路交通网络模型能够精确的模拟现实道路交通状况，包括单行线、路口禁转、路口等候时间、道路平交和立交、行进速度等因素的考虑，对于县城而言，实际交通状况相对简单，且对于社区公园的可达性研究是以步行为交通方式为前提的，因此在道路交通网络模型的构建中，主要设置道路的连通情况、行人步行速度等参数。根据前文分析结果，行人步行速度以80 m/min计。

（2）社区公园选址模型构建

以候选社区公园用地分布图为素材，建立社区公园选址模型。该模型构建的核心在于合理确定“设施点”和“请求点”，其中“设施点”应包括现状社区公园和候选社区公园，并将现状社区公园须设置为必选项，因子长县城无现状社区公园，因此只需将155个候选地块作为“设施点”即可，将每个地块的质心作为设施点的具体位置；“请求点”是指社区公园的需求点，该案例中为全部的116个规划的和现状保留的居住地块，并将每个地块的质心作为请求点的具体位置。建模结果如图5-9所示。

（3）社区公园位置分配计算

在社区公园的位置分配中，运用最小化设施点数模型进行辅助计算，关键变量为“阻抗”的类型和取值，对于社区公园而言，选择“阻抗”为步行时间，以分钟为单位，具体取值以前文确定的到达社区公园的出行时间区间范为前提，分别以10 min、15 min、20 min进行模拟计算。其中，10 min为行业公认的也是调研数据分析结果显示的社区公园舒适出行时间；考虑到带形城市紧凑度较低的特殊情况，以10 min为出行距离的计算结果很可能造成公园数量偏多，每一处公园服务人口偏低的问题，因此在10～30 min的区间内，再分别以15 min和20 min进

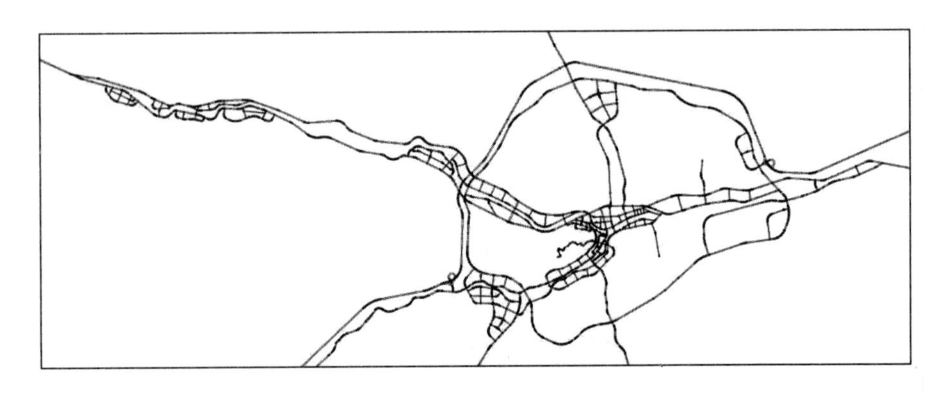

图5-8　子长县城交通网络模型

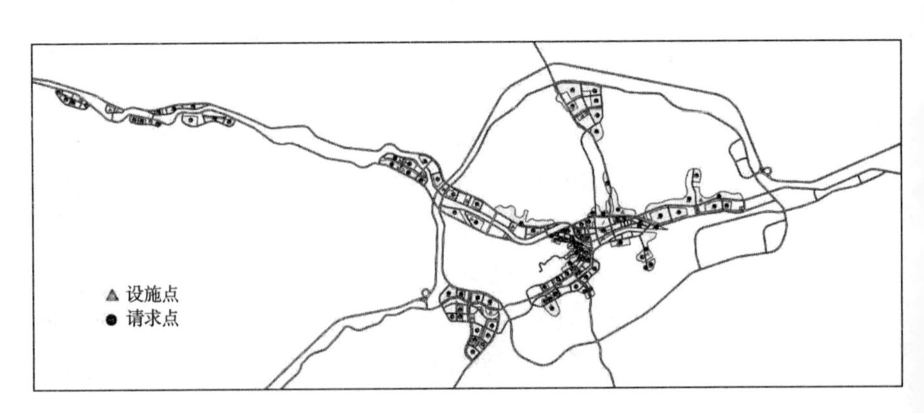

图5-9　社区公园选址模型

行计算，进而通过比较选择适宜的社区公园出行时间下的计算结果作为社区公园的初步布点方案。图5-10～图5-12显示了分别以10 min、15 min、20 min为社区公园服务半径，得到的公园布点数分别为26个、15个和12个。

3. 社区公园服务区划分与布点比选[6][121]

运用“最小化设施点数模型”所得到的社区公园规划布点，尽管能够实现设

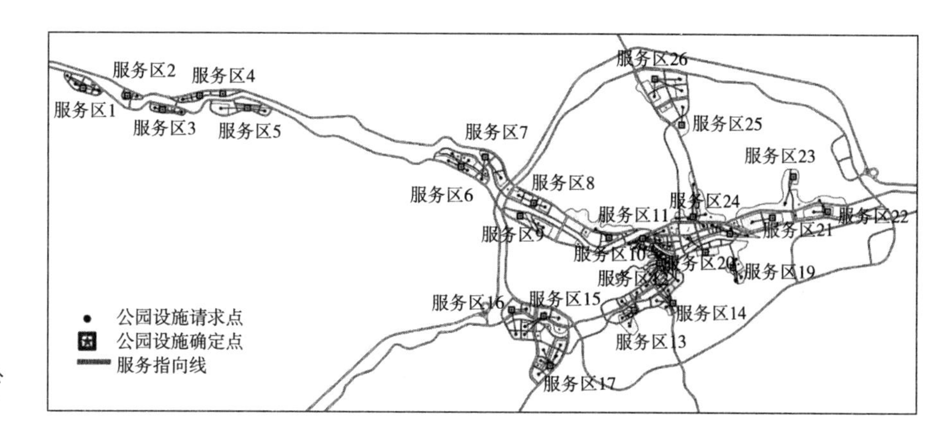

图 5-10　最小化设施数公园布点（10min 服务半径）

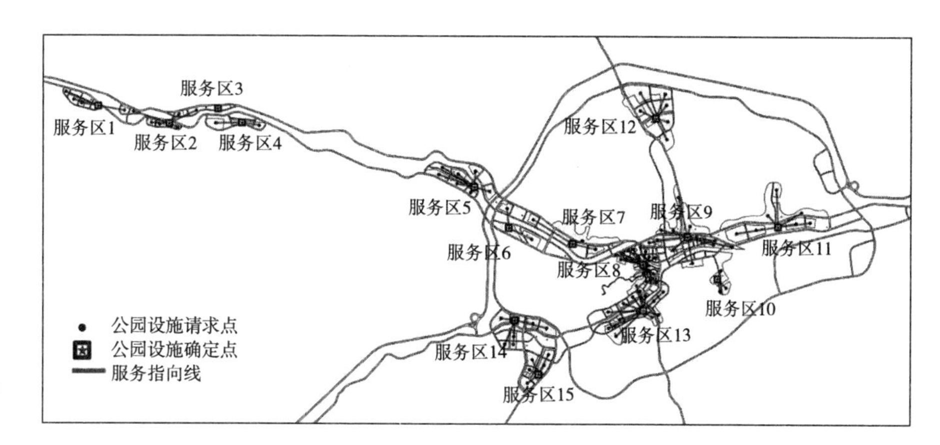

图 5-11　最小化设施数公园布点（15min 服务半径）

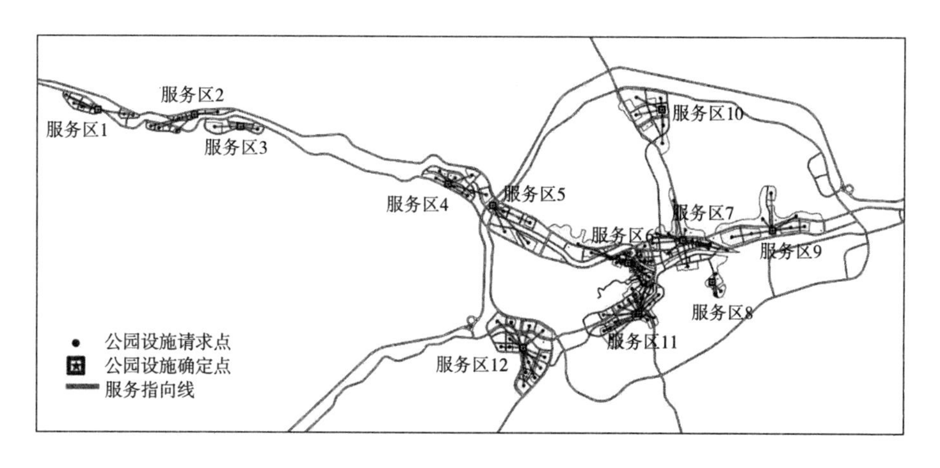

图 5-12　最小化设施数公园布点（20min 服务半径）

施数量最少化和覆盖范围最大化的平衡，但暂未考虑每一处公园所服务区域内的人口规模是否合适，尤其是对于该地区县城而言，由于较低的紧凑度和开发强度，容易出现服务区人口规模整体偏低的问题。因此需要进行社区公园服务区划和人口计算，从而判定公园布点结果是否合适，必要进行优化。具体分为4个步骤。

第一，依据初步规划的公园布点，根据每一处社区公园布点所辐射到的居住地块，进行相应的服务区划分。分别以10 min、15 min和20 min为服务半径得到的社区公园布点数即为社区公园服务区的数量，分别为26个、15个和12个。

第二，根据总体规划确定的各个居住片区的人均居住用地面积和社区公园服务划分情况，计算每个服务区的人口规模。因每个公园的服务区内均包含多个居住地块，故每一个社区公园服务区的服务人口应为服务区内所有居住地块分布人口的总和，由此得

$$N_f = N_{R1} + N_{R2} + \cdots + N_{Rn} \tag{5-1}$$

式中 N_f——单个社区公园的服务人口；

N_R——单个居住地块所分布的人口；

N——居住地块编号。

在总体规划中已确定了各个居住片区的人均居住用地面积（表5-21），因此用居住地块面积除以所在片区的人均居住用地面积便可得到每一个居住地块上所分布的人口数，即

$$N_R = A_R / \bar{A}_R \tag{5-2}$$

式中 A_R——单个居住地块的面积；

$\bar{A}_R$——人均居住用地面积。

“子长总规”中居住片区划分及人口分布 **表5-21**

居住片区	居住用地面积（hm^2）	居住人口（人）	人均居住用地面积（m^2）
安定片区	49	13 000	37.7
栾家坪片区	38	10 000	38.0
子长新区	65	17 000	38.2
西门坪片区	49	15 000	32.7
瓦窑新区	60	18 000	33.3
史家林坪片区	37	11 000	33.6
郭家崖片区	62	17 000	36.5
石窑片区	31	9 000	34.4
袁家沟片区	101	31 000	32.6
枣林片区	70	19 000	36.8
合计	562	160 000	—

资料来源：《子长城市总体规划（2014—2030）》（初稿）

综上，每个社区公园的服务人口：

$$N_f = A_{R1}/\bar{A}_{R1} + A_{R2}/\bar{A}_{R2} + \cdots + A_{Rn}/\bar{A}_{Rn} \quad (5\text{-}3)$$

按照上述公式分别计算得到不同服务半径下的社区公园服务区内居住用地和服务人数的构成情况，如表5-22所示。

不同服务半径下社区公园服务区及服务人口数量对比 **表 5-22**

10 min服务半径下的服务区构成			10 min服务半径下的服务区构成		
服务区	居住用地面积（m²）	服务人数	服务区	居住用地面积（m²）	服务人数
1	86 576	2 292	17	310 417	8 278
2	50 109	1 351	18	102 754	2 854
3	59 337	1 600	19	242 197	7 400
4	124 568	3 358	21	270 711	8 272
5	170 301	4 591	22	351 985	10 755
6	251 913	6 566	23	391 436	11 961
7	134 735	3 512	24	414 298	12 554
8	94 473	2 560	25	206 321	5 495
9	204 944	5 553	26	414 835	11 049
10	356 445	9 657	平均	216 052	6 154
11	176 890	5 405	合计	5 617 359	160 003
12	345 203	10 548	—	—	—
13	224 040	6 733	—	—	—
14	181 507	5 455	—	—	—
15	205 909	5 393	—	—	—
16	172 919	4 611	—	—	—
15 min服务半径下的服务区构成			15 min服务半径下的服务区构成		
服务区	居住用地面积（m²）	服务人数	服务区	居住用地面积（m²）	服务人数
1	117 076	3 185	8	316 090	9 580
2	150 902	4 068	9	626 464	18 984
3	52 610	1 418	10	242 198	7 400
4	170 301	4 591	11	1 014 132	30 987
5	386 648	10 079	12	621 155	16 544
6	254 027	6 883	13	574 675	17 272
7	401 836	10 887	14	378 828	10 002

续表

15 min服务半径下的服务区构成			15 min服务半径下的服务区构成		
服务区	居住用地面积（m^2）	服务人数	服务区	居住用地面积（m^2）	服务人数
15	310 417	8 130	合计	5 617 359	160 010
平均	374 491	10 667			
20 min服务半径下的服务区构成			20 min服务半径下的服务区构成		
服务区	居住用地面积（m^2）	服务人数	服务区	居住用地面积（m^2）	服务人数
1	136 684	3 625	8	242 198	7 041
2	183 905	4 878	9	1 014 132	30 987
3	170 301	4 591	10	621 155	16 544
4	386 648	10 175	11	590 049	17 561
5	299 417	7 838	12	689 245	18 052
6	694 037	20 718	平均	468 113	13 333
7	589 588	17 990	合计	5 617 359	160 000

第三，基于服务人口规模经济性与出行距离舒适性的社区公园布点比选。根据前文对陕北黄土沟壑区县城与平原地区城市的空间形态紧凑的对比分析可知，该地区县城公园绿地的服务半径应适度扩大，具体数值的确定需要综合考虑服务人口规模的经济性与服务半径的舒适性，探讨其适宜的平衡点。社区公园作为居住区级公共设施，其半径的确定源于居住区的分级组织。居住区分级控制规模的确定是以各级服务设施配置的经济门槛和使用效率为出发点的，同时兼顾了居民使用各级服务设施的便利性，包含了服务半径舒适性的考虑。在社区公园的布局中，人口规模的经济性主要是基于公园的最小适宜规模的考虑，根据《城市居住区规划设计规范》（GB 50180—93）（2002 年版），社区公园的设置内容包括花木草坪、花坛水面、凉亭雕塑、小卖茶座、老幼设施、停车场地和铺装地面等，为保证功能的完整性，社区公园的最小规模为1 hm^2，若以人均社区公园面积1 m^2/人的标准计算（人均指标详细研究过程见章节6.2.2），则人口规模宜控制在1万人以上。从前文对陕北黄土沟壑区县城空间形态紧凑度的分析可知，不考虑开发强度差异的情况下，在同样的服务半径下，该地区县城公园服务人口规模约为平原地区城市中服务人口规模的25%。若以《城市居住区规划设计规范》（GB 50180—93）（2002 年版）3万 ~ 5万人的居住区人口规模为准，从公园的空间效率的角度来衡量，该地区县城的居住区适宜人口规模约为7 500 ~ 12 500人，中间值为1万人，与基于社区公园最小规模计算得到的人口规模是相一致的。上述人口规模和到达社区公园的步行距离也与来昂·克里尔所提出的“片区规模大约在12 000人、

到中心场所步行距离在10～15 min以内的、中高密度发展的居住区人口”[78]基本一致。综上，将1万人作为该地区县城社区公园服务人口规模的经济门槛。

表5-23根据《城市居住区规划设计规范》(GB 50180—93)(2002年版)中规定的居住区、居住小区、居住组团的人口规模，共划定出5个社区公园服务人口规模区间，并对不同的服务半径下服务人口规模的区间分布情况进行了对比，从统计分析结果来看，在10 min的服务半径下，总计26个服务区中有21个的人口规模在1万以下，占到服务区总数的80.75%，且其中有6个（23.08%）服务区人口不足3 000人，显然服务区人口规模经济性整体偏低；在15 min服务半径下，总计15个服务区中有7个人口规模超过了1万人，占服务区总数的46.67%；在20分钟的服务半径下，总计12个服务区中有7个人口规模超过了1万人，占服务区总数的58.33%。从1万人以上的服务区所占百分比的增长情况来看，从10 min服务半径到15 min服务半径，百分比增长了27.55%，从15 min服务半径到20 min服务半径，百分比增长了11.67%，明显低于前一阶段的百分比增长，换言之，在服务半径均以5 min为增加值的情况下，从15 min到20 min的服务区人口规模经济性的增长率明显低于前一阶段。且从具体数量来看，在15 min和20 min的服务半径下，1万人以上的服务区均为7个，并无绝对数量的增长。最后，从服务区人口规模的平均值来看，在3种不同的服务半径下，分别6 154人、10 667人和13 333人。因此，社区公园的较为适宜的服务半径应为15 min。

不同服务半径下社区公园服务区人口规模分布统计　　表 5-23

公园服务半径		服务区人口规模区间（万人）					
		0.1～0.3	0.3～1.0	1.0～1.5	1.5～3.0	3.0～5.0	合计
10 min	服务区数量	6	15	5	0	0	26
	百分比（%）	23.08	57.69	19.23	0.00	0.00	100.00
15 min	服务区数量	1	7	3	3	1	15
	百分比（%）	6.67	46.67	20.00	20.00	6.67	100.00
20 min	服务区数量	0	5	1	5	1	12
	百分比（%）	0.00	41.67	8.33	41.67	8.33	100.00

尽管在步行服务半径扩大至15 min后，兼顾了每个服务区人口规模的经济性和出行距离的适宜性，然而，由于城市用地过于狭长，仍然无法做到所有服务区人口规模达到1万人以上，尤其对于服务人口规模过小的公园服务区还须做进一步确认。从表5-22可知，15 min服务半径下社区公园的服务区1～4的服务人口均在5 000人以下，明显低于其他服务区的服务人口规模，需要进一步确认。由图5-11可知，上述4个服务区所在片区的用地过于狭长，居住地块分布较为零散，

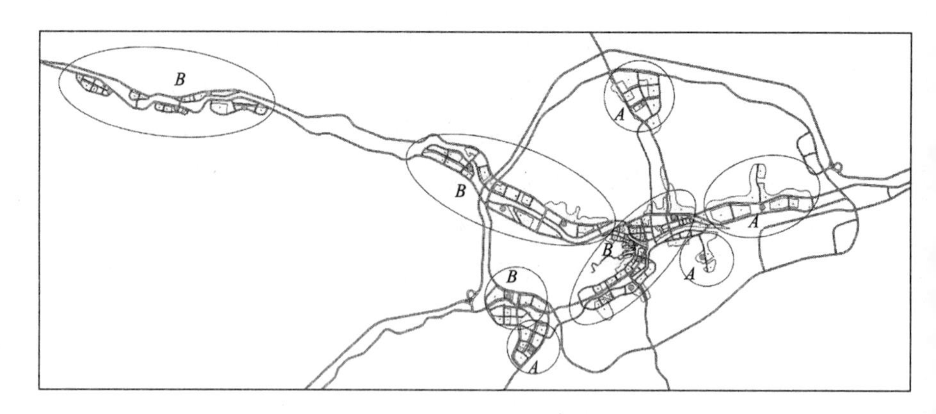

图 5-13　社区公园最终布点（15 min 服务半径）

道路网密度较低，尤其是服务区3仅涵盖1个居住地块，服务人口仅1 418人，不宜单独设立社区公园，因此最终确定15 min服务半径下的公园布点数为14个。

4. 社区公园布点位置的确定

以上一阶段确定的15个公园服务区（图5-11）为基础，借助GIS通过“最小抗阻模型”的运用，分别对每一个服务区内公园的适宜位置进行求解。以一个服务区为例，首先，将其该服务区内所有的居住地块作为“公园设施请求点”；其次，将该服务区内的候选公园用地作为“候选设施点”；再次，将GIS模型中要分析的问题类型设置为最小化阻抗，将要选择的设施点数量设定为1，并以15 min作为阻抗中断值，即在步行15 min的服务半径下以1个公园满足该服务区内所有居住地的需求，且使得所有居民出行总距离之和最小。最后，通过模型计算得到能够覆盖该服务区的公园选址1处，同理求得其余14处公园选址，最终得到如图5-13所示的15个公园设施确定点，作为社区公园布点的最终方案。最终所形成的公园布点主要呈现出两方面特征，一是当居住用地分布相对集中连续且形成一定规模时，公园布点则基本位于该居住片区的几何中心，如图5-11上“A”所示区域内的公园布点，该结果与规划编制人员的常规判断是较为接近的；另一方面当居住用地分布相对分散且各自不成规模时，公园布点则会突破居住片区边界的限束，不再位于某一居住片区的中心，而是在更大范围内计算位置的均好性，如图5-11上“B”所示区域内的公园布点，该情形下公园的位置选择是很难通过规划人员直接判断完成的。

5.4 基于可达性的片区性（山体）公园空间布局

5.4.1 基于可达性的片区性（山体）公园空间布局方法框架

由前文对陕北黄土沟壑区适宜的公园类型分析知，城市性（山体）公园无明确服务半径的要求，因此不再进行深入的可达性研究，而片区性（山体）公园则为布局研究的重点类型，因其建于城市建设用地边缘，而非城市内部的常规布局位置，因此，现行的布局方法并不适用，本研究提出以下布局工作步骤：①片区性（山体）公园的用地适宜性评价因子选取与赋值；②片区性（山体）公园的用地适宜性评价模型建立与计算；③片区性（山体）公园候选用地选择；④基于最小化设施点数的片区性（山体）公园布点。

1. 片区性（山体）公园的用地适宜性评价因子选取与赋值

片区性（山体）公园主要布局在城市周边的山体上，因此对于适宜建设的用地的选择是所有工作的前提和关键，用地适宜性评价的核心问题在于符合居民出行距离意愿的服务半径、适宜公园场地和建筑物等建设的场地，因此将片区性（山体）公园的用地适宜性评价因子选定为：服务半径、坡度和面积3个主要因子。

（1）服务半径

在平地建设公园时，服务半径是指从居住地到达公园入口或质心的距离。而建设山体公园时则相对复杂，作为片区性（山体）公园，要满足一定范围内居民的日常休闲、游憩、锻炼等活动，必须提供一定规模的场地，由于山体地形较为复杂，场地的位置是不确定的，可能靠近公园入口处，也可能位于较高的山腰处，会使得实际出行距离差异较大，因此山体公园服务半径的计算应以居住地为起点，以公园内的最近一处活动场地为终点，而非以公园入口为终点。所以片区性（山体）公园的使用距离由两段组成，一段为居住地到达片区性（山体）公园入口的距离；另一段为公园入口到公园内最近一处活动场地的距离。即从居住地到片区性（山体）公园的出行总时间应为平地行进时间和山上行进时间之和，计算公式为：

$$\begin{aligned} T_{区} &= T_{平} + T_{山} \\ T_{平} &= L_{平} / V_{平} \\ T_{山} &= L_{山} / V_{山} \end{aligned} \tag{5-4}$$

式中 $T_{区}$——从居住地到片区性（山体）公园中最近活动场地的步行时间；

$T_{平}$——从居住地到达公园入口的平地行进时间；

$T_{山}$——从公园入口到其最近一处场地的坡地行进时间；

$L_{平}$——居住地到公园入口的平地距离；

$V_{平}$——一般成年人平地步行速度；

$L_{山}$——公园入口到其最近一处场地的实际距离；

$V_{山}$——一般成年人在坡地上的步行速度。

综上可得：

$$T_{区} = L_{平}/V_{平} + L_{山}/V_{山} \tag{5-5}$$

对于片区性（山体）公园的用地适宜性评价而言，需要的是从公园入口到其最近一处场地的坡地行进时间，以便作为下一步适宜性评价中缓冲模型的缓冲距离。因无相关研究成果可供参考，所以笔者进行了“从山脚下到达山上活动场地的舒适步行时间”选择意愿的调研，分析结果如表5-24所示，从山脚下到达山上公园活动场地的舒适时间并不是越短越好，选择10 min的人数仅占总人数的5.80%，选择20 min人数比例相对较高，达到20.6%，30 min为选择人数最多的选项，比例高达59.70%，30 min以上的选择人数则大幅度下降，45 min、60 min、60 min以上选项占比分别为11.80%、2.10%、0.10%。再从累计百分比来看，选择30 min及以下的人数占总人数的86.00%。由表3-16知，居民到山体公园的首要目的是锻炼，其次是散步和观赏景色。通过进一步的访谈了解到，居民普遍认为爬山本身就是一种锻炼身体的形式，时间太短则起不到锻炼的作用，爬山过程即完成了热身，到达活动场地后即可开始其他形式的锻炼，并且爬到一定高度后才能欣赏到好的景色和获得更好的空气质量，30 min是比较合适的时间，超过30 min后，对于年龄稍大的人会比较疲惫，对于上班族而言，时间稍显紧张。选择45～60 min的居民均以单纯的爬山为目的，因此时间相对较长。通过对居民早晨锻炼行程安排的访谈发现，居民大多在早晨5: 00—6: 00从家里出发，爬山时间在30 min左右，山上锻炼等活动约30 min，来回的总时间在2 h左右，这样便可在活动结束后回家或去单位上班。从居住地到公园入口的步行时间若以15～25 min（一般平原地区区域性公园服务半径）计算，则往返时间为（30+15）×2+30～（30+25）×2+30，计算结果为120～140 min。以早上5: 00—6: 00点从居住地出发来计算，返回居住地的时间为早上7: 00—8: 20，完全能够满足上班族对出行时间的需求。

从山脚下到达山上活动场地的舒适步行时间选择意愿统计　　表5-24

选项	A	B	C	D	E	F
步行时间	10 min	20 min	30 min	45 min	60 min	60 min以上
百分比（%）	5.80	20.60	59.70	11.80	2.10	0.10
累计百分比（%）	5.80	26.30	86.00	97.80	98.90	100.00

以10～30 min作为片区性（山体）公园的坡地步行时间$T_{山}$，平地步行时间$T_{平}$以一般平原地区区域性公园服务半径15～25 min计，则片区性（山体）公园的等时服务半径$T_{区}$为25～55 min，这与前文可达性关键变量中服务半径调研分析得到综合公园（山体公园）服务半径20～60 min是相吻合的。因此片区性（山体）公园的坡地步行时间的适宜性区间划分以30 min为重要分界点划分为3个区间段，分别为“≤10 min、10～30 min、30～60 min”。

（2）坡度

公园内部场地、管理建筑以及构筑物的建设对场地坡度是有要求的，公园须选择在适宜坡度范围内的山体部分进行建设。《城市规划原理（第四版）》中参照《城市用地竖向规划规范》（CJJ 83—99）对城市主要建设用地适宜规划坡度的规定

（表5-25），专门对山区或丘陵地区城市建设用地适宜坡度进行了说明，即按适用程度划分为“<10%、10%～25%、>25%”三类用地（也有按照坡度将用地适宜度分为四类的，即0～8%，8%～15%，15～25%，>25%），其中，一类用地是指用地工程地质等自然条件比较优越，能适应各类城市设施的建设需要，一般不需或只需稍加工程措施即可用于建设的用地；二类用地是指需要采取一定的工程措施，改善条件后才能修建的用地，对城市设施或工程项目的分布有一定的限制；三类用地是指不适于修建的用地[170]。《土地资源学》中针对土地的地形类型，提出了地形坡度与城市建设关系（表5-26），在区间划分上也包含了10%、25%的临界点，并增加了对25%～50%陡坡地的说明，即可作为园林绿化用地[171]。对于城市建设用地紧张的北黄土沟壑区，应尽量利用与城市建成区邻近且坡度在25%以上的山地、坡地进行绿化建设，而位于山上坡度不超过25%的用地则可用于公园的活动场地、建筑及构筑物的建设，对坡度因子的区间划分宜采用“三类”划分标准。

各类城市建设用地的适宜坡度范围 **表 5-25**

用地名称	最小坡度（%）	最大坡度（%）
工业用地	0.2	10
仓储用地	0.2	10
铁路用地	0.0	2
港口用地	0.2	5
城市道路用地	0.2	5
居住用地	0.2	25
公共设施用地	0.2	20
其他	—	—

资料来源：参考文献［172］

地形坡度与城市建设关系 **表 5-26**

土地类型	坡度（%）	对土地利用的影响及对应措施
地平地	<0.3	地势过于平坦，排水不良，须采取机械提升措施排水
平地	0.3～2.0	是城市建设的理想坡度，各项建筑、道路可自由布置
平坡地	2.0～5.0	铁路需要有坡降，工厂及大型公共建筑布置不受地形限制，但需要适当平整土地
缓坡地	5.0～10.0	建筑群及主要道路应平行等高线布置，次要道路不受坡度限制，无须设置人行堤道
中坡地	10.0～25.0	建筑群布置受一定限制，宜采取阶梯式布局；车道不宜垂直等高线，一般要设人行堤道
陡坡地	25.0～50.0	坡度过陡，除了园林绿化外，不宜作建筑用地，道路需要与等高线锐角斜交布置，应设人行堤道

资料来源：参考文献［171］

（3）面积

公园内部用地主要分为4类用地：Ⅰ——园路及铺装场地；Ⅱ——管理建筑；Ⅲ——游览、休憩、服务、公用建筑；Ⅳ——绿化园地[173]。除绿化原地之外的用地统称为非绿化用地。对于建在山上的片区性（山体）公园而言，绿化用地是非常充裕的，关键在于可用于非绿化建设的用地——非绿化的候选用地的评价与选择，除了满足距离和坡度的需求外，还应考虑满足人们基本休闲、锻炼活动的场地面积。然而，关于公园内部非绿化建设用地并无直接的面积规定，但可根据公园内部各类用地所占比例进行推算，具体比例数值从国标和地方标准两方面进行参考借鉴。在国标方面，公园内部各用地所占比例见于《公园设计规范》（CJJ 48—92）（表5-27）。

综合公园用地比例的规定 **表 5-27**

陆地面积（hm^2）	用地类型	用地比例（%）	非绿化用地比例（%）
5～<10	Ⅰ	8.0～18.0	8～<25
	Ⅱ	<1.5	
	Ⅲ	<5.5	
	Ⅳ	>70.0	—
10～<20	Ⅰ	5.0～15.0	5～<21
	Ⅱ	<1.5	
	Ⅲ	<4.5	
	Ⅳ	>75.0	—
20～<50	Ⅰ	5.0～15.0	5～<20
	Ⅱ	<1.0	
	Ⅲ	<4.0	
	Ⅳ	>75.0	—
≥50	Ⅰ	5.0～10.0	5～<14
	Ⅱ	<1.0	
	Ⅲ	<3.0	
	Ⅳ	>80.0	—

资料来源：参考文献［173］

在地方标准方面，贵州省的《城镇山体公园化绿地设计规范》（DBJ 52—53—2007）具有较大的参考价值。前者主要面向平原地区的公园建设，后者则明确针对山体公园（表5-28）。通过对二者的对比发现，后者规定的非绿化用地所占比例明显低于前者，意味着相对于平原地区的公园，山地公园中非绿化用地所占比例应适度降低。从地形地貌特征来看，贵州省属于中国西南部高原山地，境内地势西高东低，自中部向北、东、南三面倾斜，平均海拔在1 100 m左右。全省地貌可概括分为：高原、山地、丘陵和盆地4种基本类型，其中92.5%的面积为山地和丘陵，素有“八山一水一分田”之说[174]。这与陕北黄土沟壑区多梁峁状丘陵、少平原谷地的地形地貌特征较为相似，但在地形的起伏度方面，贵州省明显高于陕北黄土沟壑区，因此，陕北黄土沟壑区山体公园非绿化用地所占比例的取值应介于国家标准和贵州省的地方标准之间。通过对表5-31和表5-32的综合计算得到陕北黄土沟壑区山体公园用地比例建议（表5-33）。

山体公园化绿地内部用地比例 **表 5-28**

总面积（hm^2）	用地类型			
	绿化用地（%）	构筑物（%）	园路及铺装场地（%）	非绿化用地（%）
<2	≥95	<0.1	<2.5	<2.6
2～<5	≥95	<1.0	<4.0	<5.0
5～<10	≥90	<1.5	<5.0	<6.5
10～<20	≥90	<2.0	<7.0	<9.0
20～<50	≥85	<3.0	<9.0	<12.0
≥50	≥85	<4.0	<10.0	<14.0

资料来源：贵州省《城镇山体公园化绿地设计规范》（DBJ 52—53—2007）

片区性（山体）公园用地比例建议 **表 5-29**

总面积（hm^2）	非绿化用地（%）
<2	<9.6
2～<5	<10.8
5～<10	<11.5
10～<20	<11.0
20～<50	<12.3
≥50	<11.8

片区性（山体）公园的实际规模主要取决于地形地貌条件，故难以明确其具体规模数值，该计算不可能有太高的精度，为了简化计算过程，所以根据表5-29中陕北黄土沟壑区山体公园用地比例建议，分别计算得到不同规模的公园相应的非绿化用地面积近似值，计算公式为：

$$A_X = A\,P \tag{5-6}$$

式中 A——公园面积（m^2）；

A_X——非绿化用地面积（m^2）；

P——该类公园内部用地所占比例（%）。

计算结果如表5-30所示，非绿化用地面积最小为2 000 m^2，该面积规模将由位于山上的一块或多块用地构成，因此，将用地面积以2 000 m^2为中间节点划分为3个区间，分别为<500 m^2、500～2 000 m^2、>2 000 m^2。

区片区性（山体）公园非绿化用地面积建议 **表 5-30**

总面积（hm^2）	非绿化用地面积（m^2）
2	2 000
5	5 000
10	10 000
20	25 000

（4）片区性（山体）公园用地适宜性评价因子区间赋值

3类因子的区间划分及赋值具体如下。

服务半径因子划分为3个区间，分别为“≤10 min、10～30 min、30～60 min”。各区间赋值方面，考虑到最适宜的爬山时间为30 min，因此10～30 min区间赋予最高值“7”，“30～60 min”区间超过舒适时间距离，因此赋予最低值“1”，“10 min”区间的适宜性介于前两者之间，赋值为“3”。

坡度因子划分为3个区间，分别为“≤10%、10% ～25%、>25%”。在25%以下坡度越小则越适宜，因此前2个区间分别赋值为“7”和“5”，>25%的坡度不适宜进行活动场地和建筑的建设，因此赋予最低值“1”。

面积因子划分为3个区间，分别为“<500 m^2、500～2 000 m^2、>2 000 m^2”，用地面积越大则越适宜建设，因此相应赋值分别为“1、5、7”。

最终得到如表5-31所示的片区性（山体）公园用地适宜性评价因子矩阵，从一级到三级，用地适宜性程度逐渐提高。

片区性（山体）公园用地适宜性评价因子矩阵 **表 5-31**

因子	各因子区间赋值			
	分级	一级	二级	三级
距离	区间	30～60 min	≤10 min	10～30 min
	值	1	3	7

续表

因子	各因子区间赋值			
	分级	一级	二级	三级
坡度	区间	＞25%	10% ~25%	≤10%
	值	1	5	7
面积	区间	＜500 m^2	500 ~ 2 000 m^2	＞2 000 m^2
	值	1	5	7

在各因子权重的计算过程中，借助yaahp层次分析法软件，以公园用地适宜性为决策目标层，以距离、坡度、面积为中间要素层构建层次结构模型；通过因子间的两两比较构建判断矩阵，其中服务半径作为衡量使用者能否到达目标公园的最为直接和根本的因素，相对于其他2个因子均稍微重要，坡度和面积作为地形影响因素重要性基本等同，因此判断矩阵如表5-32所示。最终计算得到3个因子的权重值分别为0.50、0.25、0.25。

片区性（山体）公园用地适宜性评价因子判断矩阵　　表 5-32

	距离	坡度	面积	权重
服务半径	1.0	2.0	2.0	0.50
坡度	0.5	1.0	1.0	0.25
面积	0.5	1.0	1.0	0.25

2. 片区性（山体）公园的用地适宜性评价模型建立与计算

（1）距离模型建立与计算

① 距离转换计算

距离因子的影响采用缓冲区分析法，缓冲距离为公园入口到山上最近一处活动场地的直线距离，因此必须将前文所划分的时间距离转换为欧氏直线距离。因丘陵沟壑地形较为复杂，其道路多为曲线，二维平面的直线距离不能表示从居住地到公园的出行距离，同样的直线距离山体公园的实际出行距离明显大于平原地区，因此山体公园的出行距离计算不同于平原地区，不能直接以某一固定的步行速度乘以时间计算缓冲。需要根据不同的坡度来确定相应的步行速度和实际路线距离，进而计算直线距离。该计算过程通过“地形修正系数”和“奈史密斯法则”进行距离和速度的三维修正。

关于地形修正系数，国内已有一定量的研究积累，主要集中在山地、丘陵地区地形起伏对两点之间道路长度的非线性影响[175-177]。梁国华以具有代表性的非均质地形区域的陕西省、云南省为对象，提出了坡度和地形起伏修正系数确定的方法[178]。计算公式为：

$$y=L/L_{直} \tag{5-7}$$

式中 y——两节点之间的地形起伏修正系数；

L——该线路上实际距离；

$L_{直}$——两节点之间的空间直线距离。

梁国华等通过最小二乘法建立关系模型，对样本进行统计检验，并计算出了陕西省的不同平均坡度下山地地形起伏修正系数（表5-33）。通过前文对陕北黄土沟壑区县城周边地形分析可知，整体的平均坡度约为20%，相应的修正系数y为1.57。

陕西省地形起伏修正系数 **表 5-33**

平均坡度（%）	地形起伏修正系数
2.5	1.03
5.0	1.08
7.5	1.15
10.0	1.22
12.5	1.30
15.0	1.38
20.0	1.57
25.0	1.80
30.0	2.04
均值	1.40

资料来源：参考文献［178］

“奈史密斯法则”是关于人的登山速度与坡度之间关系的研究，由苏格兰注明登山运动学家威廉·奈史密斯提出，W. G. Rees（2004）根据这一法则提出了计算公式：

$$\frac{1}{V}=a+bi,(i\geqslant 0) \tag{5-8}$$

式中 V——行进速度；

$a=0.72$ s/m；

$b=10$ s/m；

i——坡度。

将公式做简单变形可得：$V=\frac{1}{a+bi}=\frac{1}{0.72+10i},(i\geqslant 0)$

综上：

$$L_{直}=L/y=V_{山}T_{山}/y=\frac{1}{0.72+10i}T_{山}/y \tag{5-9}$$

分别将$i=0.20$，$y=1.57$带入公式，则$L_{直}=0.234T_{山}$。

将$T_{山}=600$ s（10 min）、1 800 s（30 min）、3 600 s（60 min）分别带入公式后，将计算结果近似取整值，得到表5-34所示的距离因子适应性区间划分结果。

② 缓冲区模型建立与计算

该过程的缓冲距离为公园入口到山上最近一处活动场地的距离，须从公园入口向外围进行距离缓冲。在未确定公园具体位置的情况下，城区最外围道路上每个点都可能成为公园入口，因此将城区最外围道路围合形成的面状区域作为缓冲核心，借助GIS建立面要素，再根据表5-34分别以150 m、450 m、750 m进行面要素的缓冲分析。

经地形修正后的片区性（山体）公园距离因子适宜性区间划分　　表5-34

分级	一级	二级	三级
步行时间（min）	30 ~ 60	≤10	10 ~ 30
步行距离（m）	450 ~ 750	150	150 ~ 450

（2）坡度和面积模型建立与计算

借助GIS建立城区周边一定范围内地形栅格文件，分别以≤10%、10% ~ 25%、>25%为坡度区间进行坡度提取，得到相应的坡度分布模型；将地形栅格文件转换为面要素，再分别以<500 m^2、500 ~ 2 000 m^2、>2 000 m^2为面积区间进行面积提取，得到面积分布模型。

（3）模型加权计算

依据表5-31、表5-32确定的各因子区间划分、赋值以及权重，对距离缓冲模型、坡度分布模型、面积分布模型进行加权计算，可得片区性（山体）公园用地适宜性评价结果，即由不适宜、较适宜、适宜三类用地构成的片区性（山体）公园用地适宜性评价图及相应的地块信息。

3. 片区性（山体）公园候选用地选择

片区性（山体）公园候选用地由现状山体公园用地和上一阶段分析所得的“较适宜”和“适宜”两类用地构成。

4. 基于最小化设施点数的片区性（山体）公园布点

工作原理与“最小化设施点数的社区公园布点”相同，不再赘述。

5.4.2 基于可达性的片区性（山体）公园空间布局案例研究

案例研究仍以子长县城为对象，在《子长城市总体规划（2014—2030）》（初稿）基础上进行分析研究，研究范围为中心城区及周边山体，鉴于图幅有限，故位于城区西侧的安定片区不纳入分析范围，该片区距离县城核心区较远、相对独立，不会对公园的分析结果产生影响。具体按照以下3个步骤展开。

1. 片区性（山体）公园的用地适宜性评价

根据子长县城地形图（1∶1 000）和远期规划布局图，依照“片区性（山体）公园用地适宜性评价因子矩阵”（表5-35），借助GIS软件分别基于距离、坡度、面积3个因子进行用地适宜评价，结果如图5-14～图5-16所示。

从坡度适宜性评价图来看，坡度在25%以下的用地在山上呈现为均匀散布的状态，在靠近山脚下较低的区域相对集中；从面积适宜性评价图来看，面积较大的用地主要分布于山体较高和较低2个区域，即靠近山顶的区域和靠近山脚的区域，这使得在靠近城市建成区的低山区域建设片区性（山体）公园成为可能。利用GIS的栅格分析进行加权叠加后得到片区性（山体）公园用地适宜性评价结果（图5-17），用地共分为3类，分别为不适宜、较适宜、适宜。

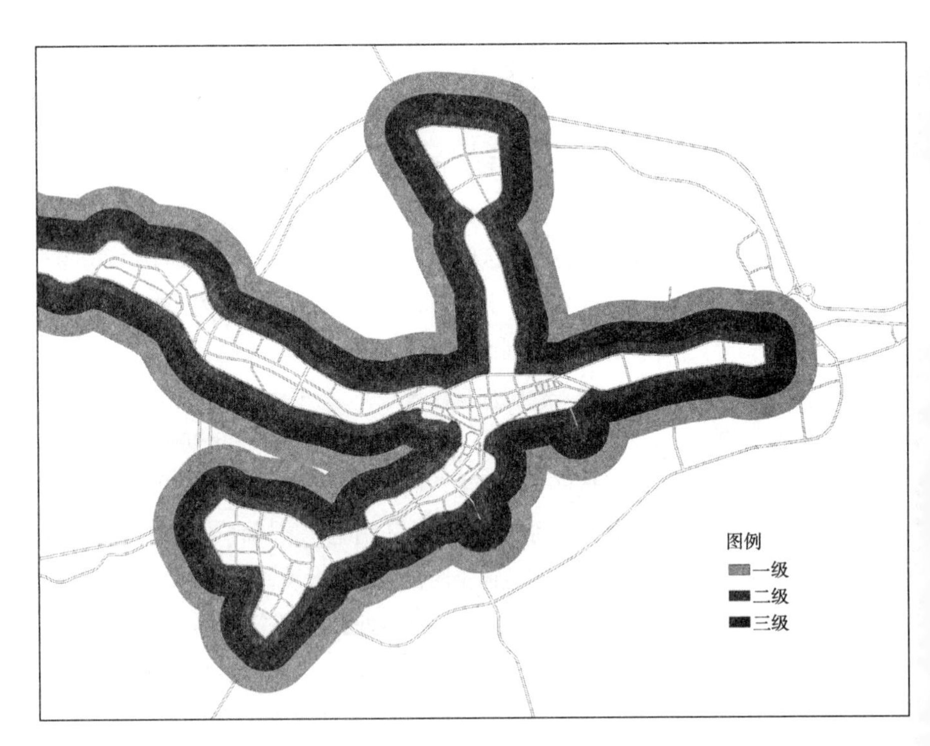

图 5-14 基于距离因子的片区性（山体）公园用地适宜性评价

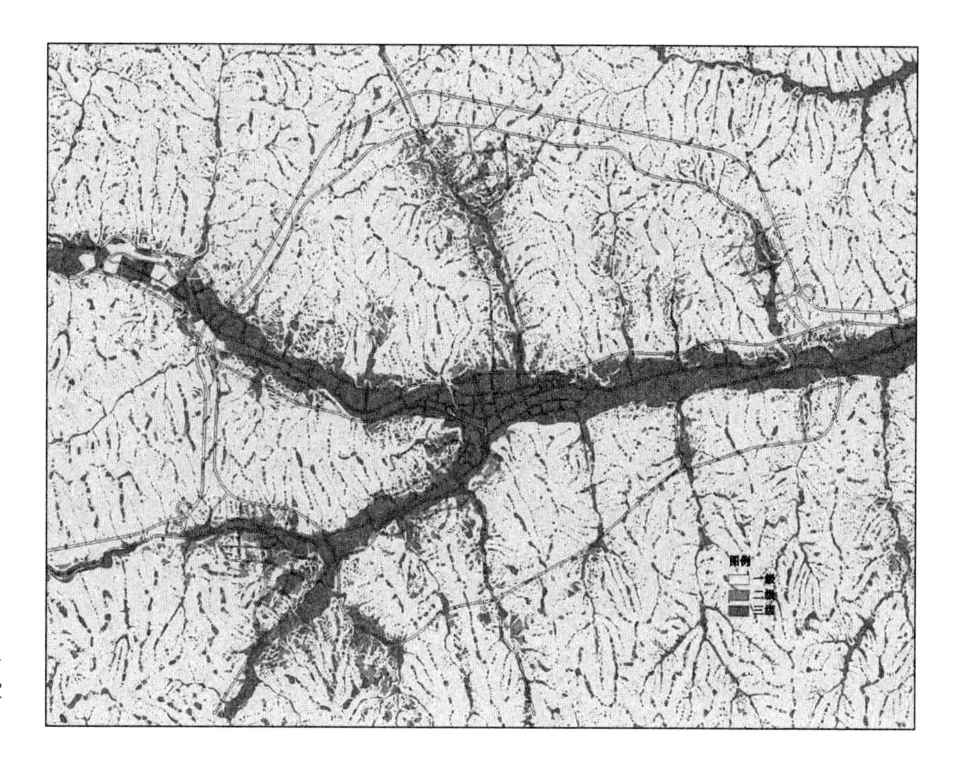

图 5-15 基于坡度因子的片区性（山体）公园用地适宜性评价

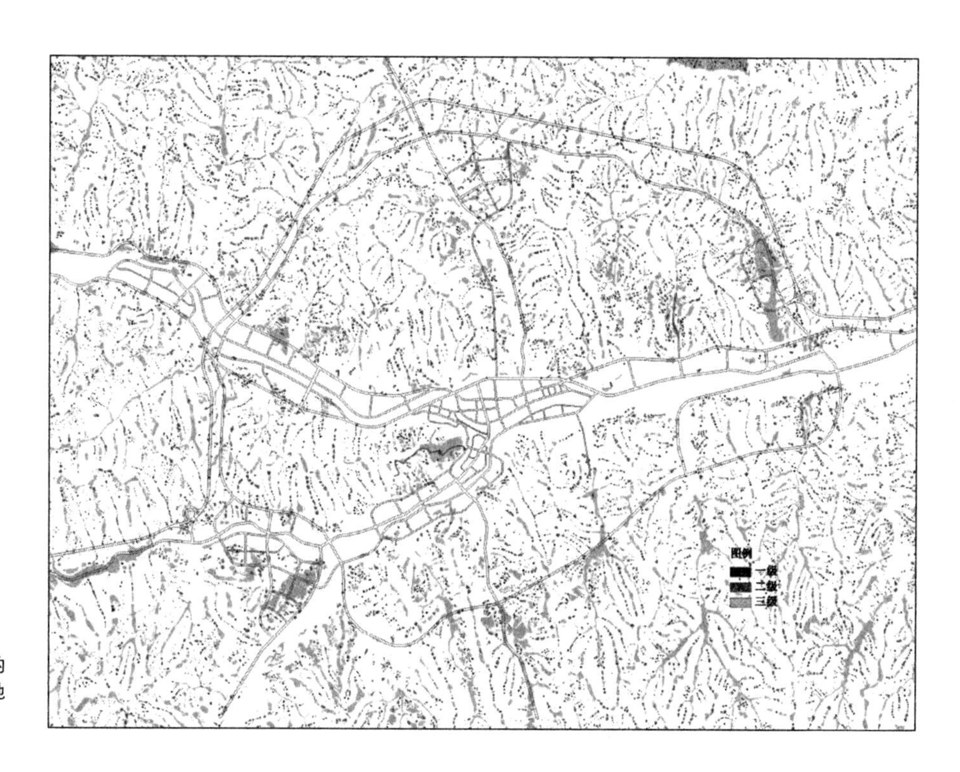

图 5-16 基于面积因子的片区性（山体）公园用地适宜性评价

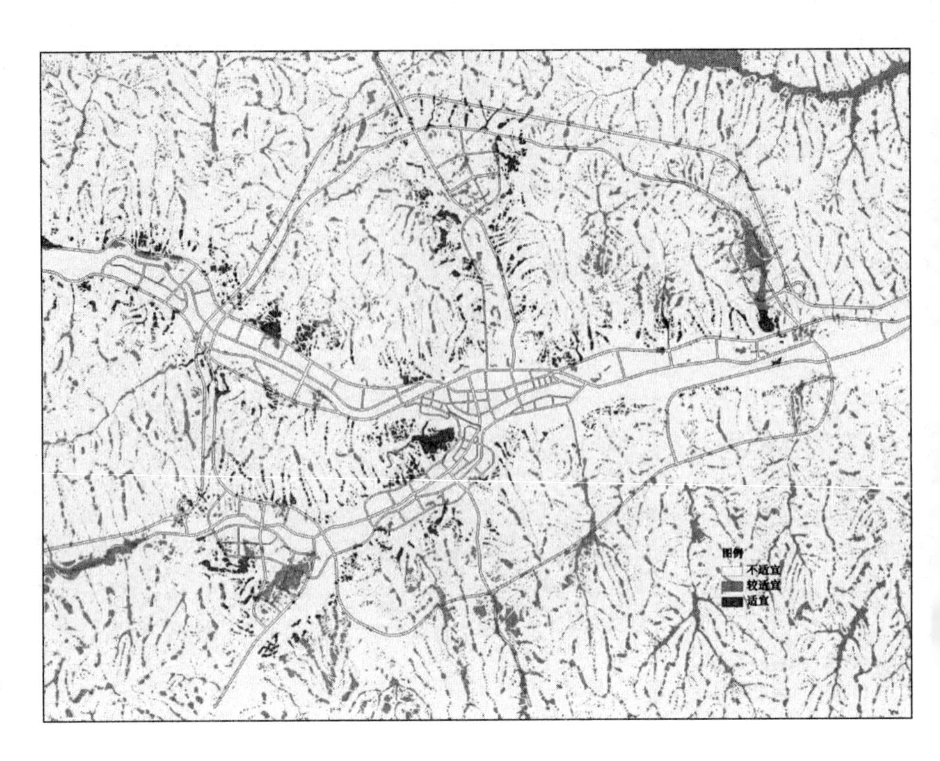

图 5-17 片区性（山体）公园用地适宜性评价初步结果

该评价结果还需要作进一步的用地修正，主要源于两方面。一方面，服务半径的缓冲区模型，是以城市最外围道路向外部按照不同的距离区间依次缓冲形成的，但存在部分建设用地分布于最外围道路之外的问题，因此，需要在用地适宜性评价结果的基础上剔除这些建设用地，最后得到修正后片区性（山体）公园用地适宜性评价结果，3种颜色由浅至深分别代表不适宜、较适宜、适宜（图5-18）。

2. 片区性（山体）公园适建用地选择

片区性（山体）公园适建用地由现状公园和适宜性评价后得到适宜用地构成。子长县城现有片区性（山体）公园1处（文昌塔公园）。用地适宜性评价得到的3类用地中，“适宜用地”意味着在服务半径、用地坡度、用地面积上均为最优，应作为公园候选用地的首选。从图5-18可知，“适宜用地”集中分布于靠近城市边缘的较低位置的山体上，但地块之间的面积差异较大，应尽量选择用地面积较大的地块作为公园候选用地，因此为便于判断，按照$<500\ m^2$、$500 \sim 2\ 000\ m^2$、$>2\ 000\ m^2$ 3个区间对“适宜用地”做进一步划分并形成3类用地，将面积较大的二类、三类用地分布相对集中的区域作为片区性（山体）公园候选用地。在此过程中还须注意对于沟谷用地的剔除，因为基于服务半径、坡度和面积的用地适宜评价结果，不仅包括了山上适宜的用地，也将山下的谷地计算在内，且由于谷地地势平坦、用地连续，单纯从图上结果来看，部分谷地也基本成为最为适宜的用

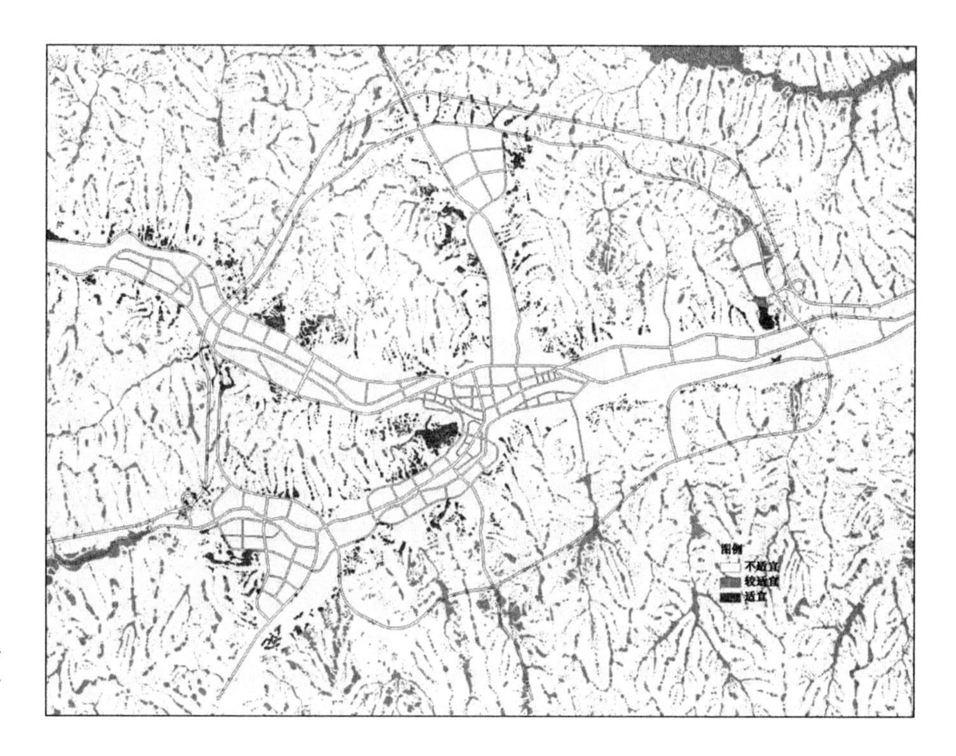

图 5-18 基于建设用地修正后的片区性（山体）公园用地适宜性评价结果

地，因此在加权叠加后还需要排除谷地对结果的干扰。该过程主要通过GIS分析中山谷线的提取来实现（具体操作略），在得到山谷线的分布后，叠加到加权叠加结果模型中，剔除相应位置的用地，便得到片区性（山体）公园的真正候选用地（图5-19）。

3. 片区性（山体）公园布点

片区性（山体）公园布点方法，与社区公园类似，主要分为3个阶段：道路交通网络模型构建、片区性（山体）公园选址模型构建、片区性（山体）公园位置分配计算。其中，第一阶段工作在社区公园布局研究中已完成，不再赘述。下面仅就后两阶段进行说明。

（1）片区性（山体）公园选址模型构建

以“片区性（山体）公园候选用地”为模型构建的基本素材，首先，进行“必选设施点”和“候选设施点”的设置。其中，“必选设施点包括将现状已有的龙虎山公园、文昌塔公园，以及规划中确定的城区内规模较大的公园，具体为位于城区西南角部的枣林片区一处滨河空地，该地块面积约3.7 hm^2，故可作为片区性公园。而“候选设施点”，则设置在候选用地中二类、三类用地分布相对集中且靠近规划居住用地的区域内，最靠近城市道路的位置，即公园入口位置。其次，进行请求点的设置，具体为县城中为全部的规划和现状保留的居住地块，并将每个地块的质心作为请求点的具体位置。建模结果如图5-20所示。

图 5-19　片区性（山体）公园候选用地

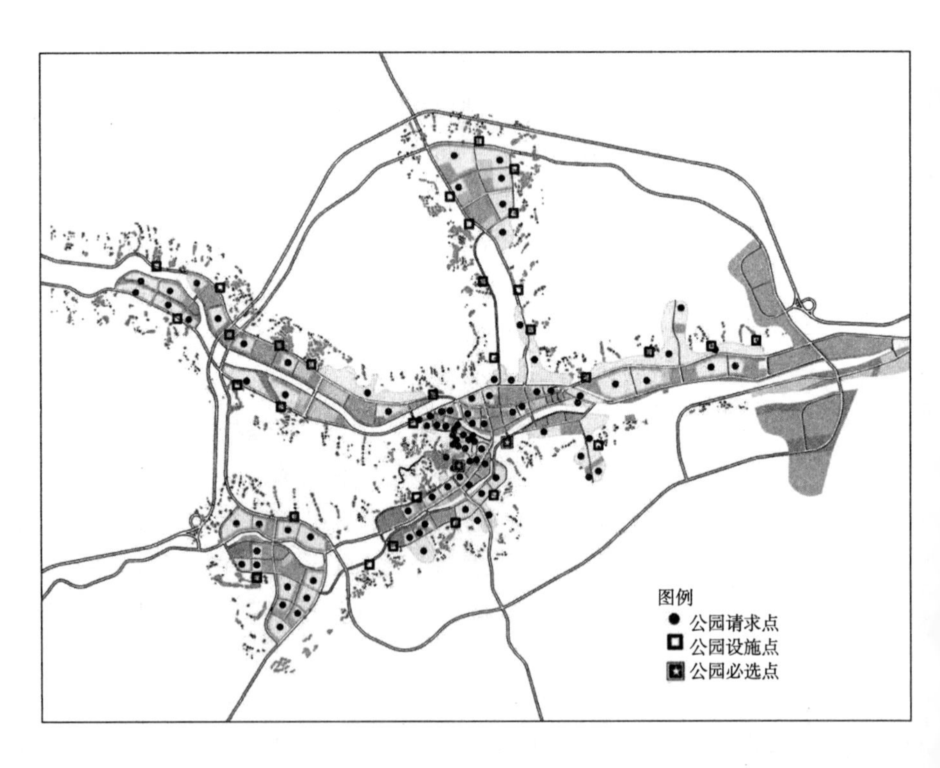

图 5-20　片区性（山体）公园选址模型

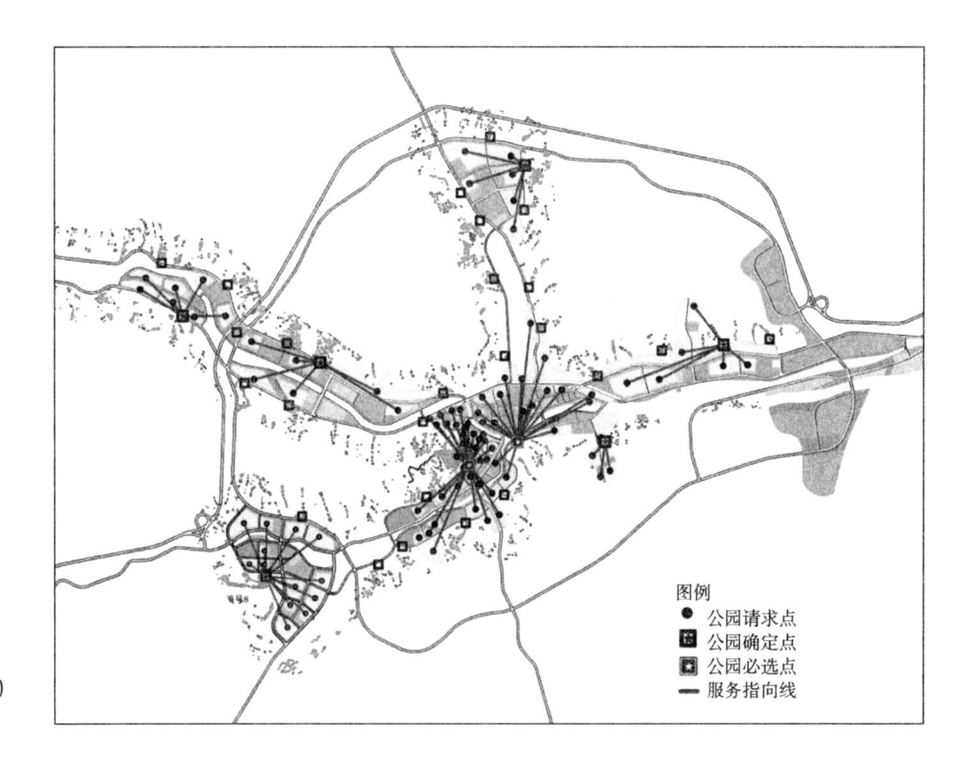

图 5-21　片区性（山体）公园初步布点

（2）片区性（山体）公园位置分配计算

在片区性（山体）公园的位置分配中，运用最小化设施点数模型进行辅助计算，以25 min步行距离为服务半径进行模拟计算。图5-21为模型计算结果，得到的公园布点数为8个，其中包括2个必选公园。

5.5 公园绿地的可达性对比分析

以子长县城为例，通过上述过程分别形成了社区公园和片区性（山体）公园的布点，为充分佐证上述布局方法的可行性和优势，下面将对上述布点方案和“子长总规”中的公园绿地布局方案进行可达性的对比，分别以社区公园和片区性（山体）公园各自的服务半径进行直观的空间覆盖情况和可计量的“服务覆盖率”的比较。相对而言，典型的传统评价指标“绿地率”和“绿化覆盖率”主要是以二维空间投影来衡量绿地自身空间覆盖水平；本书提出的“服务覆盖率”是指在一定的服务半径下，相应类型公园的人口服务覆盖水平，是对公园绿地可达性的直观计量，反映的是公园绿地对人的真实服务水平。计算公式为

$$P_G=N_C/N_S \quad (5\text{-}10)$$

式中　P_G——公园的服务覆盖率；

N_C——公园服务范围内的人口数量；

N_S——研究范围内的总人口数量。

“服务覆盖率”对比分析范围与上文中片区性（山体）公园可达性分析范围一致，即子长县城中心城区部分，不包括城区西侧独立的安定片区。

5.5.1 社区公园可达性对比分析

对于“子长总规”中社区公园而言，首先，将“子长总规”中确定社区公园所在位置设为“设施点”，共计10处；其次，分别以10 min（800 m）和15 min（1 200 m）为距离中断值，通过模型计算得到服务区覆盖情况如图5-22、图5-23所示。对于本研究所得的社区公园而言，首先，以可达性研究确定的社区公园布点作为“设施点”，共计11处；其次，运用服务区模型，分别10 min（800 m）和以15 min（1 200 m）为距离中断值，通过模型计算得到服务区覆盖情况（图5-24、图5-25）。

从图5-22上可以看出，“子长总规”中社区公园的规划基本上遵循了布置于各个居住片区中心附近的原则，但在布局效率上仍存在明显的问题，第一，社

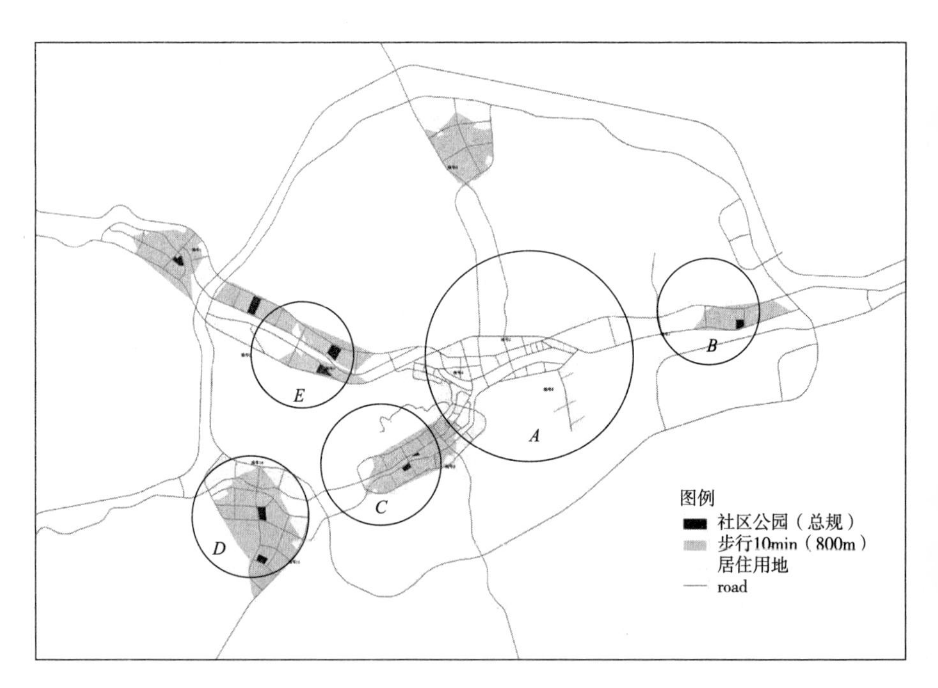

图5-22 “子长总规”中的社区公园服务覆盖情况（步行 10 min）

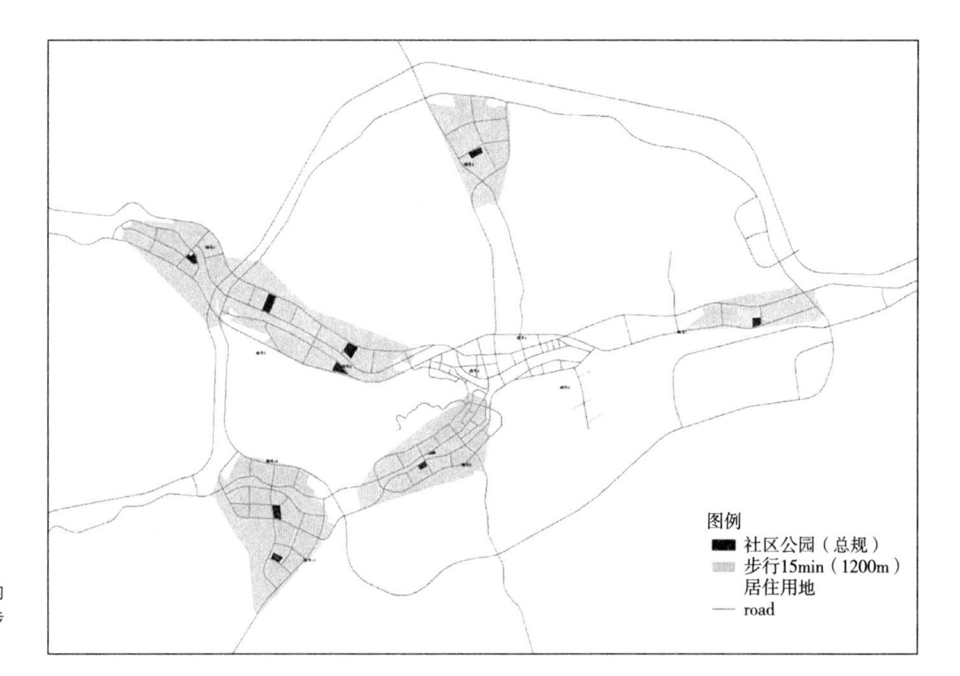

图 5–23 “子长总规”中的社区公园服务覆盖情况（步行 15 min）

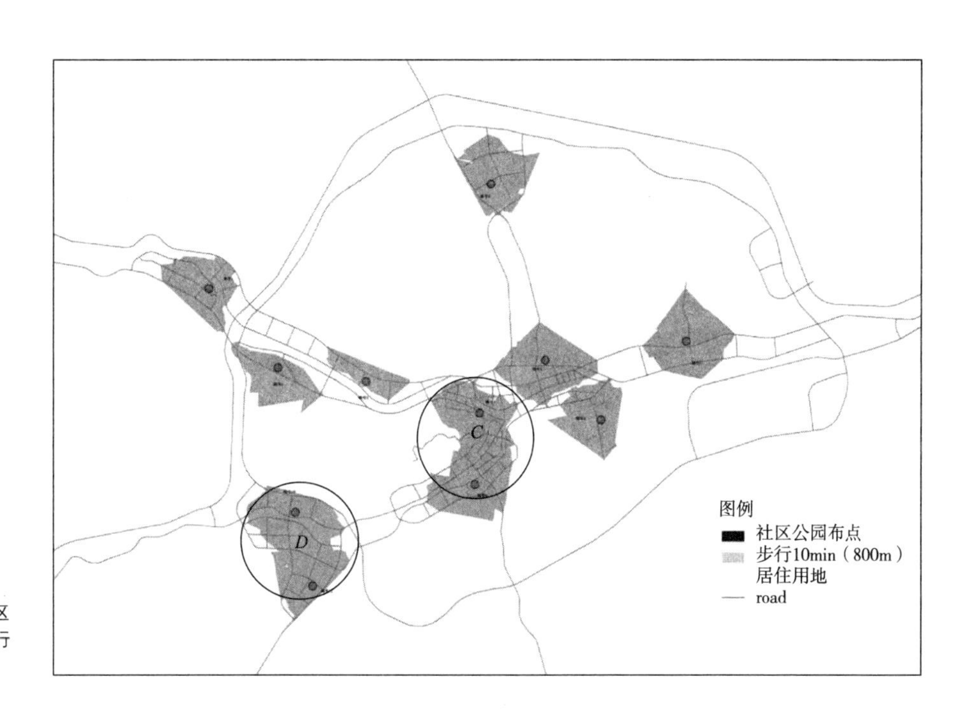

图 5–24 基于可达性的社区公园服务覆盖情况（步行 10 min）

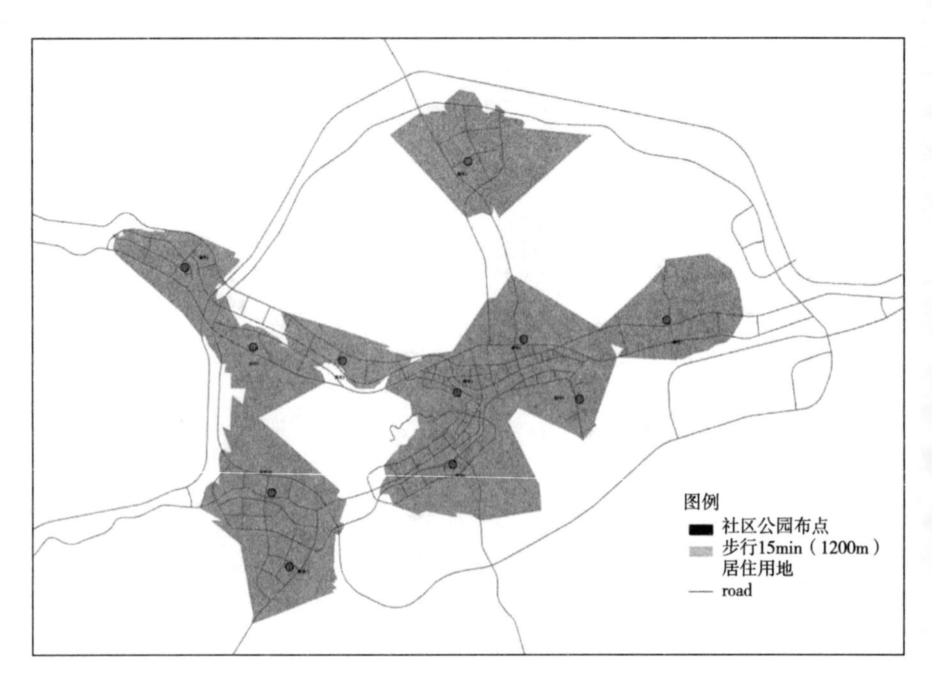

图 5-25 基于可达性的社区公园服务覆盖情况（步行15 min）

区公园自成系统的认识不足。简单地认为A区域现状已建有2处山体公园，便未在该区域布置社区公园，且*B*区域的社区公园布置外偏，造成*A*区域社区公园零覆盖。第二，公园选址因无科学方法指导，导致公园分布欠均衡。*C*、*D*两区域虽将社区公园布置于居住片区的中心位置，但相邻的2个社区公园的距离仍偏近，以至于*C*区域东北部和*D*区域北部形成了不必要的服务未覆盖区域，在缺乏数理模型和方法辅助分析的情况下，该问题是公园布局中较为普遍的一类问题。相比之下，图5-24中的相同区域*C*和*D*，绝大多数的居住用地在公园服务范围内。第三，公园分布与人口分布缺乏匹配。*E*区域南部利用边角地块布置了一处社区公园，本意是利用不便于进行其他类型建设的用地，但忽视了居住人口的空间分布，造成该公园10 min服务覆盖范围内无居住用地的尴尬现象。该问题的出现反映了平原地区公园布局的惯性思维，因平原地区用地多为团块状或紧凑连片式的布局，尽可利用一些边角用地对周围的居住用地形成近圆形的覆盖区域，不容易出现上述问题。但陕北黄土沟壑区县城的用地形态较为狭长，一旦公园位置偏离居住中心，服务覆盖低效的问题则较为凸显。

在原服务区模型基础上，根据服务区覆盖情况可进行服务覆盖率的计算。在此过程中，当居住地块被公园服务覆盖面积达到地块面积的50%及以上时，则认为该地块属于被服务范围，否则不计入服务范围。根据总规提出的人口分布，计算得到计入公园服务范围内的居住人口数量，进而通过服务覆盖率公式计算得到“子长总规”中的社区公园在步行10 min和15 min的服务半径下服务覆盖率分别为33.67%和54.15%，公园可达性水平明显偏低；同理计算得到本研究所得社区公园布点在步行10 min服务半径下的服务覆盖率77.5%，由图5-25可直接观察到在步行15 min服务半径下已完全覆盖所有居住地块，即服务覆盖行率为100%，公园可达性水平良好。

社区公园服务覆盖水平对比 **表 5-35**

	10 min		15 min	
	服务人口	服务覆盖率	服务人口	服务覆盖率
“子长总规”中的社区公园	49 500人	33.67%	79 600人	54.15%
本研究确定的社区公园	114 000人	77.55%	147 000人	100.00%

注：研究范围内人口为14.7万。

5.5.2 片区性（山体）公园可达性对比分析

“子长总规”中将建于山上的公园命名为“山体公园”，基本相当于本研究所提的“片区性（山体）公园”，图5-26中A、B2处为现状公园，C、D2处为规划公园。该类型公园的服务覆盖率分析过程与社区公园基本一致，通过服务区模型计算分别得到“子长总规”和本研究中步行15 min和25 min服务半径下山体公园的服务覆盖情况。“子长总规”对山体公园的选址和规划充分利用了城区周边自然条件，在很大程度上发挥了先天的自然绿化优势，但仍然存在两方面的问题。第

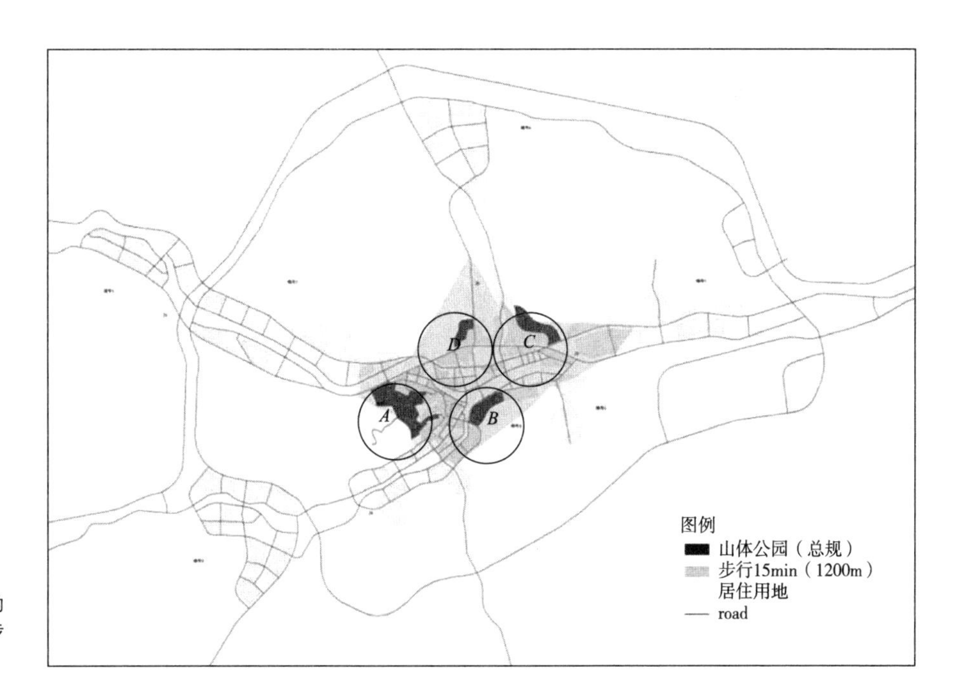

图 5-26 “子长总规”中的山体公园服务覆盖情况（步行 15 min）

一，山体公园定位不明。现行行业标准中所涉及的山体公园多归为郊野公园，用于城市居民的节假日旅游、休闲，并未涉及用于市民日常休闲游憩的山体公园的定义和分类，使得包括子长在内的陕北黄土沟壑区县城在山体公园的规划中普遍存在定位模糊问题，既可以将其理解为全市性公园，又可将其视为区域性公园，甚至是否将其划入城市公园并计入城市建设用地尚存在很大的不确定性。第二，山体公园的空间布局缺乏明确的原则和依据。由于山体公园定位模糊，导致在布局过程中未能明确公园服务范围，往往是简单被动地根据地形条件或者基于“点、线、面”的形态模式进行公园选址，使得公园选址存在很大的随意性和不确定性。从图5-26、图5-27不难看出，由于公园布置过于集中，其服务覆盖范围仅限于城区的中心部分，且四处公园之间的服务区重叠较为严重。本研究中所提出的片区性（山体）公园有着明确的服务对象和服务半径，基于可达性方法形成的公园布点有着良好的均衡性。

山体公园服务覆盖率的计算结果如表5-36所示，“子长总规”中的山体公园在步行15 min和25 min的服务半径下的服务覆盖率分别为34.42%和45.44%，公园可达性水平过低；本研究中片区性（山体）公园的相应数据分别为86.94%和100.00%，公园可达性水平良好。

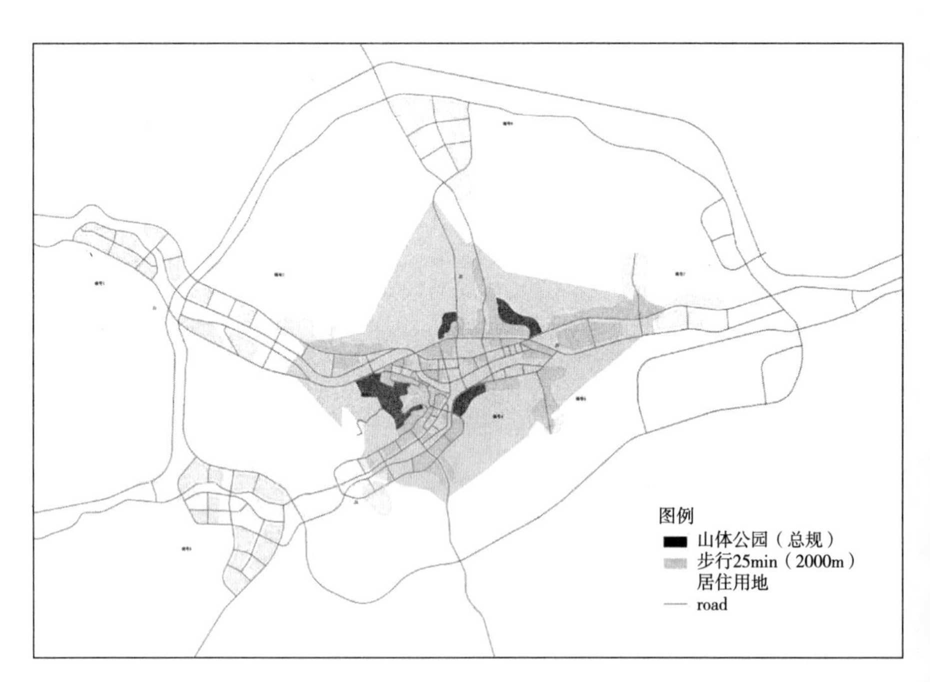

图5-27 “子长总规”中的山体公园服务覆盖情况（步行25 min）

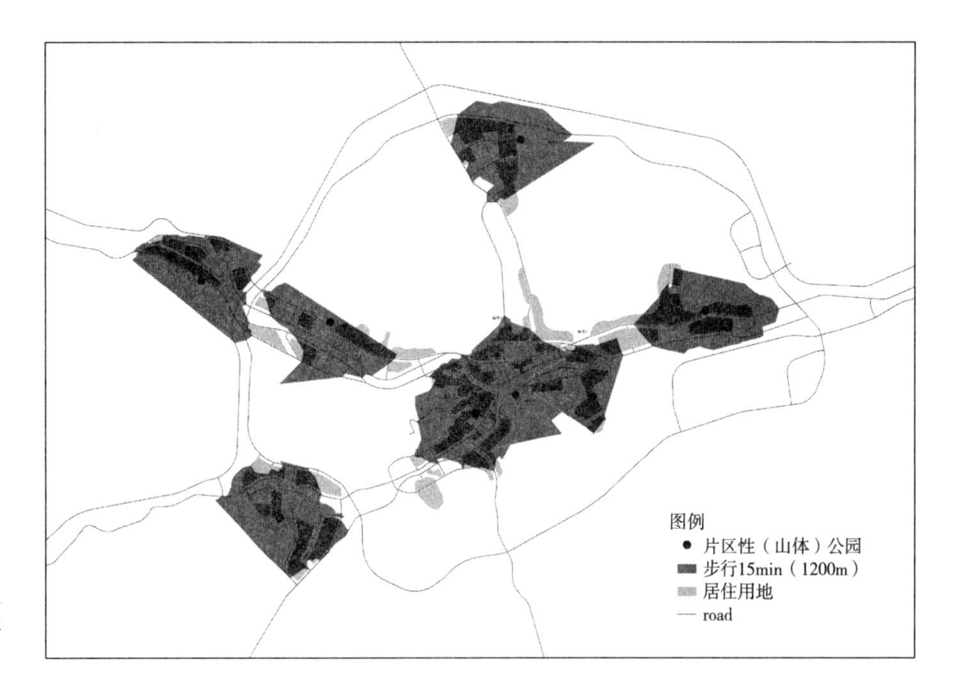

图 5–28 基于可达性的片区性（山体）公园服务覆盖情况（步行 15 min）

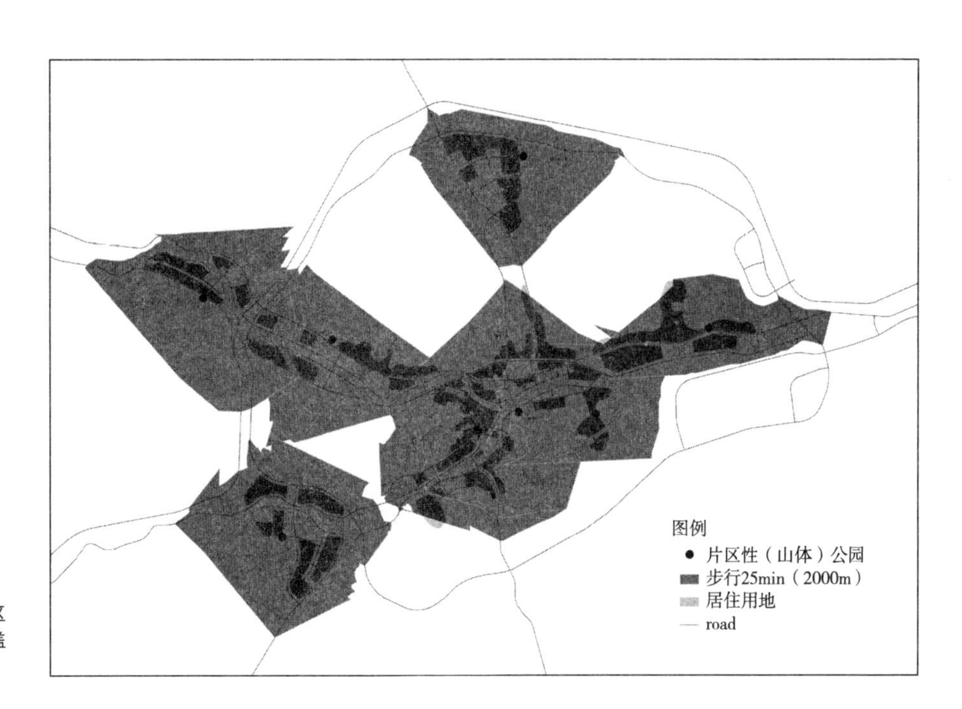

图 5–29 基于可达性的片区性（山体）公园服务覆盖情况（步行 25 min）

片区性（山体）公园服务覆盖水平对比 **表 5-36**

	15 min		25 min	
	服务人口	服务覆盖率（%）	服务人口	服务覆盖率（%）
“子长总规”中的山体公园	50 600	34.42	66 800	45.44
本研究确定的片区性（山体）公园	127 800	86.94	147 000	100.00

注：研究范围内人口为14.7万。

5.6 小结

本章通过对可达性方法的比较分析，确定了适宜本研究的方法为交通网络分析法，以提高公园绿地可达性分析的准确性和真实性。进而对可达性的3个关键变量“使用群体、交通方式、服务半径”进行分析，在参考分析国内外相关研究成果的基础上，结合调研分析数据，以区间值的形式，提出了适宜陕北黄土沟壑区县城的公园绿地服务半径取值，使服务半径同时具有适宜性和弹性。

在此基础上，构建了基于可达性的社区公园空间布局方法框架，主要包括“社区公园适建用地整理，基于最小化设施点数的社区公园初步布点、基于服务人口规模与平均出行距离适宜性的社区公园布点比选、基于出行总距离最短的社区公园布点终选”，通过上述工作内容逐步形成的社区公园布点，能够在居民出行距离的舒适性、公园数量的最少化、单个公园规模的经济性之间找到平衡点，并保证居民公园出行总距离的最小化。

针对片区性（山体）公园，提出了基于可达性的空间布局方法框架，主要包括“片区性（山体）公园的用地适宜性评价因子选取与赋值，用地适宜性评价模型建立与计算，片区性（山体）公园候选用地选择，基于最小化设施点数的片区性（山体）公园布点”。上述布局方法，充分发挥了陕北黄土沟壑区县城所具备的天然绿化优势，通过适应性评价保证了公园用地在坡度和场地面积上的适用性以及出行距离的舒适性，其中对片区性（山体）公园出行距离的确定，深入结合了当地居民的生活习惯和活动时间安排。与社区公园布点类似，最小化设施点数模型的运用则实现了居民出行距离舒适性和公园数量最小化之间的平衡。上述方法是以主动的态度对地域特征和优势的适应与发挥，是在融入社会公平正义（以居民选择意愿尤其是弱势群体的意愿为前提）和地域适应性（结合地形条件、城市空间特征等）理念的基础上，寻求公园服务的空间公平的最大化。

最后，以子长县城为例，对上述布局方法进行了运用，并与《子长城市总体规划（2014—2030）》（初稿）中所确定的公园绿地布局进行了可达性的对比分析，进一步印证了上述方法的优越性。

第6章 陕北黄土沟壑区县城公园绿地的享有度

“享有度”的概念是针对公园绿地服务的社会公平和正义而提出。传统的人均公园绿地指标仅能体现公园的总量指标是否合理，即使在局部地区达到了一定服务半径下的公园绿地全覆盖，也不能排除该区域内部不同居住地实际享用到的公园数量和面积存在较大差异，根本无法保证公园绿地空间分布与人口分布的对应，即无法保证公园服务的空间和社会公平性。公园绿地享有度的研究是在可达性研究的基础上，针对陕北黄土沟壑区县城公园绿地建设环境和使用需求特征，更进一步提升公园绿地服务的空间公平性，并最大限度地追求其服务的社会公平性。

6.1 享有度的概念及公园绿地空间布局优化方法框架

6.1.1 公园绿地服务水平相关概念和指标比较

通过对公园绿地服务水平典型指标的对比分析发现（表6-1），指标主要可概括为3种类型，第一类，对公园空间覆盖水平的衡量，包括绿地率、绿化覆盖率、服务覆盖率、建设用地见园比、社区见园比；第二类，对公园数量的享有水平的衡量，如公园绿地服务重叠度，该指标可以表征可达范围内公园服务的可选择性程度；第三类，对公园面积的享有水平的衡量，包括人均公园绿地面积、人均享有可达公园面积、地均公共绿地服务水平。综合比较，第三种类型对公园绿地服务水平的反映更为真实和直观，将作为本书中享有度概念建立的基础。

公园绿地服务水平典型指标对比分析 表 6-1

典型指标		分析评价目标	备注
传统指标	人均公园绿地面积	公园的人均面积水平	
	绿地率	城市绿地的空间覆盖水平	
	绿化覆盖率	城市绿化的空间覆盖水平	
研究指标	服务覆盖率	公园绿地的空间覆盖水平	
	服务重叠率	公园绿地区位分配的公平性	须与服务覆盖率配合分析，当服务覆盖率较低时，服务重叠率越高，则公园服务的公平性越低
	人均享有可达公园面积	一定的服务半径下居民实际享有的公园绿地面积，衡量居民享有的公园面积水平	
	建设用地见园比	公园绿地的空间覆盖水平	与服务覆盖率基本一致
	社区见园比	针对居住用地的公园覆盖水平	
	公园绿地服务重叠度	一定的服务半径下居民实际享有的公园数量，衡量居民使用公园的可选择性水平	重叠度越高，则实际享有的公园数量越多
	单位面积公园绿地服务人口	衡量公园个体的实际服务人口数量水平	
	地均公共绿地服务水平	用地单元的地均享有公园绿地服务面积水平	不同的公共绿地服务范围的重叠部分，是要重复计入公园绿地有效服务面积的

资料来源：结合参考文献［4］［34］［44］［123-124］整理绘制

6.1.2 公园绿地享有度的概念与内涵

享有度概念的提出，源于区位熵原理和公园绿地服务水平相关评价方法与指标。区位熵是区域经济学与经济地理学常用的指标[179]，通常用来判断一个产业是否构成地区专业化部门。本书提出的公园绿地“享有度”是在一定的服务半径（时间或空间距离）下，基本单元（独立居住地块）内人均享有的有效公园绿地面积与研究区域（本研究中为规划后的中心城区全部居住用地形成的完整区域）内人均享有的有效公园绿地面积的比值。“公园绿地有效面积”是指在一定的服务半径下，能够到达的公园绿地的面积的总和。

“享有度”大于1，则表明该地块的公园绿地享有水平高于总体水平，“享有度”小于1，则表明该地块的公园绿地享有水平低于城区的总体水平。“享有度”是一个相对概念，在人均公园绿地面积一定的情况下，不同地块的享有度差异越小，则表示公园绿地布局越为合理。在绝对公平状态下，针对同一种类型的公园，在相应的服务半径下，居住单元人均享有的有效公园绿地面积与整个研究区域人均享有的有效公园绿地面积的比值为1。在规划和建设实践中，区位差异、用地条件差异必然带来享有度的差异，各个地块的公园绿地享有度绝对一致的情况是不存在的，规划要做的是使得公园绿地布局做到最大限度的相对公平。

在享有度分析的基本单元的确定上，由于县城规模相对较小，如以社区或居住片区为基本空间单元，则会导致分析结果过于笼统，不利于指导下一步公园布局的优化调整。因此，笔者以独立的居住地块作为基本空间单元，并设定每一个社区的社会经济属性都是一致的，例如行动迁徙、克服交通阻隔的能力和对于相同设施的需求程度相同[179]，而每一个居住地块的人口则由用地面积、开发强度、人均居住面积水平共同确定。

就公园绿地享有度分析评价的介入阶段而言可分为2种，一种是建设后评价，即针对建成区的公园绿地现状进行其服务水平的分析评价，为后续的局部更新改造中公园绿地的布局优化提供依据，目前的已有研究多为该类型，主要集中在城市化水平较高地区的大中城市，存量建设比重较大，建成区的更新、改造、提升是规划建设的主要任务；另一种是规划中评价，即在城市总体规划、控制性详细规划、城市绿地系统规划等公园绿地相关规划的编制过程中，通过享有度评价对公园布局进行优化调整，直至形成最终的规划方案。该类型相对适用于城市化水平较低的小城市，因其城市规模较小、建成空间复杂度低、增量建设空间较大，整体的、科学的规划控制尤为重要也易于操作，本书研究属于后者。

6.1.3 基于享有度的公园绿地空间布局优化方法框架

基于享有度的公园绿地空间布局优化方法主要由以下内容构成：①确定公园用地规模；②服务区覆盖分析；③享有度计算；④单类公园享有度模型分析；⑤综合享有度叠加计算；⑥综合享有度模型分析；⑦公园绿地布局优化。

（1）确定公园用地规模

基于可达性分析得到的公园绿地布点，根据人均公园绿地指标，结合具体的用地条件，划定公园用地边界，进而计算出各公园的用地规模。

（2）服务区覆盖分析

运用GIS的网络分析方法，以确定的公园绿地为设施点，以相应的服务半径进行服务区计算，得到每一处公园的空间覆盖范围，将覆盖面积达到被覆盖地块面积一半以上的居住地块计入相应公园的服务范围。

（3）享有度计算

享有度计算公式推导过程如下：

$$E_i=M_i\ /\ M_A$$

式中 E_i——i居住单元的公园绿地享有度；

M_i——i居住单元人均享有的有效公园绿地面积；

M_A——整个研究区域内人均享有的有效公园绿地面积。

$$M_i=\sum\left(A_{gj}\ /\ N_{j\text{服}}\right)$$

式中　A_{gj}——服务范围覆盖到i居住单元的j公园的面积；

$N_{j服}$——j公园服务覆盖范围内居住单元的总人口数量。

$$M_A = \frac{\Sigma M_i N_i}{\Sigma N_i}$$

式中　N_i——i居住单元的人口数量。

综上，享有度的计算公式为：

$$E_i = \Sigma(A_{gj} / N_{j服})\frac{\Sigma M_i N_i}{\Sigma N_i} \tag{6-1}$$

（4）单类公园享有度模型分析

运用GIS的栅格分析，将享有度计算结果转化为GIS栅格模型，以直观显示单一类型公园绿地享有度的空间分布情况。

（5）综合享有度叠加计算

为判断基于可达性方法布局后的公园绿地整体服务水平，需将片区性（山体）公园和社区公园的享有度进行叠加计算并建立相应模型。单一类型公园享有度的计算是以该类型公园人均享有的有效公园绿地面积为基础的，不同类型公园的人均指标之间存在较大差异，因此，2种类型公园的享有度不能直接叠加，需要进行数据标准化处理。本研究中公园绿地享有度计算后可得到明确的最大值和最小值，因此采用Min-max标准化方法。基于该方法建立标准化享有度的计算公式为：

$$E_i' = (E_i - E_{\min}) / (E_{\max} - E_{\min}) \tag{6-2}$$

式中　E_i'——标准化后的新的享有度数值；

E_i——居住单元i的享有度原始数值；

$E_{\min}$——研究范围内享有度最小值；

$E_{\max}$——研究范围内享有度最大值。

（6）综合享有度模型分析

以综合享有度叠加计算结果为数据源，运用GIS的栅格分析，建立公园绿地综合享有度模型，借助该模型可直观判断出享有度的空间分布差异，作为下一步公园绿地布局优化的关键基础。

（7）公园绿地布局优化

1）基于街旁绿地的布局优化

片区性（山体）公园和社区公园是满足居民的2个主要出行距离层次的公园类型，有着明确的服务范围和覆盖率要求，应为强制性建设的公园。在片区性（山体）公园和社区公园规划完毕之后，不同地块的公园绿地享有度差异是不可避免的，因此还需要通过其他的公园类型来实现享有度的调整。从国外公园的发展趋势开看，用于日常游憩的城市公园的规模是宽松的，形式是多样的，关注的核心是在一定的前提条件下，尽可能地使更多的人享用到公园，但目前并无明确的规划指标进行控制。公园享有度的提出也是基于这样一种公共资源使用率最大化和社会公平最大化的思想。针对陕北黄土沟壑区县城而言，实现公园绿地享有度优化的公园类型主要为街旁绿地。在《城市绿地分类标准》CJJ/T 85—2002中，街旁绿地不存在明确的面积和服务半径，具有较强的灵活性，布局中可因地制宜，其重要的现实意义在于提升公园服务的近便性，属增益性公园，应在片区性（山体）公园和社区公园布局确定后，基于享有度分析评价，通过街旁绿地的布置来进一步提高公园绿地系统空间服务的公平性。

2）基于带状公园的布局优化

美国环境心理学家卡普兰夫妇（R. Kaplan & S. Kaplan）认为，因为连贯性有助于人的生存——赋予自身周围的环境以相对固定的意义，以便环境能够持续起到确保自身安全的作用，所以人有偏爱连贯性的倾向[180]。除了复杂性和新奇性外，其他5类属性都有助于加强连贯性。与大城市相比，因城市规模较小、人际关联度高、闲暇时间相对较多，居民对城市公共空间与设施（公园、广场、商业）使用的完整性更强，公共空间的连贯性所起到的正面环境作用会更加凸显，更加有助于加强居民城市空间体验的整体性和环境体验的改善。

带状公园是城市公园绿地系统中唯一以形态作为命名标准的公园类型，形态是带状公园与其他公园绿地最为显著的区别。在城市公园“点、线、面”的形态系统中，带状公园作为线性要素存在，承担重要的连接功能。通过线性的延伸，把分布于城市不同区域、类型不一、大小各异的点状和面状的公园连接起来，形成城市的绿色网络。而其他公园绿地类型，由于形态的局限，无法承担上述功能。带状公园虽然具备休闲游憩功能，但对于整个公园绿地系统而言，“连通性”是其区别于其他绿地的特色和重要功能，尤其是对于县一级的小城市而言，带状公园的宽度有限，在布局中应体现“城皱”的理念，充分发挥其连通功能，形成高度分散化和高度连通性的“毛细”绿廊，从而实现公园绿地网络的构建。

6.2 公园绿地享有度的基础指标研究

享有度的基础指标体系主要包括三方面：规模指标、人均指标和服务半径，其中服务半径已在前文进行了全面分析和选定，本节主要就规模指标和人均指标2项进行分析。

6.2.1 规模指标

规模指标包括公园绿地的规模总量指标和各类公园的规模指标（表6-2）。

国内关于各类公园的指标规定 表 6-2

类别代码		类别名称	规模指标（ha）	人均指标（m²/人）	指标来源
中类	小类				
G11	综合公园		—	—	—
	G111	全市性公园	10～100或更大	未规定	《城市绿地系统规划》（刘颂等编著）
	G112	区域性公园	约为10	未规定	同上
G12	社区公园		—	—	—
	G121	居住区公园	≥1	≥0.5	《城市居住区规划设计规范GB 50180—93》（2002 年版）
	G122	小区游园	≥0.4	≥0.5	同上
G14	带状公园		未规定	未规定	—
G15	街旁绿地		未规定	未规定	—

资料来源：根据表中著作、标准整理而成

在《城市绿地系统规划》一书中提出“全市性公园根据城市大小的不同，用地面积一般为10～100 ha或更大；区域性公园用地面积按该区域居民人数而定，一般为10 ha左右”[7]。关于社区公园，《城市居住区规划设计规范》GB 50180—93（2002年版中明确提出其规模下限为1 ha）。

国外对于各级别公园的用地规模要求整体上高于国内标准，根据美国公园协会的公园分类（表6-3），袖珍型公园（近似于街旁绿地）和邻里公园（近似于社区公园）的规模分别为0.13～2 ha和2～8 ha；美国国家游憩协会对邻里公园、社区公园（近似于区域性公园）、都市公园（近似于全市性公园）的规模要求分别为3.24～6.07 ha、6.07～16.19 ha、40.47～202.35 ha；同为亚洲国家的日本，在东京城市公园绿地建设目标中提出地区公园（近似于社区公园）、综合公园（近似于综合公园）的用地面积分别为4 ha和20 ha；韩国首尔提出徒步圈公园（近似于社区公园）、都市地域圈公园（近似于区域性公园）、广域圈公园（近似于全市性公园）的用地面积分别为不小于3 ha、10 ha、100 ha。通过与国外公园绿地的规模目标对比发现，城市综合公园的规模大致相当，而社区公园的规模国内标准明显低于国外。

美国公园协会的公园分类 表 6-3

公园类型	规模（ha）	备注
袖珍型公园（Mini Parks）	0.13～2.00	近似于街旁绿地
邻里公园（Neighborhood Parks）	2.00～8.00	近似于社区公园
学校公园（School Park）	根据校地规模	—
社区公园（Community Parks）	8.00～30.00	—

续表

公园类型	规模（ha）	备注
区域公园（Regional Parks）	20.00 ~ 100.00	—
特殊公园（Special Use Parks）	特殊性越强面积越大	—
私设公园（Private Park）	未设定	—
自然资源区（Natural Resource Area）	未设定	—
绿地（Greenway）	宽度3.0 ~ 3.6 m	—

资料来源：参考文献［26］

美国国家游憩协会的公园分类 **表 6-4**

游憩设施类别	设施面积（ha）	备注
儿童游戏场	0.023	—
邻里公园	3.240 ~ 6.070	近似于社区公园
社区公园	6.070 ~ 16.190	近似于区域性公园
都市公园	40.470 ~ 202.350	近似于全市性公园
特殊游憩设施	14.160 ~ 70.820	—
公园学校合并式小学	3.240 ~ 6.070	—
公园学校合并式初中	4.050 ~ 10.120	—
公园学校合并式高中	10.120 ~ 20.230	—

资料来源：参考文献［26］

日本东京城市公园绿地建设目标 **表 6-5**

<table>
<tr><th colspan="3">公园类型</th><th>规模（ha）</th><th>人均目标值（m^2/人）</th><th>备注</th></tr>
<tr><td rowspan="7">基干公园</td><td rowspan="3">住区基干公园</td><td>街区公园</td><td>0.25</td><td>1.0</td><td>近似于组团绿地</td></tr>
<tr><td>近邻公园</td><td>2.00</td><td>2.0</td><td>近似于小区游园</td></tr>
<tr><td>地区公园</td><td>4.00</td><td>1.0</td><td>近似于社区公园</td></tr>
<tr><td colspan="3">小计</td><td>4.0</td><td>—</td></tr>
<tr><td rowspan="2">城市基干公园</td><td>综合公园</td><td>20.00</td><td>1.3</td><td>近似于综合公园</td></tr>
<tr><td>运动公园</td><td>30.00</td><td>1.8</td><td>近似于专类公园</td></tr>
<tr><td colspan="3">小计</td><td>3.1</td><td>—</td></tr>
<tr><td rowspan="4">基干公园以外</td><td rowspan="2">其他公园</td><td>特殊公园</td><td>未设</td><td>1.0</td><td>—</td></tr>
<tr><td>绿道</td><td>未设</td><td>3.0</td><td>—</td></tr>
<tr><td>大型公园</td><td>广域公园</td><td>未设</td><td>1.0</td><td>—</td></tr>
<tr><td colspan="3">小计</td><td>5.0</td><td>—</td></tr>
<tr><td colspan="4">总计</td><td>12.1</td><td>—</td></tr>
</table>

资料来源：参考文献［26］

韩国首尔城市公园类型构成 **表 6—6**

公园类别	服务范围	规模（ha）	备注
儿童公园		≥1 500	专类公园
近邻公园	近邻生活圈	≥1	近似于小区游园
	徒步圈	≥3	近似于社区公园
	都市地域圈	≥10	近似于区域性公园
	广域圈	≥100	近似于全市性公园
都市自然公园	—	≥10	—
墓地公园	—	≥10	—
体育公园	—	≥1	—

资料来源：参考文献［167］

6.2.2 人均指标

1. 国内相关规范标准中的公园绿地人均指标

国内关于公园绿地人均指标的规范标准如表6-7所示，按照颁布时间的先后来看，公园绿地的人均指标在稳步提升，目前最新的汗液标准主要是《城市园林绿化评价标准》GB/T 50563—2010、《国家园林城市标准》（2010年）和《城市用地分类与规划建设用地标准》GB 50137—2011，3个标准综合来看，人均公园绿地的面积下限应为8 m^2。若以建设国家园林城市为目标，由前文分析知，陕北黄土沟壑区县城人均建设用地均在80～100 m^2，则人均公园绿地面积应不低于

公园绿地指标规定 **表 6–7**

颁布时间	规定、标准、规范	指标	备注
1993年	《城市绿化规划建设指标的规定》（1993）	2010年人均公共绿地面积 ≥6，7，8 m^2	—
2004年	《国家生态园林城市标准》（2004）	人均公园绿地面积 ≥12 m^2	—
2010年	《城市园林绿化评价标准》 GB/T 50563—2010	人均公园绿地面积 I级≥9.5，10，11 m^2 II级≥7.5，8，9 m^2	三档指标分别对应于人均建设用地＜80，80～100，＞100 m^{2}的城市
2010年	《国家园林城市标准》（2010）	人均公园绿地面积 基本项≥7.5，8，9 m^2 提升项≥9.5，10，11 m^2	三档指标分别对应于人均建设用地＜80，80～100，＞100 m^{2}的城市
2011年	《城市用地分类与规划建设用地标准》 GB 50137—2011	人均公园绿地面积≥8 m^2	—
2002年	《城市居住区规划设计规划》（2002）	居住区级的人均公共绿地≥0.5 m^2	不含小区和组团的公共绿地

资料来源：根据表中规范标准整理而成

8～10 m^2。对于综合公园、街旁绿地、带状公园等具体的公园类型并无明确的行业规定。

社区公园的人均指标，依据《城市居住区规划设计规范》GB 50180—93（2002年版）的规定“居住区内公共绿地的总指标，应根据居住人口规模分别达到：组团不少于0.5 m^2/人，小区（含组团）不少于1 m^2/人，居住区（含小区与组团）不少于1.5 m^2/人”[181]，由于居住区公共绿地包含小区和组团绿地，所以单纯的居住区级公共绿地（不含小区和组团绿地），即社区公园（不含小区和组团绿地）的人均指标不应低于0.5 m^2。

从国外公园绿地的建设标准来看，我国社区公园建设标准明显偏低。以日本东京为例，社区层面的公园包括地区公园、近邻公园，2项相加人均指标为3 m^2/人，我国的社区公园（居住区公园和小区游园）仅为1 m^2/人。日本东京社区层面的公园绿地与城区层面的公园绿地的比例为1∶1.8，而我国为1∶4.3，可见我国社区层面公园绿地所占的比例非常小，应进一步提高社区公园的建设标准。

社区层面公园建设标准对比 **表 6-8**

日本（东京）		服务半径（m）	人均指标（m^2/人）	中国		服务半径（m）	人均指标（m^2/人）
公园类型		服务半径（m）	人均指标（m^2/人）	公园类型		服务半径（m）	人均指标（m^2/人）
住区基干公园	地区公园	1 000	1	社区公园	居住区公园	500～1 000	0.5
	近邻公园	500	2		小区游园	300～500	0.5
	街区公园	250	1		组团绿地	未规定	0.5

资料来源：参考文献［26］［44］［181］

通过上述各类公园绿地用地规模和人均指标的分析不难发现，发达国家对居民日常生活使用频率最高的社区类公园非常重视，建设标准较高，尽管国内对人均公园绿地的标准在逐渐提高，但对具体的公园类型缺乏明确可行的人均标准，尤其是社区公园的建设标准亟待提高。

2. 人均公园绿地指标推算

为进一步论证提升社区公园建设标准的充分性，下面将通过指标推算法做进一步分析。

人均公园绿地指标计算公式：

$$F=P\times f/e \qquad (6\text{-}3)$$

[7]

式中 F——人均指标，m^2/人；

P——游览季节双休日居民的出游率，%；

f——每个游人占有公园面积，m^2/人；

e——公园游人周转系数。

大型公园，取：$P_1>12\%$，$60\ m^2/人<f_1<100\ m^2/人$，$e_1<1.5$；

小型公园，取$P_2>20\%$，$f_2=60\ m^2/人$，$e_2<3$。

综合公园的面积一般要满足节假日里，容纳服务范围居民人数的15% ~ 20%。《公园设计规范》CJJ 48—92中规定，市、区级公园游人人均占有公园面积以60 m²为宜，居住区公园、带状公园和居住小区游园以30 m²为宜；近期公共绿地人均指标低的城市，游人人均占有公园面积可酌情降低，但最低游人人均占有公园的陆地面积不得低于15 m²；风景名胜公园游人人均占有公园面积宜大于100 m²[173]。

对社区区公园的人均面积指标进行计算，出游率（P）取20%，每个游人占有公园面积（f）取15 m²、30 m²两档分别进行计算，社区属于小型公园，因此公园游人周转系数（e）取值为3，则人均社区公园指标

$$F_{社}=20\%\times15/3=1\ (m^2/人)$$

$$F_{社}=20\%\times30/3=2\ (m^2/人)$$

即人均社区公园面积宜控制在1 ~ 2 m²/人。

结合陕北黄土沟壑区县城的建设实际来看，由于小区游园的层级缺失，若仍以现行标准进行规划，则社区公园的实际建设标准仅为0.5 m²/人。综合考虑上述情况分析，研究中以1 m²/人作为社区公园（不含小区游园和组团绿地）的人均指标下限[6]。

3. 服务半径

基于可达性的陕北黄土沟壑区公园绿地布局，是以空间公平为主兼顾社会公平，即根据调研得到的服务半径取值范围，选取相对较大的服务半径，以最少的公园数量实现研究区域的公园服务全覆盖。相对而言，享有度研究侧重公园绿地服务的社会公平正义，以提高居民使用公园的公平性和出行距离的舒适性为目标，在公园绿地享有度的分析中，服务半径应选择区间值的下限。因此，社区公园享有度分析的服务半径为步行10 min（800 m），片区性（山体）公园享有度分析的服务半径（平地距离）为15 min（1 200 m）。

6.3 社区公园享有度研究

社区公园享有度的研究继续子长县城为例，研究范围为中心城区及周边山体，鉴于图幅有限且与片区性（山体）公园的分析保持一致，位于城区西侧的安定片区不纳入分析范围。

6.3.1 社区公园规模匹配与用地布局

每一处公园的用地面积及相应服务人口是进行享有度分析的重要前提，通过

前文可达性的研究，已确定了社区公园的最终布点和相应的服务区划，即明确了每个公园的服务人口数量。基于公园用地规模与其服务人口相匹配的原则，可知计算公式为：

$$A_{gl}=A_{glm}\times N_p \quad (6\text{-}4)$$

式中 A_{gl}——公园绿地面积，m^2；

A_{glm}——人均公园绿地面积，m^2/人；

N_p——服务人口数量。

通过计算可得到每一处社区公园的理论用地面积，再根据可达性分析得到的社区公园布点位置，划定出相应规模的公园边界。因布局过程中受到具体用地条件的限制，公园的实际面积不可能与理论面积完全相等，应尽量保证实际面积不低于理论面积，当个别独立地块低于理论面积过多时可考虑社区公园的分散布置，须返回到可达性分析阶段重新进行社区公园的位置分配。当用地条件较为充裕时，鼓励规划的社区公园高于理论所需面积。

通过对社区公园的理论面积与规划面积对比（表6-9）发现编号为1、3、8的3处社区公园的规划面积均明显高于理论面积，面积差百分比分别为31.85%、136.98%、98.57%，主要是由于该2处地块相对独立且面积较大，无其他更为适宜的建设用地布置；受到地块面积限制，编号为4和7的2处社区公园规划面积略低于理论面积，面积差百分比分别为–2.79%和–4.02%，完全在可接受范围内，因此无须返回到可达性分析阶段重新进行社区公园的位置分配。

社区公园理论面积与规划面积比较 **表6-9**

公园编号	服务人数	公园理论面积（m^2）	公园规划面积（m^2）	公园面积差（m^2）	公园面积差百分比（%）	规划人均公园面积（m^2/人）
1	10 079	10 079	13 289.5	3 210.5	31.85	1.32
2	6 882	6 882	7 090.0	208.0	3.02	1.03
3	10 887	10 887	25 799.5	14 912.5	136.98	2.37
4	12 179	12 179	11 839.8	–339.2	–2.79	0.97
5	18 984	18 984	19 010.4	26.4	0.14	1.00
6	7 400	7 400	7 951.5	551.5	7.45	1.07
7	30 985	30 985	29 739.4	–1 245.6	–4.02	0.96
8	16 542	16 542	32 848.1	16 306.1	98.57	1.99
9	14 752	14 752	14 991.4	239.4	1.62	1.02
10	9 922	9 922	10 358.4	436.4	4.40	1.04
11	8 475	8 475	8 561.3	86.3	1.02	1.01

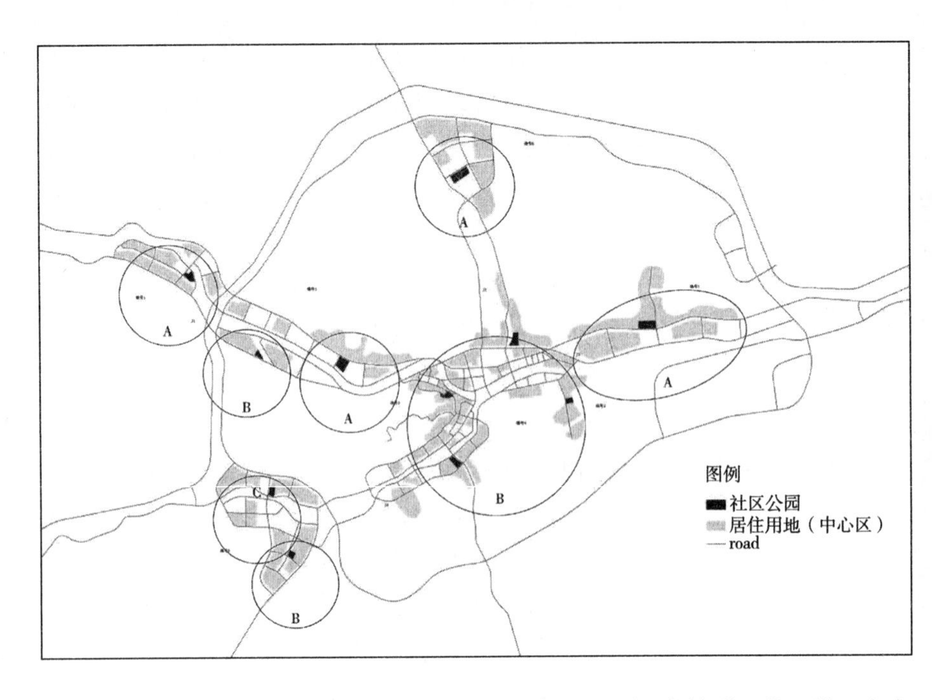

图 6-1　社区公园布局方案

由公园布点向具体用地的落实过程中，主要呈现为3类情形：第一类，布点位置不变，且与城市总体规划中原定公园位置一致。前提条件为原定公园规模不低于理论所需规模，如图6-1中“A”所示区域内的4处公园；第二类，布点位置不变，位于规划居住地块内。前提条件为该用地布置公园后所余面积不宜过小，仍能满足居住用地的适宜规模需求，如图上“B”所示区域内的6处公园；第三类，布点位置微调后，位于规划居住用地内。产生条件为原布点所在地块面积明显小于理论需求，或所在居住用地布置公园后所余面积过小，不再适于规划为居住用地，此种情形下，则需要将公园位置调整至与原公园布点位置最为邻近且满足规模需求的居住地块，如图中“C”所示区域内的1处公园。在此过程中，应尽量保证公园边界划定后所余地块的规整性。

6.3.2 社区公园服务区覆盖分析

运用GIS的交通网络分析法，以上述公园为设施点，以步行10 min（800 m）为服务半径，进行服务区覆盖分析，结果如图6-2所示。从图上可以直观看到“A、B”标识区域的公园服务覆盖缺失最为明显，具体的服务水平差异则有待于下一步享有度的模型分析计算。

6.3.3 社区公园享有度计算

社区公园的享有度计算公式为：

$$E_{Si}=\Sigma(A_{Sgj}\ /\ N_{Sj服})\frac{\Sigma M_{Si}N_{Si}}{\Sigma N_{Si}} \tag{6-5}$$

图 6-2　社区公园服务覆盖

式中　E_{Si}——i居住单元的社区公园享有度；

M_{Si}——i居住单元人均享有的有效公园绿地面积；

A_{Sgj}——服务范围覆盖到i居住单元的j社区公园的面积；

$N_{Sj服}$——j社区公园服务覆盖范围内居住单元的总人口数量；

N_i——i居住单元的人口数量。

具体的计算过程中，首先，需要对所有的居住地块和社区公园进行编号，并分别统计出所有居住地块的人口数量和每一处社区公园的面积；其次，根据社区公园的10 min（800 m）服务覆盖情况，得到每一处居住地块能够享受到的公园及其面积；第三，根据公式$M_{Si}=\Sigma(A_{Sgj}/N_{Sj服})$计算得到每一个居住地块的人均享有的有效社区公园面积；第四，根据公式$M_{SA}=\frac{\Sigma M_{Si}N_{Si}}{\Sigma N_{Si}}$计算得到整个研究范围内人均享有的有效社区公园面积，简称为“全域人均有效社区公园面积”；第五，根据公式$E_{Si}=M_{Si}/M_{SA}$计算得到每一个居住地块的社公园享有度。计算过程的主要数据和结果如表6-10所示。

社区公园享有度主要数据　表 6-10

居住地块编号	居住人数（人）	人均有效社区公园面积（m^2）	全域人均有效社区公园面积（m^2）	社区公园享有度
1	1 502	0.00	1.23	0.00
2	1 908	0.00	1.23	0.00
3	1 501	2.61	1.23	2.12

续表

居住地块编号	居住人数（人）	人均有效社区公园面积（m^2）	全域人均有效社区公园面积（m^2）	社区公园享有度
4	1 656	2.61	1.23	2.12
5	790	2.61	1.23	2.12
6	1 150	2.61	1.23	2.12
7	1 572	0.00	1.23	0.00
8	1 330	0.00	1.23	0.00
9	3 085	1.28	1.23	1.04
……	……	……	……	……

注：表中仅列出部分地块数据，完整数据见附录A。

6.3.4 社区公园享有度模型分析

运用GIS软件建立居住地块分布模型，将上一阶段计算得到的数据添加到居住地块的属性中，再进行社区公园享有度的区间划分。根据计算结果得到，社区公园享有度的最小值为0，最大值为2.45，以1为区间间隔，共划分为4个区间，分别为0，0～1，1～2，2～3，模型结果如图6-3所示。由图6-3可知，社区公园享有度最高的区域分布在城区西部和北部的居住片区。主要是由于每一处社区公园的面积是根据其服务人数决定的，并以1 m^2/人的标准计算得到的公园面积作为下限进行控制，在用地相对紧张的片区最终布局得到的社区公园面积均接近下限规模，而上述享有度最高的片区，由于路网结构和非公园绿地的用地布局关系，

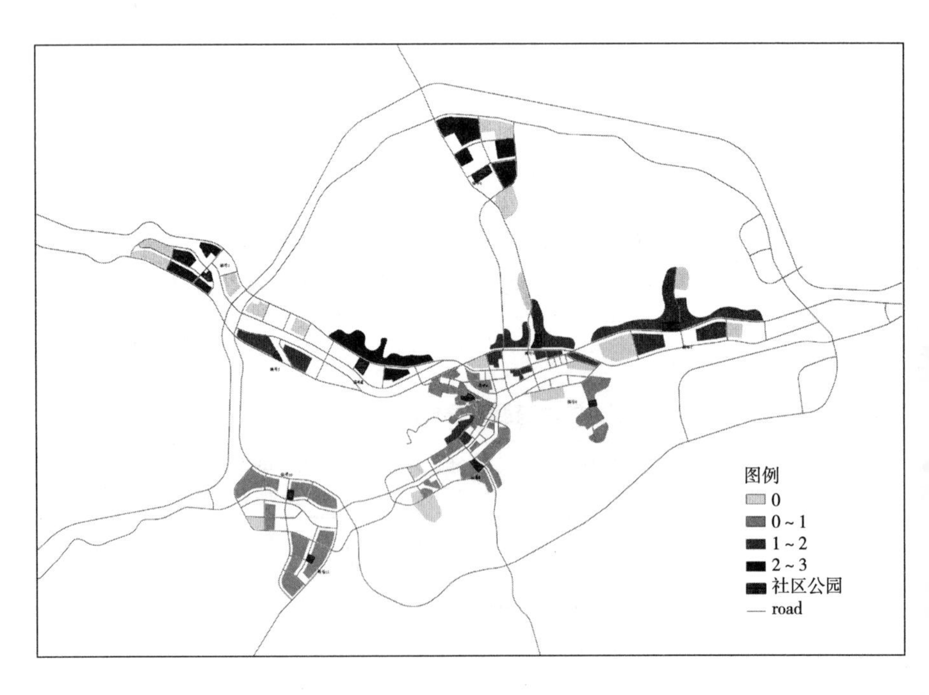

图6-3 社区公园享有度

可用于布局公园的用地相对充裕，故形成了规模较大的社区公园，即表6-9中的编号为1、3、8的社区公园。享有度相对较低的居住地块一方面是由于公园服务距离的圈层式递增，当超出舒适距离后享有度则为0，另一方面是由于路网密度和连通性的差异，单纯从平面分布来看，各个社区公园的位置分配较为均衡，但在路网的密度和连通性上，图6-3中A区域明显低于其他地区。享有度的差异在实践过程中是不可避免的情况，因为该情况的存在，使得基于享有度的公园布局优化更具必要性。

6.4 片区性（山体）公园享有度研究

6.4.1 片区性（山体）公园规模确定

平原地区区域性公园的规模确定方法与社区公园相同，可通过人均面积指标和相应的服务人口数量计算获得，但对于陕北黄土沟壑区而言，片区性（山体）公园的规模受到山体地形条件的影响，具有用地边界模糊和不规则的特征，无法根据计算规模直接划定。本研究中采取近似规模划定的方式，即以可达性分析得到片区性（山体）公园布点为基础，将其所在地适宜建设的场地集中区域划定为公园用地，从而统计出用地面积。具体分布如图6-4所示。

根据每一处片区性（山体）公园所服务的范围，可计算得到其服务区内的人口，根据公式（6-6）计算得到规划人均公园面积。

$$A_{Qgm}= A_{Qg} / N_p \tag{6-6}$$

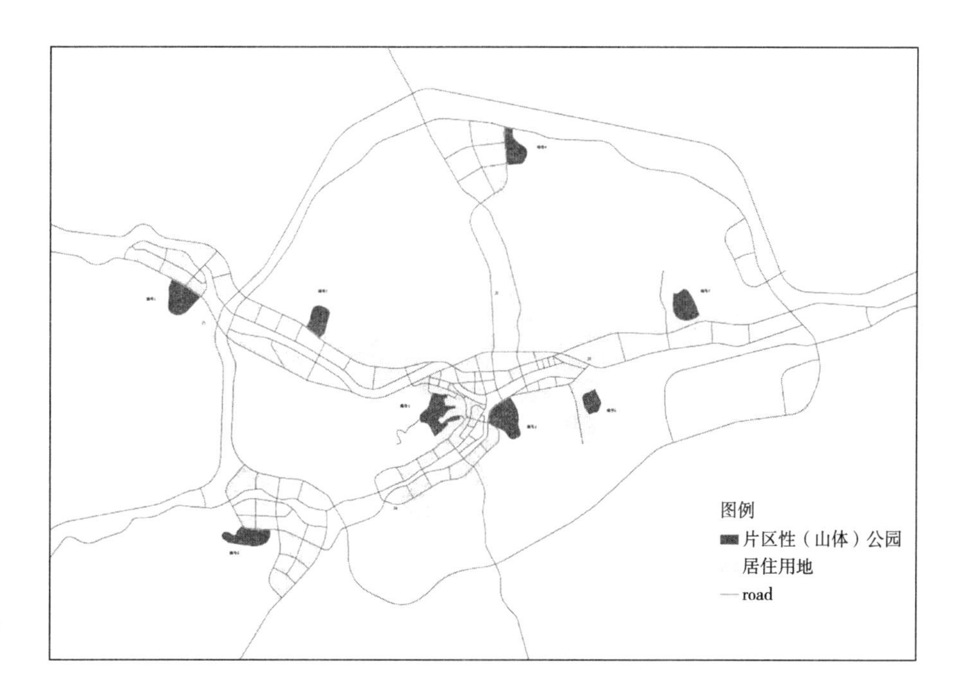

图6-4 片区性（山体）公园布局

式中 A_{Qg1}——片区性（山体）公园绿地面积，m^2；

A_{Qgm}——人均片区性（山体）公园绿地面积，m^2/人；

N_p——服务人口数量。

主要数据和计算结果如表6-11所示，在人均片区性（山体）公园面积方面，最低的为5.36 m^2/人，最高为16.42 m^2/人，均实现了较高的人均公园面积水平。

片区性（山体）公园规划与服务情况 **表 6-11**

公园编号	服务人数	公园规划面积（m^2）	规划人均公园面积（m^2/人）
1	10 081	165 526	16.42
2	13 278	111 535	8.40
3	21 543	179 672	8.34
4	21 853	196 681	9.00
5	16 606	72 734	4.38
6	16 538	124 203	7.51
7	26 204	140 453	5.36
8	16 087	147 197	9.15

6.4.2 片区性（山体）公园服务区覆盖分析

运用GIS的交通网络分析法，以上述已确定的片区性（山体）公园为设施点，片区性（山体）公园的平地步行服务半径为15 ~ 25 min，以舒适距离步行15 min（1 200 m）为服务半径，进行服务区覆盖分析，结果如图6-5所示，整体服务覆盖

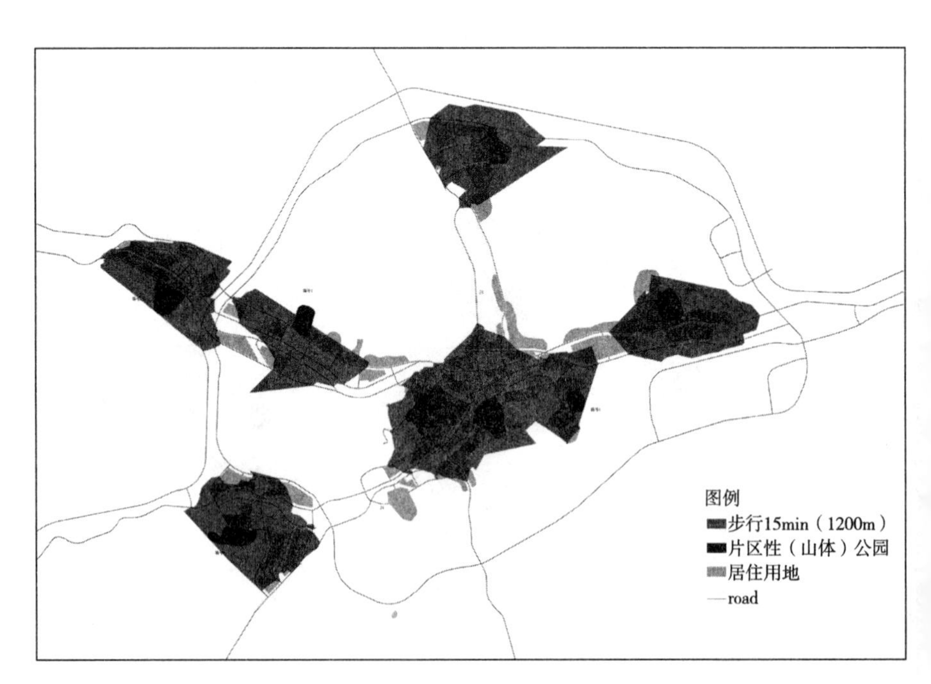

图 6-5 片区性（山体）公园服务覆盖

情况良好，城区中心位置服务区重叠较多。

6.4.3 片区性（山体）公园享有度计算

片区性（山体）公园的享有度计算公式为：

$$E_{Qi}=\Sigma(A_{Qgj}/N_{Qj服})\frac{\Sigma M_{Qi}N_{Qi}}{\Sigma N_{Qi}} \quad (6\text{-}7)$$

式中 E_{Qi}——i居住单元的社区公园享有度；

M_{Qi}——i居住单元人均享有的有效公园绿地面积；

A_{Qgj}——服务范围覆盖到i居住单元的j社区公园的面积；

$N_{Qj服}$——j社区公园服务覆盖范围内居住单元的总人口数量；

N_i——i居住单元的人口数量。

具体的计算过程中，首先，需要对所有的居住地块和片区性（山体）公园进行编号，并分别统计出所有居住地块的人口数量和每一处片区性（山体）公园的面积；其次，根据片区性（山体）公园的15 min（1 200 m）服务覆盖情况，得到每一处居住地块能够享受到的公园及其面积；第三，根据公式$M_{Qi}=\Sigma(A_{Qgj}/N_{Qj服})$计算得到每一个居住地块的人均享有的有效片区性（山体）公园面积；第四，根据公式$M_{QA}=\frac{\Sigma M_{Qi}N_{Qi}}{\Sigma N_{Qi}}$计算得到整个研究范围内人均享有的有效片区性（山体）公园面积，简称为“全域人均有效片区性（山体）公园面积”；第五，根据公式$E_{Qi}=M_{Qi}/M_{QA}$计算得到每一个居住地块的片区性（山体）公园享有度。计算过程的主要数据和结果如表6-12所示。

片区性（山体）公园享有度主要数据 **表6-12**

居住地块编号	居住人数	享有的公园编号	人均有效片区性（山体）公园面积（ha）	全域人均有效片区性（山体）公园面积（m^2）	片区性（山体）公园享有度
1	1 502	1	16.42	7.74	2.1
2	1 908	1	16.42	7.74	2.1
3	1 501	1	16.42	7.74	2.1
4	1 656	1	16.42	7.74	2.1
5	790	1	16.42	7.74	2.1
6	1 150	1	16.42	7.74	2.1
7	1 572	1	16.42	7.74	2.1
8	1 330	2	8.43	7.74	1.1
9	3 085	0	0.00	7.74	0.0
……	……		……	……	……

注：表中仅列出部分地块数据，完整数据见附录A。

6.4.4 片区性（山体）公园享有度模型分析

运用GIS软件建立居住地块分布模型，将上一阶段计算得到的数据添加到居住地块的属性中，再进行片区性（山体）公园享有度的区间划分。根据计算结果得到，社区公园享有度的最小值为0，最大值为2.2，以1为区间间隔，共划分为4个区间，分别为0，0～1，1～2，2～3，模型结果如图6-6所示。由图6-6可知，片区性（山体）公园享有度最高的区域分布在城区中心和最西侧的居住片区，两部分的享有度分别为2.2和2.1。靠近城区中心的片区，现状已建有龙虎山公园和文昌塔公园2处山体公园，2处公园距离较近，服务范围有较多的重叠部分，且2处公园规模均较大，因此使得两公园之间的交界地段居住地块的公园享有度明显高于其他居住地块。城区西侧的居住片区所在区域建设用地范围较为狭长，紧凑度较低，在同样的服务半径下所能覆盖的居住人口数量明显降低，使得人均享有的公园面积高于其他片区，相应的公园享有度也高于其他片区。图上红色圆形标识的区域为享有度最低区域，其中，*A*、*B*两处是由于两处现状片区性（山体）公园过于集中，影响了公园布局的均衡性，在*A*、*B*两处形成了最低享有度区域。*C*处享有度低的原因主要在于，综合了距离、坡度、面积而进行的公园适建用地评价结果显示该区域最适宜片区性（山体）公园建设的用地在西南角，布局后所形成的距离递增而带来了享有度的降低，*C*处超出了舒适距离服务范围，故享有度为0。*D*处享有度低则主要是由于路网的连通性降低而造成的。

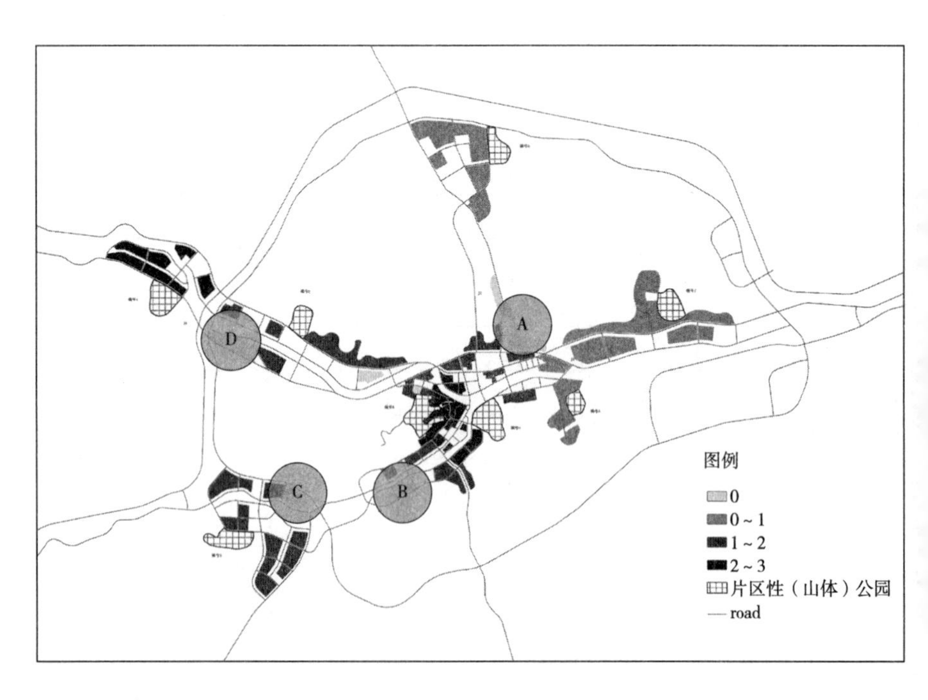

图6-6　片区性（山体）公园享有度

6.5 综合享有度计算分析

综合享有度是指社区公园和片区性（山体）公园的享有度进行叠加计算后形成的享有度指标。如前文所言，因2种类型公园的人均面积指标差异较大，不具有直接的可比性，无法直接叠加，故首先须采用min-max标准化方法进行数据标准化处理，将享有度的原始值映射成在区间［0，1］中的值。

社区公园标准享有度的计算公式为：

$$E'_{Si}=(E_{Si}-E_{S\min})/(E_{S\max}-E_{S\min}) \tag{6-8}$$

式中 E'_{Si}——居住单元i的社区公园标准享有度；

E_{Si}——居住单元i的社区公园原始享有度；

$E_{S\min}$——研究范围内社区公园原始享有度的最小值；

$E_{S\max}$——研究范围内社区公园原始享有度的最大值。

片区性（山体）公园标准享有的计算公式为：

$$E'_{Qi}=(E_{Qi}-E_{Q\min})/(E_{Q\max}-E_{Q\min}) \tag{6-9}$$

式中 E'_{Qi}——居住单元i的片区性（山体）公园标准享有度；

E_{Qi}——居住单元i的片区性（山体）公园原始享有度；

$E_{Q\min}$——研究范围内片区性（山体）公园原始享有度的最小值；

$E_{Q\max}$——研究范围内片区性（山体）公园原始享有度的最大值。

综合享有度计算公式为：

$$E'_{Zi}=E'_{Si}+E'_{Qi} \tag{6-10}$$

式中 E'_{Zi}——居住单元i的综合享有度。

经过计算得到各个居住单元的综合享有度，部分数据如表6-13所示。综合享有度的最小值为0，最大值为1.81。运用GIS软件建立综合享有度模型，分析结果如图6-7所示，从如上可以发现，经过片区性（山体）公园和社区公园的享有度叠加之后，综合享有度获得了更好的空间均衡性，享有度极高和极低为的居住单元数量明显减少，享有度的圈层递减过渡更为平滑。

公园综合享有度主要数据和计算结果 **表6-13**

地块编号	社区公园享有度	社区公园标准享有度	片区性（山体）公园享有度	片区性（山体）公园标准享有度	综合享有度
1	0.00	0.00	2.12	0.95	0.95
2	0.00	0.00	2.12	0.95	0.95
3	2.12	0.87	2.12	0.95	1.81
4	2.12	0.87	2.12	0.95	1.81
5	2.12	0.87	2.12	0.95	1.81

续表

地块编号	社区公园享有度	社区公园标准享有度	片区性（山体）公园享有度	片区性（山体）公园标准享有度	综合享有度
6	2.12	0.87	2.12	0.95	1.81
7	0.00	0.00	2.12	0.95	0.95
8	0.00	0.00	1.09	0.49	0.49
9	1.04	0.42	0.00	0.00	0.42
……	……	……	……	……	……

注：表中仅列出部分地块数据，完整数据见附录A。

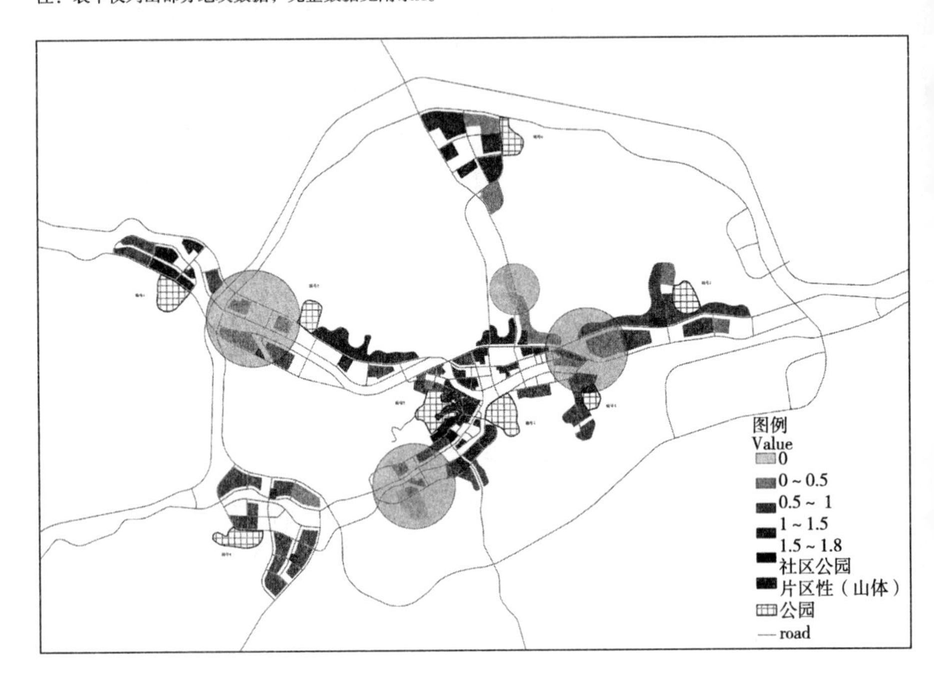

图 6-7　公园综合享有度

6.6 基于享有度的公园空间布局优化

通过前文的综合享有分析，得到了研究区域内公园服务空间公平性的直观结果，为进一步提升公园服务的公平性，减少服务水平的空间差异，下面将通过街旁绿地的针对性布局进行优化，并通过带状公园的布局提升公园绿地系统的连通性和整体性，最终形成城市公园网络。

6.6.1 基于综合享有度的街旁绿地空间布局

针对陕北黄土沟壑区县城的自然环境和城市空间环境特征，片区性（山体）公园和社区公园为必备型公园，须以可达性方法进行布点的选择；而街旁绿地作则作为增补性公园，主要针对公园综合享有度较低的区域进行布置。如图6-7

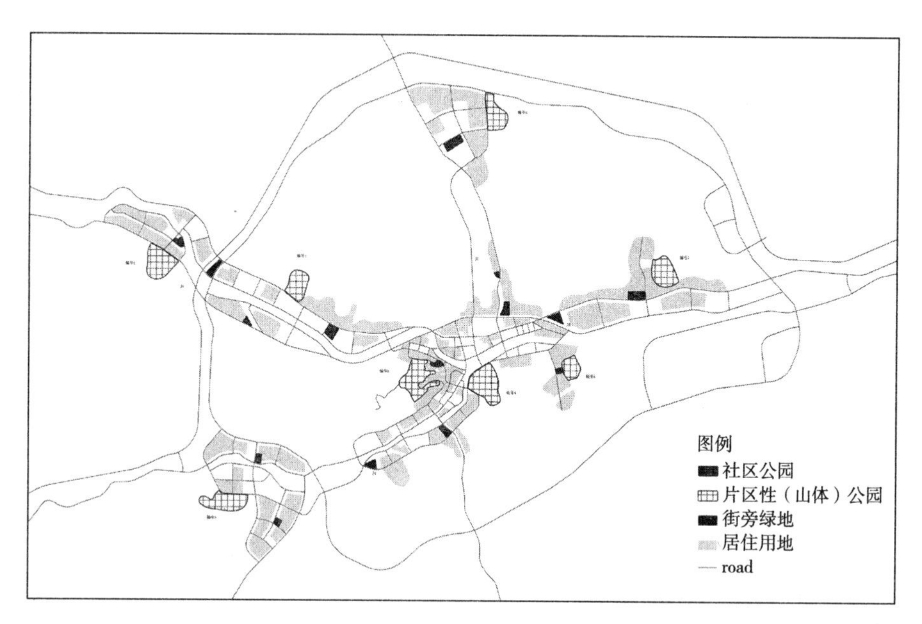

图 6-8 布置街旁绿地后的公园绿地布局

所示，圆形标识区域为综合享有度较低的居住单元所在，也是街旁绿地布局的重点区域。通过对中心城区现状用地和初步的规划布局方案的综合分析，选定适合的用地进行街旁绿地的布置，最终形成如图6-8所示的公园绿地布局。街旁绿地的布局只针对局部区域，不同于片区性（山体）公园和社区公园的全范围布局，因此街旁绿地不宜再进行享有度的分析以及与上述2种公园的享有度叠加。

6.6.2 基于公园绿地网络构建的带状公园空间布局

对于陕北黄土沟壑区县城而言，带形公园是能够充分结合城市带状空间特色且在公园绿地系统中比重较大的一类公园。

1. 带状公园的布局原则

（1）系统性原则

系统性原则是指在带状公园的布局中，将每一处带状公园看成组成系统的要素，和其他形式的城市绿地相互关联，相互作用，构成统一的城市绿地系统[182]。

（2）自然优先原则

自然优先是指在城市带状公园绿地规划中遵循科学的生态观念，把尊重善待自然、合理利用自然、认真保护自然、努力恢复自然作为有限考虑的因素[182]。

2. 带状公园的尺度分析

带状公园无明确的宽度规定，仅要求最窄处满足游人的通行、绿化种植带的延续以及小型休息设施布置的要求[44]，意味着带状公园的宽度设置应以游憩功能的满足为下限。具备生态廊道职能的带状公园宽度，则须从绿地生态功能的发挥角度来考虑其适宜的宽度。

基于休闲游憩功能的考虑，通过对滨河带状公园的调研发现：①使用者大多从临近的居住地步行至滨河带状公园；②遮阴效果是影响公园使用率的主要因素，遮阴效果好地段白天使用时间较长，一般为早上5: 30—11: 00和下午2: 30—6: 00；③对于带状公园进一步完善方面，居民的普遍意愿为增加基本设施和各类运动健身器材。④居民普遍表示不能接受基本没有设施的单纯绿化型带状公园。因此，从满足使用者需求的角度而言，带状公园在宽度设置上至少要满足绿化遮阴、行人通过、小规模人群活动以及简单设施的空间需求。

对于带状公园绿地的宽度，新加坡的公园道连接系统规划中进行了系统的研究，并提出了详细的尺度要求。“滨河公园”应该包括至少4 m宽的自行车道及慢跑道，在排水保留地的外缘布置2 m宽的种植带，即总宽度最小为6 m，这一最小宽度是为了允许维护车辆通行以维修沟渠、排水管以及维护绿道[183]。“临路公园”建议步行道至少宽1.5 m，自行车道2 m宽，栽植带2 m宽，即总宽度最小为5.5 m[184]。在上述宽度的基础上，增加2 m休憩活动区域，用于小规模人群的休息和锻炼等活动，则带状公园的宽度至少为7.5 ~ 8 m。国内研究如广州市地方技术规范《城市公园分类》DBJ 440100/T1—2007中提出带状公园最窄处应大于8 m。综上，带状公园的宽度以8 m为下限。鉴于陕北黄土沟壑区用地紧张的现实困境，带状公园宜取8 m的宽度。局部地段可根据具体用地条件适当放宽，如滨河地段过于狭长的用地，难于布置其他建设项目，可设置为带状公园，宽度则因用地条件而异。

3. 带状公园布局

基于系统性和自然优先原则，结合现状用地条件，充分发挥带状公园的连接功能，尽量将片区性（山体）公园、社区公园和街旁绿地串联形成一个绿色网络，布局结果如图6-9所示。

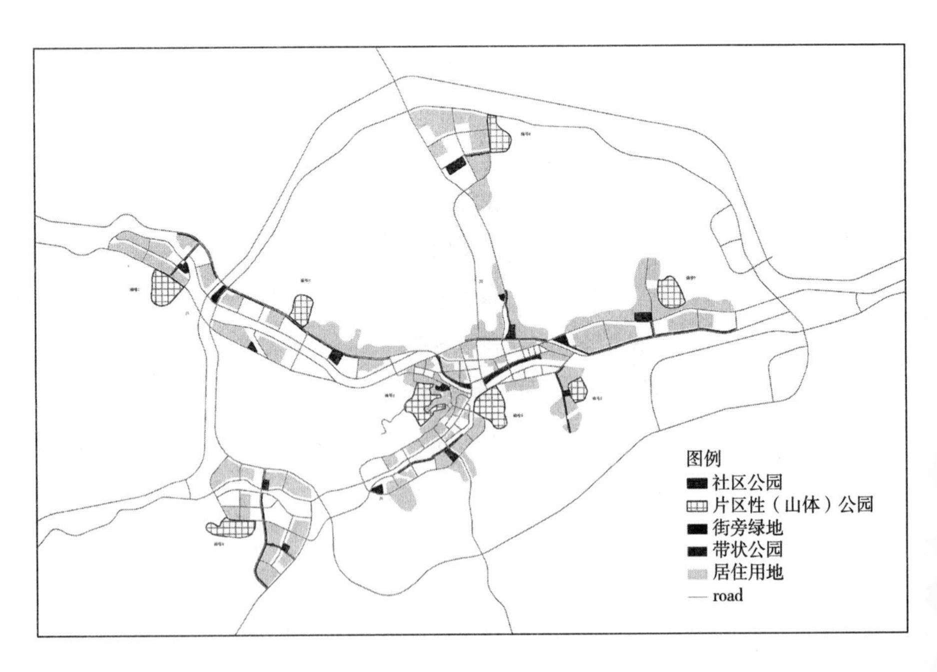

图 6-9　公园绿地系统用地布局

6.7 公园绿地的“享有度”对比分析

通过公园绿地的类型、可达性和享有度优化研究形成了最终的公园绿地布局方案。下面继续以子长县城为例，将本研究和总规的公园绿地布局方案作为对象，分别进行公园绿地的总面积、公园绿地内部规模结构、人均面积指标等基本指标和享有度等方面的对比分析。

6.7.1 公园绿地基本指标对比分析

以子长县城中心区域为统计范围，统计得到公园绿地的各项基本指标（表6-14）。首先从公园绿地的规模来看，“子长总规”与本研究中确定的公园绿地总面积分别为130.80 ha和167.85 ha，人均公园绿地指标分别为8.90 m^2/人和11.42 m^2/人，后者高出前者28.3%；其次，从公园绿地的内部规模结构来看，二者山体公园所占比例均为最大，分别为44.7%和67.8%，社区公园所占比例基本相当，后者在带状公园和街旁绿地方面明显低于前者。主要原因在于，本研究中将社区公园作为该地区县城公园绿地系统中最为基本的和必备的公园类型，街旁绿地作为提升局部服务覆盖水平的增补型公园绿地，带状公园则主要担负连通和充分利用河滨景观的职能，因此，社区公园强调的是必须达到应有的基本规模，而后2种公园绿地则在实现其应有功能的前提下尽量节约城市建设用地，以尽量缓解该地区县城可建设用地紧张的问题。从建设于县城平地区域的社区公园、带状公园和街旁绿地的用地面积合计来看，“子长总规”为72.34 hm^2，本研究为54.05 hm^2，结合前文的可达性对比分析可知，本研究所确定的公园绿地在服务覆盖率明显高于前者的同时且节省了一定量的较为平坦的城市建设用地。

子长县城中心区域的公园绿地基本指标 **表6-14**

用地名称（代码）		用地面积（ha）		人均面积（m^2/人）		占公园绿地总面积比例（%）	
		总规	本研究	总规	本研究	总规	本研究
公园绿地（G1）	山体公园/片区性（山体）公园（G112）	58.46	113.8	3.98	7.74	44.7	67.8
	社区公园（G12）	12.85	18.14	0.87	1.23	9.8	10.8
	带状公园（G14）	39.37	29.20	2.68	1.99	30.1	17.4
	街旁绿地（G15）	20.12	6.71	1.37	0.46	15.4	4.0
合计		130.8	167.85	8.90	11.42	100.0	100.0

注：人口规模远期为14.7万人。

6.7.2 公园绿地享有度对比分析

以“子长总规”中公园绿地布局方案为基础，运用公园绿地享有度的计算公式和模型，分别得到社区公园享有度、山体公园享有度和综合享有度，下文将分别与本研究所得方案进行对比分析。

1. 社区公园享有度对比分析

根据社区公园享有度计算公式$E_{Si}=\Sigma(A_{Sgj}/N_{Sj服}\frac{\Sigma M_{Si}N_{Si}}{\Sigma N_{Si}})$，计算得到“子长总规”社区公园享有度，计算过程的主要相关数据和结果如表6-15所示。

“子长总规”社区公园享有度主要数据　　表6-15

居住地块编号	居住人数	人均有效社区公园面积（m^2）	全域人均有效社区公园面积（m^2）	社区公园享有度
1	1 502	0.00	1.09	0.00
2	1 908	0.00	1.09	0.00
3	1 501	1.99	1.09	1.83
4	1 656	1.99	1.09	1.83
5	790	1.99	1.09	1.83
6	1 150	1.99	1.09	1.83
7	1 572	1.99	1.09	1.83
8	1 330	11.44	1.09	10.50
9	3 085	0.00	1.09	0.00
……	……	……	……	……

注：表中仅列出部分地块数据，完整数据见附录B。

根据计算结果，“子长总规”社区公园享有度的最小值为0，最大值为10.5。本研究所得社区公园享有度的相应数值分别为0和2.4。通过图6-10对2种方案下公园享有度具体数值分布的折线图对比可以看出，本研究中社区公园享有度的变化较为平缓，且最大值和非零最小值的差距相对较小。“子长总规”中社区公园享有度存在较为明显的突变，且最大值与非零最小值之间差距过大，意味着公园资源分布的空间差异过大，空间公平性较差。

根据计算所得的社区公园享有度数据，运用GIS软件建立“子长总规”社区公园享有度模型，计算得到如图6-11所示社区公园的享有度空间分布情况，总体上呈现处以下特征，第一，低享有度区域面积较大，享有度为0和0～2的居住地块占据了相当大的比例；第二，享有度分布的空间跳跃明显，图中A区域的享有度从最高值跌落至最低值。

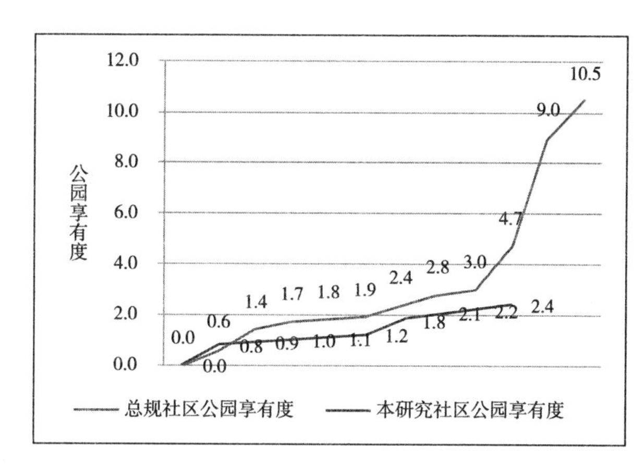

图 6-10　社区公园享有度对比

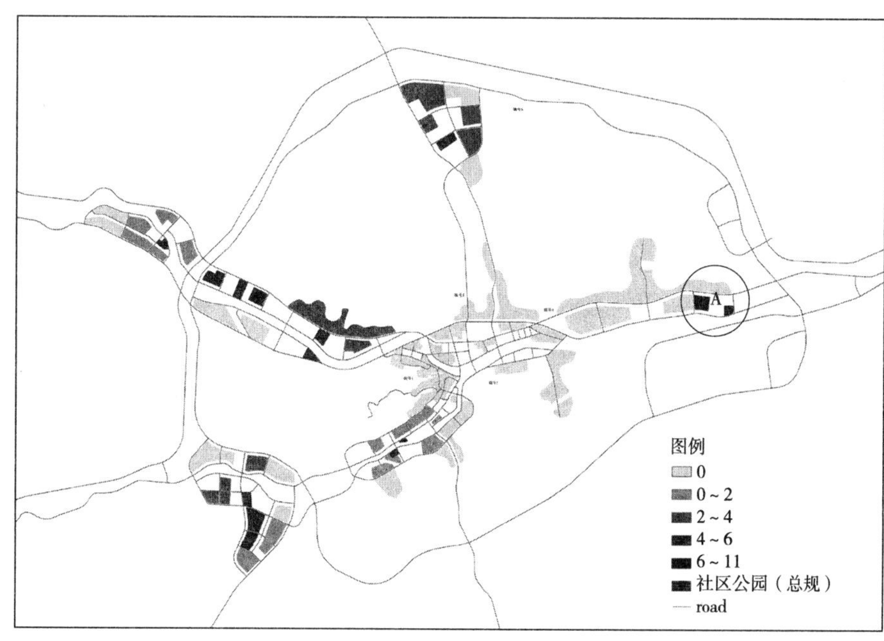

图 6-11　“子长总规”中的社区公园享有度

2. 山体公园享有度对比分析

根据山体公园的享有度计算公式$E_{Qi}=\Sigma(A_{Qgj}/N_{Qj服})\frac{\Sigma M_{Qi}N_{Qi}}{\Sigma N_{Qi}}$，计算得到“子长总规”山体公园的享有度，计算过程的主要数据和结果如表6-16所示。

“子长总规”山体公园享有度主要数据 **表 6-16**

居住地块编号	居住人数	享有的公园编号	人均有效山体公园面积（ha）	全域人均有效山体公园面积（m²）	山体公园享有度
1	1 502	0	0.00	3.97	0.0
2	1 908	0	0.00	3.97	0.0
3	1 501	0	0.00	3.97	0.0
……	……	……	……	3.97	……

续表

居住地块编号	居住人数	享有的公园编号	人均有效山体公园面积（ha）	全域人均有效山体公园面积（m^2）	山体公园享有度
15	227	1	23.06	3.97	5.8
16	283	1、4	26.79	3.97	6.7
17	427	1、4	26.79	3.97	6.7
18	884	1	23.06	3.97	5.8
19	391	0	0.00	3.97	0.0
……	……		……	3.97	……

注：表中仅列出部分地块数据，完整数据见附录B。

根据计算结果，“子长总规”山体公园享有度的最小值为0，最大值为8.1，本研究所得片区性（山体）公园享有度相应数值分别为0和2.2。通过图6-12对2种方案下公园享有度具体数值分布的折线图对比可以看出，本研究中片区性（山体）公园享有度的变化较为平缓，且最大值和非零最小值的差距相对较小。“子长总规”中山体公园享有度折线斜率较大，最大值与非零最小值之间差距过大，表明公园绿地分布的空间差异过大，空间公平性较差。

根据计算所得的山体公园享有度数据，运用GIS软件建立“子长总规”山体公园享有度模型，计算得到如图6-13所示山体公园的享有度空间分布情况，一方面由于山体公园分布过于集中，导致中心区外围形成大面积享有度为0的区域；另一方面即使在中心区域较小的范围内，也形成了从0~2到8~10的享有度区间变化，跨度较大。

3. 综合享有度对比分析

综合享有度由社区公园和山体的享有度进行叠加计算得到。通过Min-max标准化方法进行数据标准化处理，分别将社区公园和山体公园享有度的原始值映射成在区间［0，1］中的值；其次，将标准化之后的每个居住单元的社区公园和山体公园享有度进行相加计算。经过计算得到各个居住单元的综合享有度，部分数据如表6-17所示。

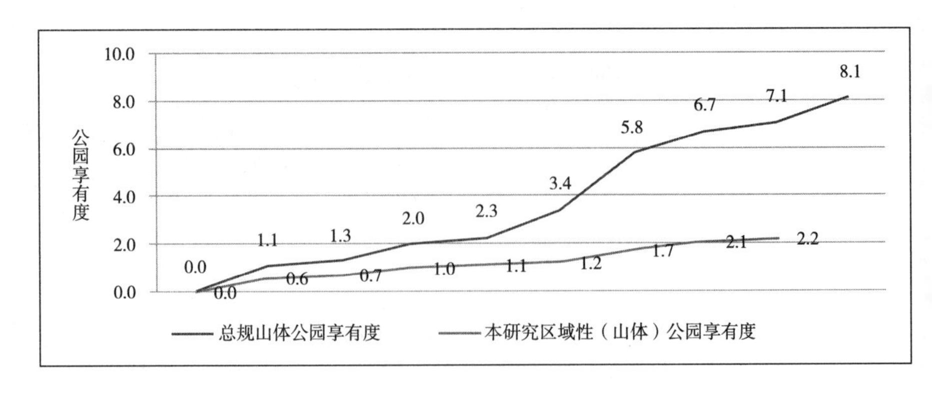

图6-12 山体公园享有度对比

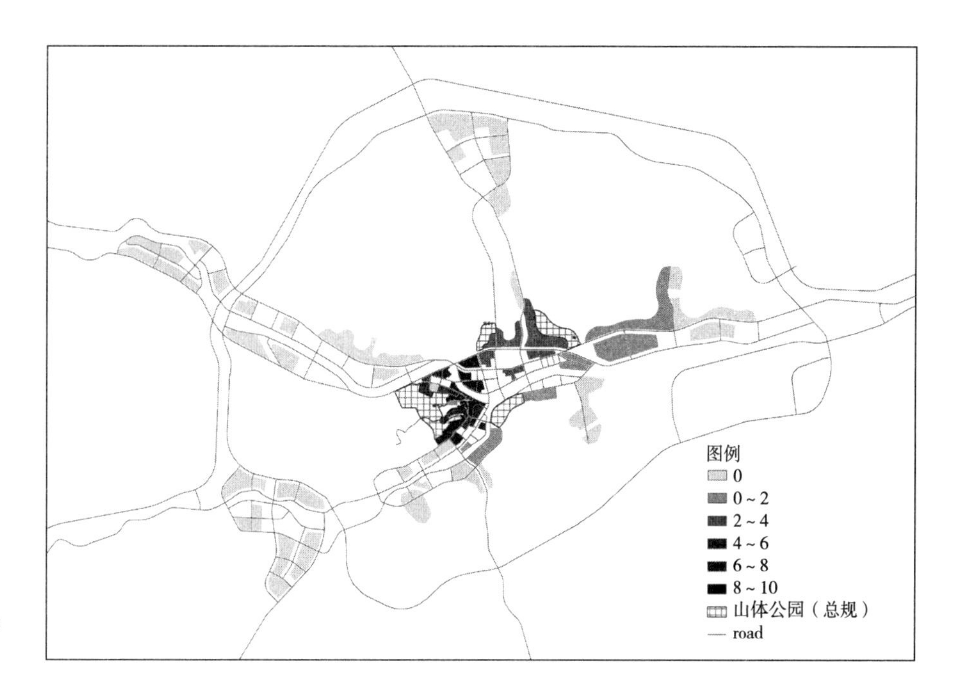

图 6-13 "子长总规"中的山体公园享有度

"子长总规"公园综合享有度主要数据和计算结果　　表 6-17

地块编号	社区公园享有度	社区公园标准享有度	山体公园享有度	山体公园标准享有度	综合享有度
1	0.00	0.00	0	0.00	0.00
2	0.00	0.00	0	0.00	0.00
3	1.83	0.17	0	0.00	0.17
……	……	……	……	……	……
15	0.00	0.00	5.8	0.72	0.72
16	0.00	0.00	6.7	0.84	0.84
17	0.00	0.00	6.7	0.84	0.84
18	0.00	0.00	5.8	0.72	0.72
19	0.00	0.00	0.0	0.00	0.00
……	……	……	……	……	……

注：表中仅列出部分地块数据，完整数据见附录B。

理论上讲，经叠加得到的综合享有度数值应在0～2之间，"子长总规"中公园综合享有度的最小值为0，最大值为1，本研究中的相应值分别为0和1.8。这表明前者由于社区公园和山体公园的服务覆盖率均较低，叠加后并未形成理想的享有度分布；而后者得益于2种类型公园均有着较高的服务覆盖率，其公园综合享有度最大值为1.8，已较为接近上限值，就数据而言，该结果是较为理想的。通过公园综合享有度的折线图（图6-14）可进一步发现，本研究中公园的

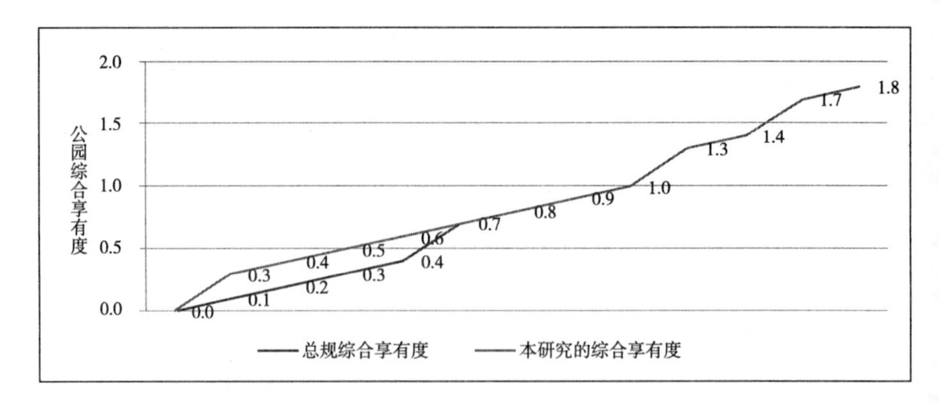

图 6-14　公园综合享有度对比

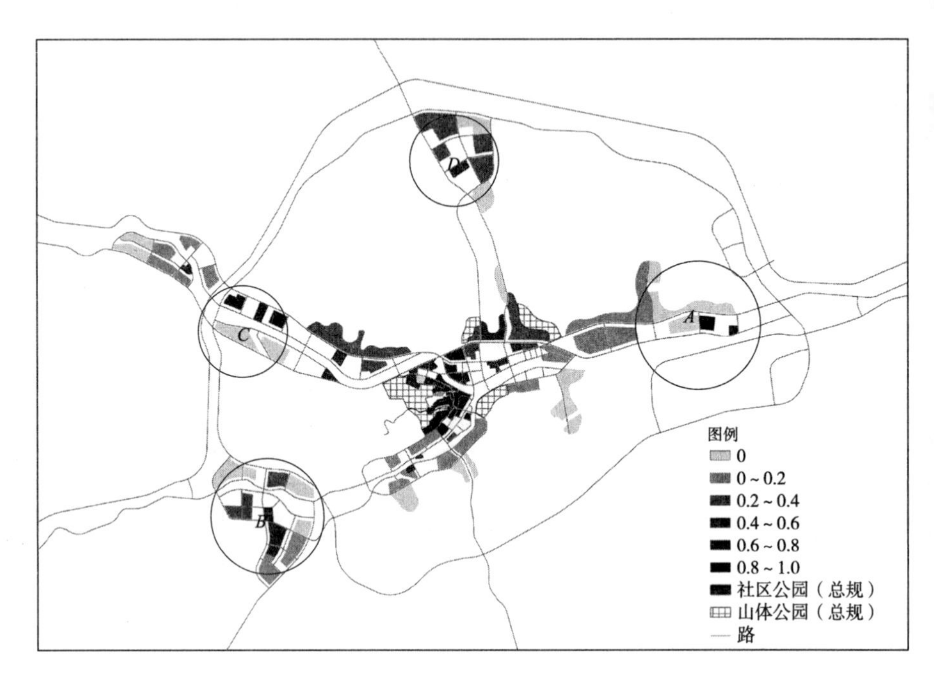

图 6-15　“子长总规”中的公园综合享有度

综合享有度整体明显高于前者。从“子长总规”中的公园综合享有度空间分布情况（图6-15）来看，*A*、*B*、*C*、*D*四个区域所存在的低享有度地块以及相邻地块享有度跨度过大的问题并未得到改善。再从其公园绿地系统的整体布局（图6-16）来看，街旁绿地主要是利用地块边角地带或不易为其他建设用地所用的位置进行布局，未能对图6-15中所显示的综合享有度较低区域进行公园绿地的补充，无法起到提升公园绿地系统服务的公平性作用；带状公园方面，忽视了自然优先、结合自然的布局原则，如图6-16中区域*A*和*B*内的带状公园沿用地北侧的道路布置，不仅未能利用滨河景观，且减弱了带状公园对点状的社区公园和街旁绿地的连通性，同时由于位于建设用地边缘，也降低了带状公园的使用效率。

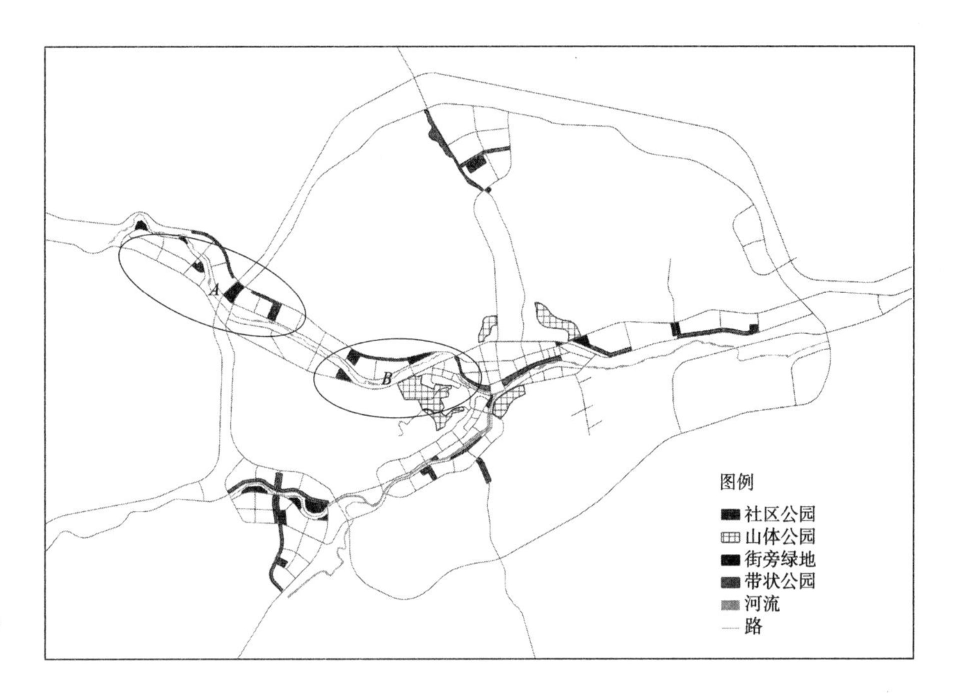

图 6-16 “子长总规”中的公园绿地系统用地布局

6.8 小结

公园绿地的享有度研究既包含了社会公平正义的公共设施布局研究的普遍趋势，又在具体的规划方法上，体现了对地域特征和当地居民实际需求的针对性。本章在对公园绿地社会服务公平性相关的理念与方法的分析对比的基础上，借鉴区位熵理论，提出了享有度的概念及其计算方法。以此为基础，提出了基于享有度的公园绿地空间布局优化方法框架，主要包括“确定公园用地规模，服务区覆盖分析，享有度分析计算，单类公园享有度模型分析，综合享有度叠加计算，综合享有度模型分析，公园绿地布局优化”。在公园用地规模的确定上，注重其与相应服务人口相互匹配。服务半径是享有度分析的关键变量之一，因享有度分析的目标为在可达性分析的基础上进一步提升公园绿地服务的舒适性和公平性，为更好地显现公园服务水平空间的差异和问题，服务半径取区间值下限。为整体、客观、科学地反映公园服务水平，在对社区公园和片区性（山体）公园享有度数据标准化的基础上，计算得到公园的综合享有度，并将其作为公园布局优化的主要依据。针对综合享有度低的区域，有意识地布置街旁绿地以实现公园绿地空间服务公平性的提升。在带状公园的布局方面，则坚持了自然优先、结合自然、连绿成网、节约用地的原则。通过上述系列工作步骤，最终可形成完整公园绿地系统布局。

最后，将本研究所形成的公园绿地布局与《子长城市总体规划（2014—2030）》（初稿）中所确定的公园绿地布局进行享有度相关指标和内容的对比，发现了“子长总规”中公园绿地在系统性、空间均衡性、服务公平性以及节约平坦建设用地等方面存在的问题和不足，证明了本研究所形成的方案对上述几个方面取得了良好的兼顾和明显的优势。

第7章 黄土沟壑区县城公园绿地适宜性布局方法

本章将对前文研究进行系统提炼和总结，从公园绿地布局的内在机理到具体的空间结构、公园类型、控制指标、空间布局方法等方面，完整构建适用于该地区县城的公园绿地布局方法。

7.1 黄土沟壑区县城公园绿地布局的内在机理与方法框架

7.1.1 “环境-人群-设施”三位一体的公园绿地布局内在机理

“机理”指为实现某一特定功能，一定的系统结构中各要素的内在工作方式以及诸要素在一定环境下相互联系、相互作用的运行规则和原理[185]。黄土沟壑区县城公园绿地布局的形成是“环境”“人群”“设施”三者相互制约、相互影响、相互作用的结果，其内在机理可总结为以下4个方面。

1. 具有地域和人群针对性的公园绿地类型

满足居民的使用需求，是公园绿地布局的基本诉求，而能否满足居民使用需求的首要前提是公园绿地类型的适应性，即在公园类型界定上应充分考虑居民的日常休闲活动习惯和公园类型偏好。对于黄土沟壑区县城而言，特殊的地形地貌条件一方面影响着当地居民的公园使用习惯，另一方面也对公园的位置、形态和类型起着决定性的作用。因此，适应于该地区县城的公园绿地类型应是地域自然环境和人群共同作用的结果。

2. 基于使用者选择意愿的公园绿地空间布局控制要素

公园绿地布局的前提是控制要素的确定，如各类型人均公园绿地面积、公园服务半径、单个公园绿地规模、公园场地规模等。上述控制要素的分析和确定过程中应充分体现对人的针对性，如当地居民对公园服务距离的选择意愿、对公园服务内容的选择倾向、人们使用公园过程中时间与空间分布特征、人们对公园建设的需求特征等，这些都应作为公园绿地空间布局控制要素确定的主要依据。

3. 公园绿地与居住人口的空间匹配

公园绿地作为一种具有显著空间属性的社会公共资源，不仅要关注其总量的增加，而且要考察其空间服务效率，即有限的公园绿地资源基于人口的分配程度，体现为人均水平上公园绿地的服务能力，在公园绿地布局中，则应注重在一定服务范围内和一定的人均公园绿地指标下，相应的公园绿地面积与人口规模的匹配。

4. 地形条件作用下的公园绿地空间外溢

在平原地区集中式布局的城市，公园绿地主要布置于城区内部，呈现出空间内聚的特征。但黄土沟壑区的城市恰恰相反，因具备公园绿地空间外溢的动力和条件，使得公园绿地的分布并不局限于城市内部。第一，从空间外溢的动力而言，沟壑纵横的地形条件使得所在地区的城市可建设用地极为紧缺，城市内部建设公园成本过高，尤其是规模较大的综合公园难以落地；第二，从空间外溢的条件而言，城区域周边山体呈现出相互平行延伸以及互为环绕的空间状态，城市与周边自然环境成为不可分割的整体，在公园绿地由城市内部向周围山体转移的过程中，完全有潜力实现公园绿地适宜的服务距离和足够的面积，以保障公园绿地系统应有的供给水平。故在地形条件作用下，该地区城市公园绿地呈现出空间外溢的特征。

7.1.2 地域适应性与社会公平正义耦合下的公园绿地布局方法框架

地域适应性理念缘于黄土沟壑区县城公园绿地布局所面临的诸多特殊性以及现实问题，社会公平正义理念是对公园绿地布局研究必然趋势的回应，二者缺一不可。因此将上述两方面理念作为本研究的核心理念贯穿始终，并探讨能够耦合实现上述理念的公园绿地布局方法。本书主要从“结构控制”“公园定性”“指标定量”和“空间落位”4个层面构建公园绿地布局方法，具体体现为“外溢性公园绿地空间结构”“适应性公园绿地类型”“适宜性指标体系”和“层进式空间布局方法”。

1. 外溢性公园绿地空间结构

一般而言，公园绿地布局研究的空间范畴基本与现状或规划的城市建设用地范围一致，但对于黄土沟壑区城市而言，在用地分布、活动组织、景观联系等方面，城区与周边自然环境已成为密不可分的整体。公园绿地在空间上呈现为，由城区内部的点状和线状公园到周边山体的块状公园，进而融合于外围面状自然绿化背景的外溢性结构特征。

2. 适应性公园绿地类型

适应性公园绿地类型即针对黄土沟壑区县城山体公园类型划属不清、统计随意、布局无依据的突出现实问题，构建与该地区自然环境特征、城市空间形态特征、人群对公园的需求特征相适应的公园绿地类型。

3. 适宜性指标体系

适宜的指标体系构建是黄土沟壑区县城公园绿地布局研究须解决的关键问题之一。指标体系的构建不仅应注意现有标准的严肃性，还须充分落实地域适应性理念和社会公平正义理念。首先，从地域适应性的角度，具体指标的确定以大量的实地调研为基础，并充分结合了该地区地形条件、城市空间形态、居住系统组织结构、人们对公园的使用习惯与意愿；其次，从社会公平正义的角度，指标的确定则适度向公园绿地使用人群中的弱势群体倾斜。

4. 层进式空间布局方法

公园绿地的空间布局方法是本研究的关键技术问题，也是全面体现地域适应性理念和社会公平正义理念的核心内容。社会公平正义包含了空间公平、社会公平和社会正义3个层面，需要通过多个内容和方法逐步实现，其中社会正义主要体现在前文指标体系的研究中，在空间布局方法的研究上主要着眼于空间公平与社会公平的落实。

首先，空间公平要求所有居住地到其就近的公园绿地的距离相对均等，为此本书提出采用可达性方法进行公园绿地的选址，主要考虑到该方法是衡量出发地与目标地之间空间距离关系的较为精细、直接和有效的方法，目前该方法多用于设施空间分布情况的分析和评价上，本书在此基础上针对黄土沟壑区县城构建了可直接用于公园绿地选址的方法，是对方法的拓展和地域适应性的体现；其次，社会公平关注于人们在设施享有水平方面的公平性，对于公园绿地而言，不仅是在使用距离上的相对均等，还须考量居民实际享用到的公园绿地的规模水平是否公平，对此本书提出了享有度的概念，并构建了相应的公园绿地布局优化方法。通过“可达性”和“享有度”2个方法的联合运用，先后逐步实现公园绿地布局的空间公平和社会公平，故称之为层进式的空间布局方法。

7.2 外溢性公园绿地空间结构

从人工属性的角度而言，公园绿地系统的完整性来自于各类型公园的共同构建；从自然属性的角度而言，其完整性有赖于融入整个绿地系统而实现，这是人居环境理论关于人与自然相互作用、和谐统一的基本要求。具体到黄土沟壑区县城，则体现为外溢的公园绿地空间结构，即从城区内部直至外围自然环境的绿地系统结构：“点状社区公园/街旁绿地—线型带状公园—块状片区性（山体）公园—面状郊野公园/森林公园”。

基于各类型绿地的功能定位、空间分布、使用距离和使用频率等因素，以居

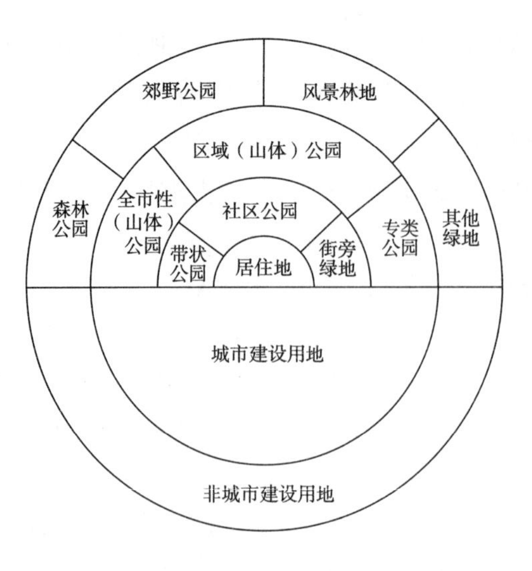

图 7-1 公园绿地系统圈层结构模式图

住地为圆心，所研究地区县城的绿地系统可概括为“三圈层空间结构模式”。第一圈层，距离居住地最近，舒适的步行距离，使用频率最高，包括社区公园、街旁绿地和带状公园；第二圈层，距离居住地稍远，可承受的步行距离，使用频率相对降低，包括城市性（山体）公园、片区性（山体）公园、专类公园、带状公园；第三圈层，距离居住地较远，位于城市边缘，宜使用交通工具到达，使用频率低，包括郊野公园、森林公园、风景林地等。同时考虑到与《城市用地分类与规划建设用地标准》GB 50137—2011的衔接，其中第一、二圈层对应于城市建设用地，第三圈层对应于非城市建设用地（图7-1）。

7.3 适应性公园绿地类型

本书提出黄土沟壑区县城主要公园类型包括城市性（山体）公园、片区性（山体）公园、社区公园、街旁绿地和带状公园，各类公园在黄土沟壑区县城的公园绿地系统中所承担的角色是公园绿地布局中适应性的重要体现之一，均有着不可替代的重要作用，但需要结合黄土沟壑区县城的地形条件、城市空间、人的使用习惯等特征进行概念的拓展和补充界定，并明确相应的布局要求。

7.3.1 特定型公园——片区性（山体）公园

为保证现有标准的严肃性，并实现和各类规范标准的良好对接，本研究提出综合（山体）公园的概念，并可细分为城市性（山体）公园和片区性（山体）公园。由于县城规模较小，一般仅须设置1处城市性（山体）公园，因山体公园的规模一般较大，故可选择位置和规模适宜的片区性（山体）公园作为城市性（山体）公园，并对其进行服务配套、场地建设、绿化景观等方面的提升，通过“二园合一”减少不必要的重复建设。陕北黄土沟壑区经过多年来退耕还林和山体绿化工程建设，整体的绿化环境得到根本性的改善，尤其是城区周边的山体基本实现了80%以上绿化覆盖率，完全达到了片区性（山体）公园的绿化建设要求，后续只需选择合适的位置进行场地处理和设施配套便可完成公园的建设。

片区性（山体）公园的布局，主要通过适宜建设用地筛选和基于可达性分析的布点2个阶段完成。适宜建设用地的筛选是片区性（山体）公园布局的关键技术问题之一，须综合考虑山体场地的坡度、面积和距离三方面因素，并通过模型计算得到筛选结果，作为可达性和享有度分析研究的前提。

7.3.2 必备型公园——社区公园

社区公园作为人们日常生活中最为近便和使用频率最高一类公园，是公园系统中必备的公园类型。本研究中的社区公园注重其实际的服务范围，而不强调其明确的社区空间边界，其规模通过人均面积指标和服务人口数量计算确定，且须建设在平地上，以满足活动不便的残疾人和老年人使用需求。

与片区性（山体）公园相比较，在使用时间方面，片区性（山体）公园主要为早晨、上午和下午，早晨活动以锻炼为主，上午和下午以散步、休闲、聚会等活动为主，晚上到山上公园活动的人相对较少。社区公园则可全天使用，适于开展各类锻炼和休闲活动；其次，在使用人群方面，片区性（山体）公园适合于青少年、成年人和活动能力较强的老年人，而社区公园除上述人群外还可满足残疾人和活动能力较弱的老年人的公园活动需求，是弱势群体室外休闲活动的主要场所保障。

社区公园的布局，主要通过适宜建设用地筛选、基于可达性的布点和基于享有度的布局3个阶段完成。

7.3.3 增益型公园——街旁绿地、带状公园

关于街旁绿地和带状公园，本研究仍沿用《城市绿地分类标准》CJJ/T 85—2002中的界定。在公园绿地系统的布局中，街旁绿地作为增益型绿地，在片区性（山体）公园和社区公园的布局完成后，通过街旁绿地的布置来进一步优化整个公园绿地系统的享有度，提升公园绿地服务的空间公平性和社会公平性。

对于所研究区域的县城而言，由于城区大多建设在河谷地中，通常沿河流一侧或双侧向两端延伸发展，城市与河流的关系密不可分，线性的滨河绿地成为这些县城带状公园的主要类型。在公园绿地系统的布局中，带状公园在满足人们近便型休闲活动的同时，还承担着串联起整个公园绿地系统、实现城市绿色网络和慢行网络构建的重要作用。

7.4 适宜性指标体系

指标体系是公园绿地布局合理性的关键量化控制体系，鉴于其与公园绿地空间布局方法的紧密性，前文关于相关指标的探讨是包含在公园绿地的可达性和享有度研究内容之中的，现对作进一步梳理和归纳。本研究提出的公园绿地布局指

标体系由原则性指标和引导性指标两大部分构成。原则性指标是指在公园绿地的规划中需要严格遵守的指标，原则上不宜突破；引导性指标是指在公园绿地的规划中建议采用的指标，属于弹性指标，可结合实际情况进行适度调整（表7-1）。

7.4.1 原则性指标

原则性指标包括服务半径、人均社区公园绿地面积和人均公园绿地总面积。

1. 服务半径

公园绿地服务半径确定的根本原则是保证居民出行距离的舒适性。在此前提下还须兼顾单个公园规模的经济性，即单个公园的规模不宜过小，否则公园所能承担的活动类型必然会受到限制，公园的整体品质难以保障，不利于充分发挥公园应有的功能。因此应在保证居民出行距离舒适性的前提下，尽可能采用较大的服务半径，以增加公园绿地的服务范围，尽可能服务较多的人口，提高单个公园的规模，使其具备更为丰富的功能和分区，提升公园服务品质。考虑到对于不同的县城，建设用地形态、居住用地分布、居住用地开发强度等方面的差异都会对适宜的服务半径产生影响，故公园绿地的服务半径采用区间值形式，以便于面对不同的研究对象时，经过分析计算选用适宜的服务半径。

2. 人均社区公园面积

人均社区公园面积直接影响的居民各类活动的可容纳水平和公园建设品质，过低则无法实现其应有的功能，过高则对建设用地条件极为紧张的黄土沟壑区县城带来过大的建设压力。考虑到我国相关标准中社区公园人均面积明显低于发达国家的情况，参照《公园设计规范》CJJ 48—92中公园面积的计算方法，针对所研究地区县城实际居住用地组织结构带来的小区游园绿地的客观缺失问题，经综合研究提出该地区县城社区公园的人居面积不宜低于1 m^2/人。

3. 人均公园绿地总面积

人均公园绿地总面积即各类城市公园绿地人均面积的总和，用以衡量公园绿地的整体供给水平。本研究以《城市用地分类与规划建设用地标准》GB 50137—2011中规定“人均公园绿地面积不应小于8.0 m^2/人”为标准。

7.4.2 引导性指标

引导性指标包括片区性（山体）公园、社区公园、街旁绿地的规模以及带状公园的尺度。

1. 片区性（山体）公园规模

研究中首先通过参考《公园设计规范》CJJ 48—92和贵州省《城镇山体公园化绿地设计规范》DBJ 52—53—2007中关于非绿化用地与公园总面积的比例关系，提出不同公园绿地规模所对应的非绿化用地规模；其次，通过GIS模型进行

黄土沟壑区县城公园绿地类型及其控制指标 **表 7-1**

公园绿地类型		基于布局的公园属性	规模/尺度		人均面积		服务半径		服务人口		备注
绿标	本研究	本研究	绿标	本研究	绿标	本研究	绿标	本研究	绿标	本研究	本研究
全市性公园	城市性（山体）公园	特定型公园	未规定	根据活动场地相对集中区域计算得到	未规定	无要求	未规定	服务整个城区，无明确要求	全市居民	城区全部人口	建议与片区性（山体）公园合设
区域性公园	片区性（山体）公园		未规定	根据活动场地相对集中区域计算得到	未规定	无要求	未规定	<u>步行20～60min（1.6～4.8 km）</u>	市区内一定区域的居民	以实际服务人口为准	服务半径指居住地至山上最近一处活动场地的距离
社区公园	社区公园	必备型公园	≥1 ha（“居住区规范”）	以1 ha以上为宜	≥0.5 m^2/人（“居住区规范”）	<u>≥1 m^2/人</u>	0.5～1.0 km	<u>步行10～30min（0.8 ～2.4 km）</u>	一定范围内的居民	1万人以上为宜	服务半径指居住地至公园入口的距离
街旁绿地	街旁绿地	增益型公园	未规定	以500 m^2以上为宜	未规定	无要求	未规定	<u>步行5～10min（400～800 m）</u>	无明确要求	无要求	无
带状公园	带状公园		未规定	宽度8 m左右为宜	未规定	无要求	未规定	无明确要求	无明确要求	无要求	无
<u>人均公园绿地总面积≥8 m^2/人</u>											

注：加下划线的指标为原则性指标，其余为引导性指标;《城市绿地分类标准》（CJJ/T 85—2002）简称为“绿标”；城市居住区规划设计规范》（GB-50180—93，2002年修订）简称为“居住区规范”；人均公园绿地总面积指标依据《城市用地分类与规划建设用地标准》（GB 50137 —2011）确定。

地形分析，得到坡度适应且连续的用地，作为片区性（山体）公园的候选用地；最后，通过可达性分析确定片区性（山体）公园的选点后，将其适宜用地较为集中的区域划定为公园范围，并计算出相应面积作为片区性（山体）公园的具体规模。即本研究中对片区性（山体）公园规模不作强制规定，而是通过坡度和连续场地面积进行控制，以保证其对居民各类活动的满足，并避免其公园面积计算的随意性。

2. 社区公园规模

本研究中社区公园的规模根据人均公园面积与其所服务的人口计算得到，因此在人均公园面积一定的情况下，社区公园的规模主要取决于其服务人口规模。本书以兼顾公园出行距离的舒适性和人口规模的经济性为原则，借助GIS软件对不同服务半径下社区公园所辐射的人口规模情况进行比较分析，认为社区公园的服务人口应尽量控制在1万人以上。根据前文提出的人均社区公园面积1 m^2/人的标准，则相应的社区公园面积宜控制在1 ha以上。考虑到受地形条件、建设现状和居住用地分布等因素的影响，部分社区公园的服务人口难以达到1万人的适宜规模，因此本指标为指导性指标。

3. 街旁绿地规模

通过与国外公园绿地系统的比较，街旁绿地与美国的袖珍公园较为接近，综合考虑建议其规模控制在500 m^2以上。

4. 带状公园的尺度

黄土沟壑区县城基本上沿河道延伸发展，呈现为狭长的带状，故应尽量保证城市建设用地在短轴方向的尺度，减小其长宽比，以最大限度地提高城市紧凑度，便于各类设施的集中高效使用。滨河公园是该地区县城带状公园的主要类型，为减少带状公园的布局带来城市短轴方向用地尺度的缩减，并尽量节约城市建设用地，本书建议带状公园的宽度宜控制在8 m左右。

7.5 层进式公园绿地空间布局方法

7.5.1 旨在空间公平的公园绿地可达性

在黄土沟壑区的4种主要公园类型中，片区性（山体）公园和社区公园均有着明确的服务范围和服务半径的要求，所以可通过可达性方法确定其布点位置，而街旁绿地和带状公园无明确的服务范围和服务半径，故无须进行可达性分析。

基于可达性的社区公园空间布局方法主要包括五部分：①基础数据准备。包括所研究的县城城区的地形图、用地现状图、规划布局图、规划人口分布信息等。②社区公园适建用地整理。包括现状社区公园用地和候选社区公园用地，后者是指可能规划为社区公园的全部潜在用地。以城市总体规划层面的研究为例，潜在用地主要是规划的全部居住用地（不含现状保留居住用地）和公园绿地（不含山体公园和带状公园）[6]。③基于最小化设施点数的社区公园初步布点。借助最小化设施点数模型，在所有的候选公园用地中挑选出数量尽可能少的用地，并使得位于公园绿地最大服务半径之内的公园需求点最多，从而得到公园的初步布点。④基于服务人口规模经济性与出行距离舒适性的社区公园布点比选。通过多方案比较，在服务人口规模的经济性和出行距离的舒适性之间寻求最佳平衡点，确定适宜的公园服务半径，并将该半径下的社区公园布点结果作为该阶段的选定方案。⑤基于出行总距离最短的社区公园布点终选。借助最小化抗阻模型，在所有候选的公园选址中按照给定的数目挑选出公园的空间位置，使所有居民到达距居住地最近的公园的出行距离之和最短，该方法所确定的公园位置为可达性方法下求得的社区公园最终布点。其中，第四部分内容是地域适应性理念的重要体现，是该方法中针对黄土沟壑区县城的特色内容，是在适宜性指标体系的控制下，通过多方案比较得到最优的公园布点，以保证其可普遍适用于所研究区域的不同县城。

基于可达性的片区性（山体）公园空间布局方法主要包括四部分：①片区性（山体）公园的用地适宜性评价因子选取与赋值。片区性（山体）公园的用地适宜性评价因子包括“服务半径、坡度和面积”3个因子，依据相关规范标准和调研数据确定各因子区间值划分，并借助yaahp层次分析法软件确定各因子的权重。②片区性（山体）公园的用地适宜性评价模型建立与计算。分别建立距离模型、坡度模型和面积模型，再根据上一阶段确定的各因子权重进行模型的加权计算，从而得到由“不适宜、较适宜、适宜”3类用地构成的适宜性评价图及相应的地块信息。③片区性（山体）公园候选用地选择。候选用地由现状山体公园用地和上一阶段分析所得的“较适宜”和“适宜”2类用地构成。④基于最小化设施点数的片区性（山体）公园布点。该部分工作原理与社区公园相同。其中，前三部分均属针对研究对象的特色内容，融入了公园绿地的在坡度和面积方面的场地要求，以及当地居民对山体公园的使用时间、功能需求和距离要求，并考虑了地形对人们实际步行速度的影响。

7.5.2 旨在社会公平的公园绿地享有度

通过享有度的分析，发现可达性方法下形成的公园布点方案在公园服务水平上的空间差异，进而展开公园布局的进一步优化。主要内容包括七部分：①确定公园用地规模。以可达性方法下得到的公园绿地布点为基础，根据人均公园绿地指标，结合具体的用地条件，划定公园用地边界，计算出各公园的用地规模。②服务区覆盖分析。运用GIS的网络分析方法，计算出每一处公园的空间覆盖范围，并将覆盖面积达到被覆盖地块面积一半以上居住地块计入相应公园的服务范围。③享有度计算。根据享有度计算公式，分别计算得到每一个居住单元的社区公园享有度和片区性（山体）公园享有度。④单类公园享有度模型分析。将享有度计算结果转化为GIS栅格模型，分析其享有度空间分布情况。⑤综合享有度计算。通过Min-max标准化方法，对全部居住单元的社区公园享有度和片区性（山体）公园享有度进行标准化处理，并进行叠加计算。⑥综合享有度模型分析。根据享有度叠加计算结果，运用GIS软件建立公园绿地综合享有度模型，并分析发现低享有度区域。⑦公园绿地布局优化。针对综合享有度较低的区域，通过街旁绿地的布置进一步提高公园绿地系统空间服务的公平性。最后通过带状公园的布置实现公园绿地网络的构建。

公园绿地可达性和享有度的研究中在服务半径的选取上有着明显区别，前者重在服务人口规模经济性与出行距离适宜性的兼顾，所以是在适宜性指标体系所给定的服务半径区间范围内，通过基于服务人口规模经济性与出行距离适宜性的社区公园布点比选，确定适宜服务半径，面对不同研究对象时结果会有所差异；后者关注公园空间服务水平（包括使用距离和享有规模）的公平性，其分析应以公园出行距离的舒适性为前提，所以是直接以服务半径区间的下限为选定值进行分析评价，从而指导下一步的布局优化。

第8章 结论与展望

8.1 主要结论

我国城市发展正在经历从粗放型向内涵型的转变，在城市规划研究与创新方面，不仅需要具有普遍指导意义的通用式理论与方法，更需要具有地域针对性、人群针对性的适宜性方法技术群，来完成从理论、方法到实践应用的这一关键过渡环节。就城市规划与建设的工作重心而言，从“新型城镇化”到“中央城市工作会议”，再到《中共中央国务院关于进一步加强城市规划建设管理工作的若干意见》，建设宜居城市、加强公共设施的公平共享始终是城市规划工作的要务。本书以城市公共设施重要组成部分和城市宜居性重要载体的公园绿地为研究对象，将研究范围锁定在黄土沟壑区这一特殊地域中的县城，探讨兼顾地域适应性理念和社会公平正义理念的公园绿地布局方法。通过系统的调研、分析和研究，主要形成以下研究结论。

8.1.1 黄土沟壑区县城公园绿地特征与问题

通过对多个典型案例的调研和分析，将陕北黄土沟壑区县城公园绿地的规划与建设中的特征和问题梳理如下：第一，公园类型构成的规范性不足。在山体的公园化建设无现行相关标准作为指导的情况下，在规划实践中山体公园的类型划属存在很大的不确定性，不利于城市公园的系统性构建，给居民的公园使用带来了不便。第二，公园绿地规模指标与结构不合理。由于山体公园划属欠缺规范性，模糊了城市公园绿地规模的真实水平，往往在公园绿地总体指标水平很高的情形下，城市内部却少见社区公园、街旁绿地等类型的公园，公园内部规模结构不合理现象较为普遍。第三，公园绿地空间布局缺乏主动性。主要体现为山体公园过度追随于山体的分布，社区公园、街旁绿地往往利用不规则的边角地带进行布置，带状公园仅仅注重了滨河或沿路布置，对公园分布与居住人口分布的空间匹配的考虑不足。第四，公园绿地布局结构模式有待突破。“城市内部点状的公园绿地+带状公园绿地+带状的生态廊道+城市外围面状生态绿地”的绿化结构模式被固化，限制了城市公园绿地布局的外溢发展。

8.1.2 黄土沟壑区县城公园绿地类型构成

本书结合陕北黄土沟壑区县城的发展实际和居民对公园的需求特征，对现行标准中的相关公园类型进行了概念和内涵的补充界定。第一，提出综合（山体）公园的概念，其小类分别为城市性（山体）公园和片区性（山体）公园，后者是黄土沟壑区综合（山体）公园的主体。第二，社区公园应注重居民实际使用的空间活动特征，其规模应以一定的人均面积指标进行衡量，以实现其规模与相应的服务人口规模的匹配，空间分布上一般位于居住片区内部，并与社区公共中心相结合。第三，将街旁绿地和带状公园均作为增益型公园。其中，街旁绿地起着进一步提升公园服务的公平性的重要作用；带状公园则强调其对于城市绿地系统的连通作用，用以实现公园绿地网络的构建。

8.1.3 黄土沟壑区县城公园绿地指标体系

针对黄土沟壑区县城公园绿地布局需求，本研究提出了由原则性指标和引导性指标共同构成的适宜指标体系，原则性指标包括服务半径、人均社区公园绿地面积和人均公园绿地总面积；引导性指标包括片区性（山体）公园、社区公园、街旁绿地的规模以及带状公园的尺度。该指标体系包含了公园绿地可达性和享有度研究所需的全部指标，并可作为黄土沟壑区县城公园绿地布局的普遍参考数据。

8.1.4 基于可达性的黄土沟壑区县城公园绿地空间布局方法

公园绿地的可达性研究以促进公园分布的空间公平为目标，以使用群体、交通方式和服务半径为关键变量，以网络分析法中的最小化设施点数模型和最小化抗阻模型为技术辅助，以公园绿地的初步布点为输出结果。本研究与业界常见的公共设施的可达性评价研究不同，是探讨建立可以直接应用于公园绿地空间布局的方法，并在构成内容上充分结合了黄土沟壑区的地形条件、城市空间形态、使用人群的特征，分别针对社区公园和片区性（山体）公园分别建立了相应的布局工作框架和方法。

8.1.5 基于享有度的黄土沟壑区县城公园绿地的空间布局优化方法

可达性研究是对公园绿地服务的空间公平性的追求，享有度是在此基础上对公园绿地服务的社会公平性的关注。基于可达性的布局研究侧重公园绿地空间分布的公平性和集约性，基于享有度的公园布局则加入了对公园规模与人口分布的匹配考虑，并以居民的舒适出行距离为前提来衡量公园服务水平的空间差异，最后通过街旁绿地的布置进行公园绿地享有度的优化。因城市各类用地布局不可能是完全均质的，居住地块分布的圈层式差异是不可避免的，故即使经过布局优化提升了公园绿地享有度的均等性，仍不可完全消除不同居住地块之间在公园绿地享有度上的差异，其对社会公平的追求是一个无限接近的状态。

8.2 创新点

1. 提出片区性（山体）公园的概念

在现有城市公园绿地分类标准的框架下，结合地域环境特征和公园使用特征提出了“片区性（山体）公园”的概念，以解决当前黄土沟壑区县城的规划与建设中山体公园划属不清的问题，充分发挥该地区天然的山体绿化优势，缓解城区内部建设用地紧张的压力，从规范层面为这些县城公园绿地水平的提升提供科学的、可行的依据，形成对现有分类标准的地域性补充完善。

2. 探索建立黄土沟壑区县城公园绿地布局相关的指标体系

针对现有相关标准中公园绿地指标的局限和不足，回应黄土沟壑区县城公园绿地建设与需求特征，结合其公园绿地布局所需的关键指标，提出了由原则性指标和引导性指标共同构成的适宜性指标体系。

3. 构建基于可达性和享有度的黄土沟壑区县城公园绿地空间布局方法

针对现有公园绿地布局方法的局限性，结合地域环境、城市空间、居民行为等特征，构建了由“可达性”和“享有度”两部分共同组成的黄土沟壑区县城公园绿地空间布局方法，为地域适应性理念和社会公平正义理念的落实提供了方法支撑，对城市公园绿地空间布局方法进行了补充和发展。

8.3 研究展望

黄土沟壑区县城公园绿地布局的研究，无论是理论、方法研究还是实证运用都还处于探索尝试阶段，本研究的成果和结论必然存在诸多不足之处，还须在后续的研究工作中从以下几个方面进行完善和拓展。

无论是从各项城市公共设施的系统性来看，还是就其具体功能与使用特征而言，彼此之间均有着密切的联系和影响，公园绿地作为城市公共设施的组成部分，自然不可完全置身于其他设施之外。鉴于该问题的复杂性，在本书中暂未触及，但后续研究应对公园绿地与其他城市公共设施的布局关系进行探讨，以使公园绿地的布局更具有全局性和可操作性。

本书主要针对黄土沟壑区县城公园绿地进行了适应性的布局方法研究，实现了地域针对性的同时，也产生了一定的地域局限性，未来将梳理本研究成果中具有较强普遍适用价值的内容，将研究范围扩大到陕西乃至更大区域的不同类型的城市，探讨公园绿地的适宜性布局思路与方法。

附录A 本研究中子长县城公园绿地享有度一览表

地块编号	社区公园享有度	社区公园标准化享有度	片区性（山体）公园享有度	片区性（山体）公园标准化享有度	综合享有度
1	0.00	0.00	2.12	0.95	0.95
2	0.00	0.00	2.12	0.95	0.95
3	2.12	0.87	2.12	0.95	1.81
4	2.12	0.87	2.12	0.95	1.81
5	2.12	0.87	2.12	0.95	1.81
6	2.12	0.87	2.12	0.95	1.81
7	0.00	0.00	2.12	0.95	0.95
8	0.00	0.00	1.09	0.49	0.49
9	1.04	0.42	0.00	0.00	0.42
10	0.00	0.00	1.09	0.49	0.49
11	1.04	0.42	1.09	0.49	0.91
12	2.17	0.89	1.09	0.49	1.37
13	2.17	0.89	0.00	0.00	0.89
14	0.79	0.32	1.08	0.48	0.80
15	0.79	0.32	1.08	0.48	0.80
16	0.79	0.32	1.08	0.48	0.80
17	0.79	0.32	1.08	0.48	0.80
18	0.79	0.32	0.00	0.00	0.32
19	0.79	0.32	1.08	0.48	0.80
20	0.79	0.32	2.24	1.00	1.32
21	0.79	0.32	2.24	1.00	1.32

续表

地块编号	社区公园享有度	社区公园标准化享有度	片区性（山体）公园享有度	片区性（山体）公园标准化享有度	综合享有度
22	0.79	0.32	1.08	0.48	0.80
23	0.79	0.32	2.24	1.00	1.32
24	0.79	0.32	2.24	1.00	1.32
25	0.79	0.32	2.24	1.00	1.32
26	0.79	0.32	2.24	1.00	1.32
27	0.79	0.32	2.24	1.00	1.32
28	0.79	0.32	2.24	1.00	1.32
29	0.79	0.32	2.24	1.00	1.32
30	0.79	0.32	2.24	1.00	1.32
31	0.79	0.32	1.08	0.48	0.80
32	1.76	0.72	2.24	1.00	1.72
33	0.79	0.32	2.24	1.00	1.32
34	0.79	0.32	2.24	1.00	1.32
35	0.79	0.32	2.24	1.00	1.32
36	1.76	0.72	2.24	1.00	1.72
37	0.98	0.40	2.24	1.00	1.40
38	0.98	0.40	2.24	1.00	1.40
39	0.98	0.40	2.24	1.00	1.40
40	0.98	0.40	1.08	0.48	0.88
41	0.98	0.40	1.08	0.48	0.88
42	0.98	0.40	1.08	0.48	0.88
43	0.98	0.40	1.08	0.48	0.88
44	0.98	0.40	1.08	0.48	0.88
45	0.00	0.00	0.00	0.00	0.00
46	0.98	0.40	0.00	0.00	0.40
47	0.00	0.00	0.00	0.00	0.00
48	0.94	0.38	1.18	0.53	0.91
49	0.94	0.38	1.18	0.53	0.91
50	0.94	0.38	1.18	0.53	0.91
51	0.94	0.38	0.00	0.00	0.38
52	0.94	0.38	1.18	0.53	0.91
53	0.00	0.00	1.18	0.53	0.53
54	0.94	0.38	1.18	0.53	0.91

续表

地块编号	社区公园享有度	社区公园标准化享有度	片区性（山体）公园享有度	片区性（山体）公园标准化享有度	综合享有度
55	0.82	0.34	1.18	0.53	0.86
56	0.82	0.34	1.18	0.53	0.86
57	0.82	0.34	1.18	0.53	0.86
58	0.82	0.34	1.18	0.53	0.86
59	0.82	0.34	1.18	0.53	0.86
60	0.82	0.34	1.18	0.53	0.86
61	0.82	0.34	1.18	0.53	0.86
62	0.79	0.32	2.24	1.00	1.32
63	0.79	0.32	2.24	1.00	1.32
64	0.79	0.32	2.24	1.00	1.32
65	0.00	0.00	1.16	0.52	0.52
66	1.20	0.49	1.16	0.52	1.01
67	1.20	0.49	1.16	0.52	1.01
68	1.20	0.49	1.16	0.52	1.01
69	1.20	0.49	1.16	0.52	1.01
70	1.20	0.49	1.16	0.52	1.01
71	0.00	0.00	1.73	0.77	0.77
72	0.00	0.00	0.00	0.00	0.00
73	1.20	0.49	0.00	0.00	0.49
74	1.20	0.49	1.16	0.52	1.01
75	1.20	0.49	1.16	0.52	1.01
76	1.20	0.49	0.57	0.25	0.74
77	0.00	0.00	0.57	0.25	0.25
78	0.87	0.36	0.57	0.25	0.61
79	0.87	0.36	0.57	0.25	0.61
80	0.87	0.36	0.57	0.25	0.61
81	0.87	0.36	0.57	0.25	0.61
82	1.06	0.43	0.69	0.31	0.74
83	0.00	0.00	0.57	0.25	0.25
84	1.06	0.43	0.69	0.31	0.74
85	0.00	0.00	0.69	0.31	0.31
86	1.06	0.43	0.69	0.31	0.74
87	1.06	0.43	0.69	0.31	0.74

续表

地块编号	社区公园享有度	社区公园标准化享有度	片区性（山体）公园享有度	片区性（山体）公园标准化享有度	综合享有度
88	0.00	0.00	0.69	0.31	0.31
89	2.45	1.00	0.97	0.43	1.43
90	0.00	0.00	0.97	0.43	0.43
91	2.45	1.00	0.97	0.43	1.43
92	2.45	1.00	0.97	0.43	1.43
93	2.45	1.00	0.97	0.43	1.43
94	0.00	0.00	0.97	0.43	0.43
95	0.98	0.40	0.00	0.00	0.40
96	0.00	0.00	1.08	0.48	0.48

附录B “子长总规”中县城公园绿地享有度

地块编号	社区公园享有度	社区公园标准化享有度	山体公园享有度	山体公园标准化享有度	综合享有度
1	0.00	0.00	0.00	0.00	0.00
2	0.00	0.00	0.00	0.00	0.00
3	1.83	0.17	0.00	0.00	0.00
4	1.83	0.17	0.00	0.00	0.00
5	1.83	0.17	0.00	0.00	0.00
6	1.83	0.17	0.00	0.00	0.00
7	1.83	0.17	0.00	0.00	0.00
8	10.50	1.00	0.00	0.00	0.00
9	0.00	0.00	0.00	0.00	0.00
10	10.50	1.00	0.00	0.00	0.00
11	0.00	0.00	0.00	0.00	0.00
12	2.41	0.23	0.00	0.00	0.00
13	2.41	0.23	0.00	0.00	0.00
14	0.00	0.00	5.81	0.72	0.72
15	0.00	0.00	6.75	0.84	0.84
16	0.00	0.00	6.75	0.84	0.84
17	0.00	0.00	5.81	0.72	0.72
18	0.00	0.00	0.00	0.00	0.00
19	0.00	0.00	5.81	0.72	0.72
20	0.00	0.00	7.13	0.88	0.88

续表

地块编号	社区公园享有度	社区公园标准化享有度	山体公园享有度	山体公园标准化享有度	综合享有度
21	0.00	0.00	7.13	0.88	0.88
22	0.00	0.00	7.13	0.88	0.88
23	0.00	0.00	7.13	0.88	0.88
24	0.00	0.00	7.13	0.88	0.88
25	0.00	0.00	1.32	0.16	0.16
26	0.00	0.00	7.13	0.88	0.88
27	0.00	0.00	7.13	0.88	0.88
28	0.00	0.00	5.81	0.72	0.72
29	0.00	0.00	7.13	0.88	0.88
30	0.00	0.00	5.81	0.72	0.72
31	0.00	0.00	5.81	0.72	0.72
32	0.00	0.00	7.13	0.88	0.88
33	0.00	0.00	5.81	0.72	0.72
34	0.00	0.00	7.13	0.88	0.88
35	0.00	0.00	7.13	0.88	0.88
36	0.57	0.05	7.13	0.88	0.88
37	0.57	0.05	1.32	0.16	0.16
38	0.00	0.00	1.32	0.16	0.16
39	0.00	0.00	1.32	0.16	0.16
40	1.94	0.19	0.00	0.00	0.00
41	1.94	0.19	0.00	0.00	0.00
42	1.38	0.13	0.00	0.00	0.00
43	0.00	0.00	0.00	0.00	0.00
44	0.00	0.00	0.00	0.00	0.00
45	1.38	0.13	0.00	0.00	0.00
46	1.94	0.19	0.00	0.00	0.00
47	0.00	0.00	0.00	0.00	0.00
48	0.00	0.00	0.00	0.00	0.00
49	0.00	0.00	0.00	0.00	0.00
50	3.03	0.29	0.00	0.00	0.00
51	0.00	0.00	0.00	0.00	0.00
52	3.03	0.29	0.00	0.00	0.00
53	3.03	0.29	0.00	0.00	0.00

续表

地块编号	社区公园享有度	社区公园标准化享有度	山体公园享有度	山体公园标准化享有度	综合享有度
54	3.03	0.29	0.00	0.00	0.00
55	4.72	0.45	0.00	0.00	0.00
56	0.00	0.00	0.00	0.00	0.00
57	1.69	0.16	0.00	0.00	0.00
58	4.72	0.45	0.00	0.00	0.00
59	1.69	0.16	0.00	0.00	0.00
60	1.69	0.16	0.00	0.00	0.00
61	1.69	0.16	0.00	0.00	0.00
62	0.00	0.00	8.07	1.00	1.00
63	0.00	0.00	8.07	1.00	1.00
64	0.00	0.00	8.07	1.00	1.00
65	0.00	0.00	8.07	1.00	1.00
66	0.00	0.00	2.26	0.28	0.28
67	0.00	0.00	2.26	0.28	0.28
68	0.00	0.00	3.37	0.42	0.42
69	0.00	0.00	3.37	0.42	0.42
70	0.00	0.00	3.37	0.42	0.42
71	0.00	0.00	1.32	0.16	0.16
72	0.00	0.00	0.00	0.00	0.00
73	0.00	0.00	2.04	0.25	0.25
74	0.00	0.00	3.37	0.42	0.42
75	0.00	0.00	2.04	0.25	0.25
76	0.00	0.00	1.10	0.14	0.14
77	0.00	0.00	1.10	0.14	0.14
78	0.00	0.00	0.00	0.00	0.00
79	0.00	0.00	0.00	0.00	0.00
80	0.00	0.00	0.00	0.00	0.00
81	0.00	0.00	0.00	0.00	0.00
82	0.00	0.00	1.10	0.14	0.14
83	0.00	0.00	1.10	0.14	0.14
84	0.00	0.00	1.10	0.14	0.14
85	0.00	0.00	0.00	0.00	0.00
86	0.00	0.00	0.00	0.00	0.00

续表

地块编号	社区公园享有度	社区公园标准化享有度	山体公园享有度	山体公园标准化享有度	综合享有度
87	0.00	0.00	0.00	0.00	0.00
88	9.00	0.86	0.00	0.00	0.00
89	2.76	0.26	0.00	0.00	0.00
90	0.00	0.00	0.00	0.00	0.00
91	2.76	0.26	0.00	0.00	0.00
92	2.76	0.26	0.00	0.00	0.00
93	2.76	0.26	0.00	0.00	0.00
94	0.00	0.00	0.00	0.00	0.00
95	0.57	0.05	0.00	0.00	0.00
96	1.94	0.19	0.00	0.00	0.00

参考文献

［1］杨江，刘绮黎．明天我们将生活在怎样的城市？［J］．新民周刊，2016（2）：30-31.

［2］中共中央国务院关于进一步加强城市规划建设管理工作的若干意见［EB/OL］．2016.人民网 http://politics.people.com.cn/n1/2016/0221/c1001-28137648.html.

［3］吴伟．我国居民收入差距现状及国际比较［J］．调研世界，2015（9）：11-13；21.

［4］唐子来，顾姝．上海市中心城区公共绿地分布的社会绩效评价：从地域公平到社会公平［J］．城市规划学刊，2015（2）：48-56.

［5］中华人民共和国住房和城乡建设部．GB 50137 — 2011城市用地分类与规划建设用地标准［S］．北京：中国建筑工业出版社，2011.

［6］杨辉．陕北黄土沟壑区县城社区公园适宜性规划布局研究［J］．建筑与文化，2016（8）：120-121.

［7］刘颂，刘滨谊，温全平．城市绿地系统规划［M］．北京：中国建筑工业出版社，2011：25.

［8］温全平．论城市绿色开敞空间规划的范式演变［J］．中国园林，2009（9）：11-14.

［9］张晓佳．英国城市绿地系统分层规划评述［J］．风景园林，2007（3）：74-77.

［10］张庆费，乔平，杨文悦．伦敦绿地发展特征分析［J］．中国园林，2003（10）：55-58.

［11］骆天庆．美国城市公园的建设管理与发展启示：以洛杉矶市为例［J］．中国园林，2013（7）：67-71.

［12］陈丽敏．生态型城市综合公园景观生态规划研究：以永安市龟山公园为例［D］．广州：华南理工大学，2010.

[13] The City of New York. A Greener，Greater New York [R]. NYC Mayor's Office，2007.

[14] 何丹，朱小平，王梦珂.《更葱绿、更美好的纽约》：新一轮纽约规划评述与启示 [J]. 国际城市规划，2011，26（5）：71-77.

[15] 许浩. 对日本近代城市公园绿地历史发展的探讨 [J]. 中国园林，2002（3）：57-60.

[16] 赖寿华，朱江. 社区绿道：紧凑城市绿道建设新趋势 [J]. 风景园林，2012（3）：77-82.

[17] 王晶，曾坚，苏毅. 可持续性"纤维"绿廊在紧凑城区规划中的应用：以大野秀敏2050年东京概念规划方案为例 [J]. 城市规划学刊，2009（4）：68-73.

[18] 郑天虹. 国外的公园化战略 [EB]. 中国城乡规划行业网.

[19] 段昱君. 兰州市城市绿地系统规划研究 [D]. 兰州：兰州交通大学，2011：2.

[20] 田逢军. 城市大型公园绿地游憩功能的综合开发：以上海市为例 [J]. 城市问题，2009（7）：52-55.

[21] 时伟. 城市公园管理模式创新与应用实践：以龙潭公园为例 [J]. 北京园林，2014（3）：3-9.

[22] 北京市公园管理中心，北京市公园绿地协会. 北京公园分类及标准研究 [M]. 北京：文物出版社，2011.

[23] 朱黎霞，李瑞冬. 城市绿地分类标准的实践修正 [J]. 中国园林，2007（7）：87-90.

[24] 陈存友，胡希军. 城市绿地分类标准的调整优化研究 [J]. 广东园林，2010，32（2）：5-8.

[25] 余淑莲，王芳. 深圳市公园分类研究及实践 [J]. 风景园林管理，2014（6）：117-119.

[26] 雷芸. 对中国城市公园绿地指标细化的一点设想 [J]. 中国园林，2010（3）：9-13.

[27] 张青萍，冯佳，潘良，等.《城市园林绿化评价标准》中有关公园绿地规划的评价体系研究以南京市为例 [J]. 风景园林，2013（3）：101-105.

[28] 祝昊冉，冯健. 北京城市公园的等级结构及其布局研究 [J]. 城市发展研究，2008（4）：76-83.

[29] 徐秀玉，陈忠暖. 基于休闲需求的城市公园服务等级结构及空间布局特征：以广州市中心城区为例 [J]. 热带地理，2012（3）：293-299.

[30] 刘思含，李俊英，姜少华. 基于POE的城市公园绿地消费特征分析 [J].

西北林学院学报，2012，27（5）：255-259.

[31] 俞孔坚，段铁武，李迪华. 景观可达性作为衡量城市绿地系统功能指标的评价方法与案例 [J]. 中国园林，1999，23（8）：8-11.

[32] 李博，宋云，俞孔坚. 城市公园绿地规划中的可达性指标评价方法 [J]. 北京大学学报：自然科学版，2008，44（4）：618-624.

[33] 肖华斌，袁奇峰，徐会军. 基于可达性和服务面积的公园绿地空间分布研究 [J]. 规划师，2009，25（2）：83-88.

[34] 梁颢严，肖荣波，廖远涛. 基于服务能力的公园绿地空间分布合理性评价 [J]. 中国园林，2010（9）：15-19.

[35] 金远. 对城市绿地指标的分析 [J]. 中国园林，2006（8）：56-60.

[36] 吴小琼. 山地城市绿地系统布局结构研究 [D]. 重庆：西南大学，2009：63.

[37] 明珠，段晓梅，樊国盛. 西南地区中、小型山地城市绿地系统规划研究 [J]. 青海农林科技，2010（9）：22-25.

[38] 王真真. 基于适应地形的山地城市公园规划的研究 [D]. 重庆：重庆大学，2011：51.

[39] 王兰. 山地城市公园可达性研究：以重庆市主城区山地城市公园为例 [D]. 重庆：西南大学，2008：55.

[40] 屈雅琴. 山地城市公园游憩行为与规划设计研究：以重庆市山地城市公园为例 [D]. 重庆：西南大学，2007：54.

[41] 王延君. 基于老年人需求特征的社区公园建设研究 [J]. 建筑科学，2013（17）：224.

[42] 朱文倩，孙签鉴. 生理性弱势群体对城市公园使用需求的研究 [J]. 中国园林，2012，43（4）：635-640.

[43] 邓卓迪. 试论儿童公园分区规划及内容设置 [J]. 广东园林，2013（5）：19-22.

[44] 中华人民共和国建设部. CJJ/T 85—2002，城市绿地分类标准 [S]. 北京：中国建筑工业出版社，2002.

[45] 宁越敏，查志强. 人居环境评价方法研究综述 [J]. 城市规划，1999，23（6）：15-20.

[46] 刘建国，张文忠. 人居环境评价方法研究综述 [J]. 城市发展研究，2014，21（6）：46-52.

[47] 吴良镛. 人居环境科学导论 [M]. 北京：中国建筑工业出版社，2001：38.

[48] 宁越敏，项鼎，魏兰. 小城镇人居环境的研究：以上海市郊区三个小城镇为例 [J]. 城市规划，2002，26（10）：31-35.

[49] 李雪铭，张英佳，高家骥. 城市人居环境类型及空间格局研究：以大连市

沙河口区为例［J］. 地理科学，2014，34（9）：1033-1040.
［50］吴良镛，等. 人居环境科学研究进展（2002—2010）［M］. 北京：中国建筑工业出版社，2011：148.
［51］黄光宇. 山地城市学原理［M］. 北京：中国建筑工业出版社，2006：9.
［52］赵万民. 山地人居环境科学研究引论［J］. 西部人居环境学刊，2013（3）：10-19.
［53］赵万民. 我国西南山地城市规划适应性理论研究的一些思考［J］. 南方建筑，2008（4）：34-37.
［54］周庆华. 黄土高原·河谷中的聚落：陕北地区人居环境空间形态模式研究［M］. 北京：中国建筑工业出版社，2009：22.
［55］张捷，赵民. 新城规划的理论与实践：田园城市思想的世纪演绎［M］. 北京：中国建筑工业出版社，2005：14.
［56］孙施文. 田园城市思想及其传承［J］. 时代建筑，2011（5）：18-23.
［57］杨辉. 主动与被动：西北地区东部带形城市发展的新探索［D］. 西安：西安建筑科技大学，2007：17.
［58］洪亮平. 城市设计历程［M］. 北京：中国建筑工业出版社，2002.
［59］郭春华. 城市绿地系统协同规划理论与方法［M］. 北京：中国建筑工业出版社，2015：12.
［60］Dijst M. Action space as planning concept in spatialplanning［J］. *Netherlands Journal of Housing and the BuiltEnvironment*，1999，14（2）：163-182.
［61］Kwan M P. GISmethods in time-geography research: Geocomputation and geovisualization of human activitypatterns［J］. *Geografiska Annaler*，2010，86（4）：267-280.
［62］柴彦威，等. 空间行为与行为空间［M］. 南京：东南大学出版社，2014：1.
［63］柴彦威，张文佳. 空间行为与行为空间研究的三个前沿：生活质量、社会公平与低碳社会［C］//中国地理学会百年庆典学术论文摘要集. 北京：中国地理学会，2009：II.1.
［64］柴彦威，沈洁. 基于活动分析法的人类空间行为研究［J］. 地理科学，2008，28（5）：594-600.
［65］周洁，柴彦威. 中国老年人空间行为研究进展［J］. 地理科学进展，2013（5）：722-732.
［66］李享，宁泽群，马惠娣，等. 北京城市空巢老人休闲生活满意度研究：以北京市三大典型社区为例［J］. 旅游学刊，2010，25（4）：76-83.
［67］周俭. 城市住宅区规划原理［M］. 上海：同济大学出版社，1999：1.
［68］Johnson D L. Origin of the Neighbourhood Unit［J］. *Planning Perspectives*，

2002，17（3）：227-245.
[69] Mumford L. The Neighborhood and the Neighborhood Unit [J]. *Town Planning Review*，1954，24（4）：256-270.
[70] Herbert G. The Neighbourhood Unit Principle And Organic Theory [J]. *Sociological Review*，2011，11（2）：165-213.
[71] 罗韬居. 居住社区步行系统分析 [D]. 长沙：湖南大学，2006：9.
[72] 李飞. 对《城市居住区规划设计规范（2002）中居住小区理论概念的再审视与调整 [J]. 城市规划学刊，2011（3）：96-102.
[73] 徐明尧. 合理调整居住区用地标准及规模结构初探：《城市居住区规划设计规范》的两个基本问题 [J]. 规划师，2001，17（6）：93-95.
[74] 邓卫. 突破居住区规划的小区单一模式 [J]. 城市规划，2001，25（2）：30-32.
[75] 姚春辉. 社区主题研究与景观设计 [D]. 北京：北京林业大学，2005.
[76] 赵蔚，赵民. 从居住区规划到社区规划 [J]. 城市规划汇刊，2002，（6）：68-71.
[77] 张京祥. 国外城市居住社区的理论与实践评述 [J]. 国外城市规划，1982（2）：43-46.
[78]（英）克利夫·芒福汀. 绿色尺度（GREEN DIMENSIONS）[M]. 陈贞，高文艳，译. 北京：中国建筑工业出版社，2004：155；156.
[79] 倪梅生，储金龙. 我国社区规划研究述评及展望 [J]. 规划师，2013，29（9）：104-108.
[80] 翟强. 城市街区混合功能开发规划研究 [D]. 武汉：华中科技大学，2010.
[81] 张侃侃，王兴中. 可持续城市理念下新城市主义社区规划的价值观 [J]. 地理科学，2012，32（9）：1081-1086.
[82] 沈清基. 新城市主义的生态思想及其分析 [J]. 城市规划，2001，25（11）：33-38.
[83] 郭春华. 基于绿地空间形态生成机制的城市绿地系统规划研究 [D]. 长沙：湖南农业大学，2013：4.
[84] 李功，等. 城市绿带及其游憩利用研究进展 [J]. 地理科学进展，2014，33（9）：1252-1261.
[85] 王旭东，王鹏飞，杨秋生. 国内外环城绿地规划案例比较及其展望 [J]. 规划师，2014，30（12）：93-99.
[86] 贾俊，高晶. 英国绿带政策的起源、发展和挑战 [J]. 中国园林，2005（3）：69-72.
[87] Miller M. The elusive green background: Raymond Unwin and the greater

London regional plan [J]. *Planning Perspectives*, 2007, 4 (1): 15-44.

[88] 金云峰，周聪惠．绿道规划理论实践及其在我国城市规划整合中的对策研究 [J]．现代城市研究，2012 (3)：6-12.

[89] 马克 · 林德胡尔，王南希．论美国绿道规划经验：成功与失败，战略与创新 [J]．风景园林，2012 (3)：34-41.

[90] 付喜娥，吴伟．绿色基础设施评价GIA方法介述：以美国马里兰州为例 [J]．中国园林，2009 (9)：41-45.

[91] 吴伟，付喜娥．绿色基础设施概念及其研究进展综述 [J]．国际城市规划，2009，24 (5)：67-71.

[92] 贾铠针．新型城镇化下绿色基础设施规划研究 [D]．天津：天津大学，2013：81.

[93] 张浪．特大型城市绿地系统布局结构及其构建研究：以上海为例 [D]．南京：南京林业大学，2007：11.

[94] 余琪．现代城市开放空间系统的建构 [J]．城市规划汇刊，1998 (6)：49-56.

[95] 王丽娟．绿地生态技术研究现状文献分析：水处理与利用领域 [D]．南京：南京林业大学，2011.

[96] 尹海伟．城市开敞空间：格局 · 可达性 · 宜人性 [M]．南京：东南大学出版社，2008：10.

[97] Hansen W G. How Accessibility Shapes Land Use [J]. *Journal of the American Institute of Planners*, 1959, 25 (2): 73-76.

[98] Handy S, Niemeier D. Measuring Accessibility: An Exploration of Issues and Alternatives [J]. *Environment and Planning A*, 1997, 29 (7): 1175-1194.

[99] 胡明星，马菀艺．无锡主城区开敞空间规划布局研究 [J]．规划师，2009，25 (1)：38-42.

[100] 李明玉，李春玉，张晓东．延吉市城市开敞空间可达性研究 [J]．河南科技大学学报：自然科学版，2010，31 (6)：90-94.

[101] 赵娟，王亚楠，车冠琼，等．美丽城市理念下的城市绿色开敞空间构建 [J]．规划师，2015，31 (2)：114-121.

[102] 蔡云楠，郭红雨．山地城镇景观规划设计探析 [J]．重庆建筑大学学报，2000，22 (1)：63-68.

[103] 尹海伟，徐建刚．上海公园空间可达性与公平性分析 [J]．城市规划，2009 (6)：71-76.

[104] Hansen W G. How accessibility shapes land use [J]. *Journal of the American Institute of Planners*, 1959, 25 (2): 73-76.

[105] 张仪彬，吴刚，彭雯秀，等．物流园区辐射范围的界定：基于GIS通达性

分析的改进势能模型［J］. 软科学，2016，30（9）：136-139；144.

［106］Owen S H，Daskin M S. Strategic facility location: a review［J］. *European Journal of Operational Research*，1998，111（3）：423-447.

［107］Comber A，Brunsdon C, Green E. Using a GIS-based network analysis to determine urban greenspace accessibility for different ethnic and religious groups［J］. *Landscape & Urban Planning*，2008，86（1）：103-114.

［108］Kuta A, et al. Using a GIS-Based Network Analysis to Determine Urban Greenspace Accessibility for Different Socio-Economic Groups, Specifically Related to Deprivation in Leicester, UK［J］. *Civil & Environmental Research*，2014（6）：12-20.

［109］Linneker B J，Spence N A. Accessibility Measures Compared in an Analysis of the Impact of the M25 London Orbital Motorway on Britain［J］. *Environment & Planning A*，1992，24（8）：1137-1154.

［110］Linneker B J，Spence N A. An Accessibility Analysis of the Impact of the M25 London Orbital Motorway on Britain［J］. *Regional Studies*，1992，26（1）：31-47.

［111］Maćkiewicz A，Ratajczak W. Towards a new definition of topological accessibility［J］. *Transportation Research Part B Methodological*，1996，30（1）：47-79.

［112］Kwan M P，Murray A T，O'Kelly M E，et al. Recent advances in accessibility research: Representation, methodology and applications［J］. *Journal of Geographical Systems*，2003，5（1）：129-138.

［113］钟业喜. 城市空间格局的可达性研究：以江苏省为案例［M］. 南京：东南大学出版社，2012：14.

［114］钟业喜. 基于可达性的江苏省城市空间格局演变定量研究［D］. 南京：南京师范大学，2011：18.

［115］江海燕，朱雪梅，吴玲玲，等. 城市公共设施公平评价：物理可达性与时空可达性测度方法的比较［J］. 国际城市规划，2014，29（6）：70-75.

［116］徐昀，陆玉麟. 高等级公路网建设对区域可达性的影响：以江苏省为例［J］. 经济地理，2004，24（6）：830-833.

［117］魏立华，丛国艳. 城际快速列车对大都市区通达性空间格局的影响机制分析［J］. 经济地理，2004，24（6）：834-837.

［118］曹小曙，薛德升，阎小培. 中国干线公路网络联结的城市通达性［J］. 地理学报，2005，60（6）：903-910.

［119］王远飞. GIS与Voronoi多边形在医疗服务设施地理可达性分析中的应用

[J]. 测绘与空间地理信息，2006，29（3）：77-80.

[120] 刘常富，李小马，韩东. 城市公园可达性研究：方法与关键问题 [J]. 生态学报，2010，30（19）：5381-5390.

[121] 孙振如，尹海伟，孔繁花. 不同计算方法下的公园可达性研究 [J]. 中国人口·资源与环境，2012，22（5）：162-165.

[122] 袁丽华，徐培玮. 北京市中心城区公园绿地可达性分析 [J]. 城市环境与城市生态，2015，28（1）：22-25.

[123] 陈雯，王远飞. 城市公园区位分配公平性评价研究：以上海市外环线以内区域为例 [J]. 安徽师范大学学报：自然科学版，2009，32（4）：373-377.

[124] 余柏蒗等. 上海市中心城区公园绿地对居住区的社会服务功能定量分析 [J]. 长江流域资源与环境，2013，22（7）：871-879.

[125] 桑广书. 黄土高原历史时期地貌与土壤侵蚀演变研究 [D]. 西安：陕西大学，2003：17.

[126] 周庆华. 基于生态观的陕北黄土高原城镇空间形态演化. 城市规划汇刊 [J]. 2004，（4）：84-87.

[127] 白钰. 基于陕北黄土高原地貌特征的城镇空间形态结构研究 [D]. 西安：西安建筑科技大学，2010：2

[128] 曹象明，周若祁. 黄土高塬沟壑区小流域村镇体系空间分布特征及引导策略：以陕西省淳化县为例 [J]. 人文地理，2008（5）：53-56.

[129] 郭娇，王伟，石建省. 陕北洛河流域地貌演化阶段的定量分析 [J]. 干旱区地理，2015（11）：1161-1168.

[130] 郭力宇. 陕北黄土高原南北纵向分异与基底古样式及水土流失构造因子研究 [D]. 西安：陕西师范大学，2002：20.

[131] 刘东旭. 陕北黄土丘陵沟壑地区城市空间结构探索：以延安为例 [D]. 西安：长安大学，2010：38.

[132] 同保. 延安统筹城乡发展研究 [D]. 延安：延安大学，2014.

[133] 李志明. 退耕还林给吴起带来显著变化 [N]. 延安日报，2007-08-06.

[134] 中国统计局. 延安统计年鉴2012 [M]. 北京：中国统计出版社，2013.

[135] 榆林市统计局. 榆林统计年鉴2012 [M]. 榆林：榆林日报社印务有限责任公司，2013.

[136] 陕西省统计局，国家统计局陕西调查总队. 陕西统计年鉴2013 [M]. 北京：中国统计出版社，2013.

[137] 何文. 城镇化是一项系统工程 [J]. 新产经，2013（3）：26-27.

[138] 姚珍珍. 基于分形地貌的陕北黄土高原城镇体系空间结构研究：以延安

市为例 [D]. 西安：西安建筑科技大学，2014.

[139] 付磊，贺旺，刘畅. 山地带形城市的空间结构与绩效 [J]. 城市规划学刊，2012 (7): 18-22.

[140] 杨永春. 中国西部河谷型城市的发展和空间结构研究 [D]. 南京：南京大学，2003：84.

[141] 吕斌，孙婷. 低碳视角下城市空间形态紧凑度研究 [J]. 地理研究，2013，32 (6): 1057-1067.

[142] 徐有钢，焦怡雪，李新刚. 河谷带形城市空间跨越式拓展模式研究：以宝鸡为例 [C] //中国城市规划学会,重庆市人民政府. 规划创新：2010中国城市规划年会论文集. 重庆：重庆出版社，2010：9.

[143] 李和平，李浩. 城市规划社会调查方法 [M]. 北京：中国建筑工业出版社，2004：45.

[144] 李晶. 社会调查方法 [M]. 北京：中国人民大学出版社，2003：71.

[145]（美）克莱尔 · 库珀 · 马库斯，卡罗琳 · 弗朗西斯. 人性场所：城市开放空间设计导则 [M]. 俞孔坚，等，译. 北京：中国建筑工业出版社，2001.

[146] 王国平，田备，邹昀，等. 大学教学楼建设使用后评价研究 [J]. 四川建筑科学研究，2012，38 (2): 284-287.

[147] 巫义力. 平灾结合下的陕北地区河谷型小城市开放空间规划研究 [D]. 西安：西安建筑科技大学，2011.

[148] 杨婷. 吴起县城区园林景观提升设计研究 [D]. 西安：西北农林科技大学，2013.

[149] 刘金川，乔鑫，刘丽. 实证研究大城市区域性公园服务范围：以上海市杨浦公园为例 [J]. 中国园林，2010 (8): 88-91.

[150] 张婷，车生泉. 郊野公园的研究与建设 [J]. 上海交通大学学报：农业科学版，2009，27 (3): 259-266.

[151] 朱祥明，孙琴. 英国郊野公园的特点和设计要则 [J]. 中国园林，2009 (6): 1-5.

[152] 李婷婷. 郊野公园评价指标体系的研究 [D]. 上海：上海交通大学，2010.

[153] 丛艳国. 郊野森林公园的综合旅游评价及旅游开发研究 [J]. 林业经济问题，2004，24 (5): 296-299.

[154] 陈敏，李婷婷. 上海郊野公园发展的几点思考 [J]. 中国园林,2009 (6): 10-13.

[155] 贵州省建设厅. DBJ 52—53—2007，城镇山体公园化绿地设计规范 [S]. 贵州，2007.

[156] 胡正凡，林玉莲．环境心理学［M］．3版．北京：中国建筑工业出版社，2012：240．

[157] 刘荣增，崔功豪．社区规划中工具理性与价值理性的背离与统一［J］．城市规划，2000，24（4）：38-40．

[158] 周建猷．浅析美国袖珍公园的产生与发展［D］．北京：北京林业大学，2010．

[159]（美）克莱尔·库珀·马库斯，卡罗琳·弗朗西斯．人性场所：城市开放空间设计导则［M］.2版．俞孔坚，等，译．北京：中国建筑工业出版社，2001．

[160] 刘骏，蒲蔚然．城市街旁绿地规划设计［M］．北京：中国建筑工业出版社，2013．

[161] 张文英．口袋公园：躲避城市喧嚣的绿洲［J］．国外园林，2007（4）：47-53．

[162] 李素英．城市带状公园绿地规划设计［M］．北京：中国林业出版社，2011：34．

[163] 刘娟娟．城市公园绿地布点的影响因素研究［D］．安徽：安徽农业大学，2010．

[164] 王铮，周嵬，蔡砥．设施区位：一个重要的科学问题［C］//中国法学会经济法学研究会．中国法学会经济法学研究会2005年年会专辑．南昌：当代财经杂志社，2005．

[165] 王缉宪．易达规划：问题、理论、实践［J］．城市规划，2004，28（7）：70-75．

[166] 贾建中．城市绿地规划设计［M］．北京：中国林业出版社，2001．

[167] 张媛，王沛永．韩国首尔市城市公园绿地的变迁［J］．中国园林，2009（1）：94-99．

[168] 宋小冬，钮心毅．再论居民出行可达性的计算机辅助评价［J］．城市规划汇刊，2000（2）：18-22．

[169] 牛强，彭羽中．基于现实路网的公共及市政公用设施优化布局模型初探［J］．交通与计算机，2004，22（5）：49-53．

[170] 吴志强，李德华．城市规划原理［M］.4版．北京：中国建筑工业出版社，2010：205．

[171] 刘卫东．土地资源学［M］．上海：百家出版社，1994．

[172] 中华人民共和国建设部. CJJ 83—99，城市用地竖向规划规范［S］．北京：中国建筑工业出版社，1999．

[173] 中华人民共和国住房和城乡建设部．CJJ 48—92，公园设计规范［S］．北

京：中国建筑工业出版社，1993.
[174] 饶双. 比较优势理论在特色农业发展中的运用：以贵州省为例 [J]. 湖南农机，2011，38（1）：126-128.
[175] 张长生，马荣国. 高原山区公路网均衡性评价及发展对策研究 [J]. 公路交通科技，2010，27（8）：114-119.
[176] 陈培健，杨尚海. 区域公路网规划方法的研究 [J]. 公路交通科技，2005（2）：77-80.
[177] 卢志成，张国力，黄云，等. 山岭微丘城市常规公交线网规划初探 [J]. 大连铁道学院学报，2006，27（6）：13-16.
[178] 梁国华，等. 非均质地形条件下公路网起伏修正系数研究 [J]. 公路，2015，60（7）：206-213.
[179] 张建中，尉彤华，华晨. 基于区位商数模型的公共设施空间分布公平性研究 [J]. 华中建筑，2012（2）：38-40.
[180] 施锜. 城市河流边缘公共空间设计中的安全伦理：以上海为例 [J]. 苏州工艺美术职业技术学院学报，2014（2）：19-20.
[181] 中华人民共和国建设部. GB 50180—93，城市居住区规划设计规范 [S]. 2002年版. 北京：中国建筑工业出版社，2002.
[182] 李素英. 城市带状公园绿地研究 [D]. 北京：北京林业大学，2006：55.
[183] 张天洁，李泽. 高密度城市的多目标绿道网络：新加坡公园连接道系统 [J]. 城市规划，2013，37（5）：67-73.
[184] Tan K W. A Greenway Network for Singapore [J]. *Landscape & Urban Planning*, 2006, 76（1-4）：45-66.
[185] 李玲玲. 黑龙江省冰雪旅游形象遮蔽效应研究 [D]. 黑龙江：黑龙江大学，2012：16.